全国科学技术名词审定委员会

公　布

科学技术名词·工程技术卷（全藏版）

39

通 信 科 学 技 术 名 词

CHINESE TERMS IN COMMUNICATION
SCIENCE AND TECHNOLOGY

通信科学技术名词审定委员会

国家自然科学基金资助项目

科 学 出 版 社

北 京

内 容 简 介

本书是全国科学技术名词审定委员会审定公布的通信科学技术名词，内容包括：通信原理与基本技术，通信网络，支撑网络，交换选路，通信协议，运行、维护与管理，网络安全，线缆传输与接入，光纤传输与接入，无线传输与接入，卫星通信，移动通信，服务与应用，通信终端，通信电源，通信计量，政策、法规与管理等 17 部分，共收词 2 104 条。这些名词是科研、教学、生产、经营以及新闻出版等部门应遵照使用的通信科学技术规范名词。

图书在版编目（CIP）数据

科学技术名词. 工程技术卷：全藏版 / 全国科学技术名词审定委员会审定.
—北京：科学出版社，2016.01
ISBN 978-7-03-046873-4

I. ①科⋯ II. ①全⋯ III. ①科学技术–名词术语 ②工程技术–名词术语
IV. ①N-61 ②TB-61

中国版本图书馆 CIP 数据核字（2015）第 307218 号

责任编辑：刘　青　赵　伟 / 责任校对：陈玉凤
责任印制：张　伟 / 封面设计：铭轩堂

科 学 出 版 社 出版
北京东黄城根北街 16 号
邮政编码：100717
http://www.sciencep.com
北京厚诚则铭印刷科技有限公司印刷
科学出版社发行　各地新华书店经销
*
2016 年 1 月第　一　版　　开本：787×1092 1/16
2016 年 1 月第一次印刷　　印张：13 3/4
字数：338 000
定价：7800.00 元（全 44 册）
（如有印装质量问题，我社负责调换）

全国科学技术名词审定委员会
第五届委员会委员名单

特邀顾问：吴阶平　　钱伟长　　朱光亚　　许嘉璐

主　　任：路甬祥

副 主 任（按姓氏笔画为序）：

于永湛　　朱作言　　刘　青　　江蓝生　　赵沁平　　程津培

常　　委（按姓氏笔画为序）：

马　阳　　王永炎　　李宇明　　李济生　　汪继祥　　张礼和

张先恩　　张晓林　　张焕乔　　陆汝钤　　陈运泰　　金德龙

宣　湘　　贺　化

委　　员（按姓氏笔画为序）：

马大猷　　王　夔　　王大珩　　王玉平　　王兴智　　王如松

王延中　　王虹峥　　王振中　　王铁琨　　卞毓麟　　方开泰

尹伟伦　　叶笃正　　冯志伟　　师昌绪　　朱照宣　　仲增墉

刘　民　　刘　斌　　刘大响　　刘瑞玉　　祁国荣　　孙家栋

孙敬三　　孙儒泳　　苏国辉　　李文林　　李志坚　　李典谟

李星学　　李保国　　李焯芬　　李德仁　　杨　凯　　肖序常

吴　奇　　吴凤鸣　　吴兆麟　　吴志良　　宋大祥　　宋凤书

张　耀　　张光斗　　张忠培　　张爱民　　陆建勋　　陆道培

陆燕荪　　阿里木·哈沙尼　　阿迪亚　　陈有明　　陈传友

林良真　　周　廉　　周应祺　　周明煜　　周明鉴　　周定国

郑　度　　胡省三　　费　麟　　姚　泰　　姚伟彬　　徐　僖

徐永华　　郭志明　　席泽宗　　黄玉山　　黄昭厚　　崔　俊

阎守胜　　葛锡锐　　董　琨　　蒋树屏　　韩布新　　程光胜

蓝　天　　雷震洲　　照日格图　　鲍　强　　鲍云樵　　窦以松

蔡　洋　　樊　静　　潘书祥　　戴金星

通信科学技术名词审定委员会委员名单

主　任：宋直元

副主任：雷震洲　　刘　彩　　周宝信

委　员（按姓氏笔画为序）：

马　妍	王　兵	王有志	王晓云	邓忠礼
吕晓春	朱国东	刘　睿	齐力焕	纪淑琴
严烈民	杨　然	李仲华	汪润生	沈少艾
沈家洪	张宏民	宋　彤	胡世明	胡伟义
姚发海	顾　群	章鸿猷	舒华英	

秘　书：宋　彤（兼）

路甬祥序

我国是一个人口众多、历史悠久的文明古国,自古以来就十分重视语言文字的统一,主张"书同文、车同轨",把语言文字的统一作为民族团结、国家统一和强盛的重要基础和象征。我国古代科学技术十分发达,以四大发明为代表的古代文明,曾使我国居于世界之巅,成为世界科技发展史上的光辉篇章。而伴随科学技术产生、传播的科技名词,从古代起就已成为中华文化的重要组成部分,在促进国家科技进步、社会发展和维护国家统一方面发挥着重要作用。

我国的科技名词规范统一活动有着十分悠久的历史。古代科学著作记载的大量科技名词术语,标志着我国古代科技之发达及科技名词之活跃与丰富。然而,建立正式的名词审定组织机构则是在清朝末年。1909 年,我国成立了科学名词编订馆,专门从事科学名词的审定、规范工作。到了新中国成立之后,由于国家的高度重视,这项工作得以更加系统地、大规模地开展。1950 年政务院设立的学术名词统一工作委员会,以及 1985 年国务院批准成立的全国自然科学名词审定委员会(现更名为全国科学技术名词审定委员会,简称全国科技名词委),都是政府授权代表国家审定和公布规范科技名词的权威性机构和专业队伍。他们肩负着国家和民族赋予的光荣使命,秉承着振兴中华的神圣职责,为科技名词规范统一事业默默耕耘,为我国科学技术的发展作出了基础性的贡献。

规范和统一科技名词,不仅在消除社会上的名词混乱现象,保障民族语言的纯洁与健康发展等方面极为重要,而且在保障和促进科技进步,支撑学科发展方面也具有重要意义。一个学科的名词术语的准确定名及推广,对这个学科的建立与发展极为重要。任何一门科学(或学科),都必须有自己的一套系统完善的名词来支撑,否则这门学科就立不起来,就不能成为独立的学科。郭沫若先生曾将科技名词的规范与统一称为"乃是一个独立自主国家在学术工作上所必须具备的条件,也是实现学术中国化的最起码的条件",精辟地指出了这项基础性、支撑性工作的本质。

在长期的社会实践中,人们认识到科技名词的规范和统一工作对于一个国家的科技发展和文化传承非常重要,是实现科技现代化的一项支撑性的系统工程。没有这样一个系统的规范化的支撑条件,不仅现代科技的协调发展将遇到极大困难,而且在科技日益渗透人们生活各方面、各环节的今天,还将给教育、传播、交流、经贸等多方面带来困难和损害。

全国科技名词委自成立以来,已走过近20年的历程,前两任主任钱三强院士和卢嘉锡院士为我国的科技名词统一事业倾注了大量的心血和精力,在他们的正确领导和广大专家的共同努力下,取得了卓著的成就。2002年,我接任此工作,时逢国家科技、经济飞速发展之际,因而倍感责任的重大;及至今日,全国科技名词委已组建了60个学科名词审定分委员会,公布了50多个学科的63种科技名词,在自然科学、工程技术与社会科学方面均取得了协调发展,科技名词蔚成体系。而且,海峡两岸科技名词对照统一工作也取得了可喜的成绩。对此,我实感欣慰。这些成就无不凝聚着专家学者们的心血与汗水,无不闪烁着专家学者们的集体智慧。历史将会永远铭刻着广大专家学者孜孜以求、精益求精的艰辛劳作和为祖国科技发展作出的奠基性贡献。宋健院士曾在1990年全国科技名词委的大会上说过:"历史将表明,这个委员会的工作将对中华民族的进步起到奠基性的推动作用。"这个预见性的评价是毫不为过的。

科技名词的规范和统一工作不仅仅是科技发展的基础,也是现代社会信息交流、教育和科学普及的基础,因此,它是一项具有广泛社会意义的建设工作。当今,我国的科学技术已取得突飞猛进的发展,许多学科领域已接近或达到国际前沿水平。与此同时,自然科学、工程技术与社会科学之间交叉融合的趋势越来越显著,科学技术迅速普及到了社会各个层面,科学技术同社会进步、经济发展已紧密地融为一体,并带动着各项事业的发展。所以,不仅科学技术发展本身产生的许多新概念、新名词需要规范和统一,而且由于科学技术的社会化,社会各领域也需要科技名词有一个更好的规范。另一方面,随着香港、澳门的回归,海峡两岸科技、文化、经贸交流不断扩大,祖国实现完全统一更加迫近,两岸科技名词对照统一任务也十分迫切。因而,我们的名词工作不仅对科技发展具有重要的价值和意义,而且在经济发展、社会进步、政治稳定、民族团结、国家统一和繁荣等方面都具有不可替代的特殊价值和意义。

最近,中央提出树立和落实科学发展观,这对科技名词工作提出了更高的要求。我们要按照科学发展观的要求,求真务实,开拓创新。科学发展观的本质与核心是以人为本,我们要建设一支优秀的名词工作队伍,既要保持和发扬老一辈科技名词工作者的优良传统,坚持真理、实事求是、甘于寂寞、淡泊名利,又要根据新形势的要求,面向未来、协调发展、与时俱进、锐意创新。此外,我们要充分利用网络等现代科技手段,使规范科技名词得到更好的传播和应用,为迅速提高全民文化素质作出更大贡献。科学发展观的基本要求是坚持以人为本,全面、协调、可持续发展,因此,科技名词工作既要紧密围绕当前国民经济建设形势,着重开展好科技领域的学科名词审定工作,同时又要在强调经济社会以及人与自然协调发展的思想指导下,开展好社会科学、文化教育和资源、生态、环境领域的科学名词审定工作,促进各个学科领域的相互融合和共同繁荣。科学发展观非常注重可持续发展的理念,因此,我们在不断丰富和发展已建立的科技名词体系的同时,还要进一步研究具有中国特色的术语学理论,以创建中国的术语学派。研究和建立中国特色的术语学理论,也是一种知识创新,是实现科技名词工作可持续发展的必由之路,我们应当为此付出更大的努力。

当前国际社会已处于以知识经济为走向的全球经济时代,科学技术发展的步伐将会越来越快。我国已加入世贸组织,我国的经济也正在迅速融入世界经济主流,因而国内外科技、文化、经贸的交流将越来越广泛和深入。可以预言,21世纪中国的经济和中国的语言文字都将对国际社会产生空前的影响。因此,在今后10到20年之间,科技名词工作就变得更具现实意义,也更加迫切。"路漫漫其修远兮,吾今上下而求索",我们应当在今后的工作中,进一步解放思想,务实创新、不断前进。不仅要及时地总结这些年来取得的工作经验,更要从本质上认识这项工作的内在规律,不断地开创科技名词统一工作新局面,作出我们这代人应当作出的历史性贡献。

2004 年深秋

卢嘉锡序

科技名词伴随科学技术而生,犹如人之诞生其名也随之产生一样。科技名词反映着科学研究的成果,带有时代的信息,铭刻着文化观念,是人类科学知识在语言中的结晶。作为科技交流和知识传播的载体,科技名词在科技发展和社会进步中起着重要作用。

在长期的社会实践中,人们认识到科技名词的统一和规范化是一个国家和民族发展科学技术的重要的基础性工作,是实现科技现代化的一项支撑性的系统工程。没有这样一个系统的规范化的支撑条件,科学技术的协调发展将遇到极大的困难。试想,假如在天文学领域没有关于各类天体的统一命名,那么,人们在浩瀚的宇宙当中,看到的只能是无序的混乱,很难找到科学的规律。如是,天文学就很难发展。其他学科也是这样。

古往今来,名词工作一直受到人们的重视。严济慈先生 60 多年前说过,"凡百工作,首重定名;每举其名,即知其事"。这句话反映了我国学术界长期以来对名词统一工作的认识和做法。古代的孔子曾说"名不正则言不顺",指出了名实相副的必要性。荀子也曾说"名有固善,径易而不拂,谓之善名",意为名有完善之名,平易好懂而不被人误解之名,可以说是好名。他的"正名篇"即是专门论述名词术语命名问题的。近代的严复则有"一名之立,旬月踟蹰"之说。可见在这些有学问的人眼里,"定名"不是一件随便的事情。任何一门科学都包含很多事实、思想和专业名词,科学思想是由科学事实和专业名词构成的。如果表达科学思想的专业名词不正确,那么科学事实也就难以令人相信了。

科技名词的统一和规范化标志着一个国家科技发展的水平。我国历来重视名词的统一与规范工作。从清朝末年的科学名词编订馆,到 1932 年成立的国立编译馆,以及新中国成立之初的学术名词统一工作委员会,直至 1985 年成立的全国自然科学名词审定委员会(现已改名为全国科学技术名词审定委员会,简称全国名词委),其使命和职责都是相同的,都是审定和公布规范名词的权威性机构。现在,参与全国名词委领导工作的单位有中国科学院、科学技术部、教育部、中国科学技术协会、国家自然科学基金委员会、新闻出版署、国家质量技术监督局、国家广播电影电视总局、国家知识产权局和国家语言文字工作委员会，这些部委各自选派了有关领导干部担任全国名词委的领导，有力地推动科技名词的统一和推广应用工作。

全国名词委成立以后，我国的科技名词统一工作进入了一个新的阶段。在第一任主任委员钱三强同志的组织带领下，经过广大专家的艰苦努力，名词规范和统一工作取得了显著的成绩。1992年三强同志不幸谢世。我接任后，继续推动和开展这项工作。在国家和有关部门的支持及广大专家学者的努力下，全国名词委15年来按学科共组建了50多个学科的名词审定分委员会，有1800多位专家、学者参加名词审定工作，还有更多的专家、学者参加书面审查和座谈讨论等，形成的科技名词工作队伍规模之大、水平层次之高前所未有。15年间共审定公布了包括理、工、农、医及交叉学科等各学科领域的名词共计50多种。而且，对名词加注定义的工作经试点后业已逐渐展开。另外，遵照术语学理论，根据汉语汉字特点，结合科技名词审定工作实践，全国名词委制定并逐步完善了一套名词审定工作的原则与方法。可以说，在20世纪的最后15年中，我国基本上建立起了比较完整的科技名词体系，为我国科技名词的规范和统一奠定了良好的基础，对我国科研、教学和学术交流起到了很好的作用。

在科技名词审定工作中，全国名词委密切结合科技发展和国民经济建设的需要，及时调整工作方针和任务，拓展新的学科领域开展名词审定工作，以更好地为社会服务、为国民经济建设服务。近些年来，又对科技新词的定名和海峡两岸科技名词对照统一工作给予了特别的重视。科技新词的审定和发布试用工作已取得了初步成效，显示了名词统一工作的活力，跟上了科技发展的步伐，起到了引导社会的作用。两岸科技名词对照统一工作是一项有利于祖国统一大业的基础性工作。全国名词委作为我国专门从事科技名词统一的机构，始终把此项工作视为自己责无旁贷的历史性任务。通过这些年的积极努力，我们已经取得了可喜的成绩。做好这项工作，必将对弘扬民族文化，促进两岸科教、文化、经贸的交流与发展作出历史性的贡献。

科技名词浩如烟海，门类繁多，规范和统一科技名词是一项相当繁重而复杂的长期工作。在科技名词审定工作中既要注意同国际上的名词命名原则与方法相衔接，又要依据和发挥博大精深的汉语文化，按照科技的概念和内涵，创造和规范出符合科技规律和汉语文字结构特点的科技名词。因而,这又是一项艰苦细致的工作。广大专家学者字斟句酌,精益求精,以高度的社会责任感和敬业精神投身于这项事业。可以说,全国名词委公布的名词是广大专家学者心血的结晶。这里,我代表全国名词委,向所有参与这项工作的专家学者们致以崇高的敬意和衷心的感谢!

审定和统一科技名词是为了推广应用。要使全国名词委众多专家多年的劳动成果——规范名词,成为社会各界及每位公民自觉遵守的规范,需要全社会的理解和支持。国务院和4个有关部委[国家科委(今科学技术部)、中国科学院、国家教委(今教育部)和新闻出版署]已分别于1987年和1990年行文全国,要求全国各科研、教学、生产、经营以及新闻出版等单位遵照使用全国名词委审定公布的名词。希望社会各界自觉认真地执行,共同做好这项对于科技发展、社会进步和国家统一极为重要的基础工作,为振兴中华而努力。

值此全国名词委成立15周年、科技名词书改装之际,写了以上这些话。是为序。

卢嘉锡

2000 年夏

钱 三 强 序

科技名词术语是科学概念的语言符号。人类在推动科学技术向前发展的历史长河中,同时产生和发展了各种科技名词术语,作为思想和认识交流的工具,进而推动科学技术的发展。

我国是一个历史悠久的文明古国,在科技史上谱写过光辉篇章。中国科技名词术语,以汉语为主导,经过了几千年的演化和发展,在语言形式和结构上体现了我国语言文字的特点和规律,简明扼要,蓄意深切。我国古代的科学著作,如已被译为英、德、法、俄、日等文字的《本草纲目》、《天工开物》等,包含大量科技名词术语。从元、明以后,开始翻译西方科技著作,创译了大批科技名词术语,为传播科学知识,发展我国的科学技术起到了积极作用。

统一科技名词术语是一个国家发展科学技术所必须具备的基础条件之一。世界经济发达国家都十分关心和重视科技名词术语的统一。我国早在 1909 年就成立了科学名词编订馆,后又于 1919 年中国科学社成立了科学名词审定委员会,1928 年大学院成立了译名统一委员会。1932 年成立了国立编译馆,在当时教育部主持下先后拟订和审查了各学科的名词草案。

新中国成立后,国家决定在政务院文化教育委员会下,设立学术名词统一工作委员会,郭沫若任主任委员。委员会分设自然科学、社会科学、医药卫生、艺术科学和时事名词五大组,聘任了各专业著名科学家、专家,审定和出版了一批科学名词,为新中国成立后的科学技术的交流和发展起到了重要作用。后来,由于历史的原因,这一重要工作陷于停顿。

当今,世界科学技术迅速发展,新学科、新概念、新理论、新方法不断涌现,相应地出现了大批新的科技名词术语。统一科技名词术语,对科学知识的传播,新学科的开拓,新理论的建立,国内外科技交流,学科和行业之间的沟通,科技成果的推广、应用和生产技术的发展,科技图书文献的编纂、出版和检索,科技情报的传递等方面,都是不可缺少的。特别是计算机技术的推广使用,对统一科技名词术语提出了更紧迫的要求。

为适应这种新形势的需要,经国务院批准,1985 年 4 月正式成立了全国自然科学名词审定委员会。委员会的任务是确定工作方针,拟定科技名词术语审定工作计划、实施方案和步骤,组织审定自然科学各学科名词术语,并予以公布。根据国务院授权,委员会审定公布的名词术语,科研、教学、生产、经营以及新闻出版等各部门,均应遵照使用。

全国自然科学名词审定委员会由中国科学院、国家科学技术委员会、国家教育委员会、中国科学技术协会、国家技术监督局、国家新闻出版署、国家自然科学基金委员会分别委派了正、副主任担任领导工作。在中国科协各专业学会密切配合下,逐步建立各专业审定分委员会,并已建立起一支由各学科著名专家、学者组成的近千人的审定队伍,负责审定本学科的名词术语。我国的名词审定工作进入了一个新的阶段。

这次名词术语审定工作是对科学概念进行汉语订名,同时附以相应的英文名称,既有我国语言特色,又方便国内外科技交流。通过实践,初步摸索了具有我国特色的科技名词术语审定的原则与方法,以及名词术语的学科分类、相关概念等问题,并开始探讨当代术语学的理论和方法,以期逐步建立起符合我国语言规律的自然科学名词术语体系。

统一我国的科技名词术语,是一项繁重的任务,它既是一项专业性很强的学术性工作,又涉及到亿万人使用习惯的问题。审定工作中我们要认真处理好科学性、系统性和通俗性之间的关系;主科与副科间的关系;学科间交叉名词术语的协调一致;专家集中审定与广泛听取意见等问题。

汉语是世界五分之一人口使用的语言,也是联合国的工作语言之一。除我国外,世界上还有一些国家和地区使用汉语,或使用与汉语关系密切的语言。做好我国的科技名词术语统一工作,为今后对外科技交流创造了更好的条件,使我炎黄子孙,在世界科技进步中发挥更大的作用,作出重要的贡献。

统一我国科技名词术语需要较长的时间和过程,随着科学技术的不断发展,科技名词术语的审定工作,需要不断地发展、补充和完善。我们将本着实事求是的原则,严谨的科学态度做好审定工作,成熟一批公布一批,提供各界使用。我们特别希望得到科技界、教育界、经济界、文化界、新闻出版界等各方面同志的关心、支持和帮助,共同为早日实现我国科技名词术语的统一和规范化而努力。

1992 年 2 月

前　言

科学技术名词的审定和规范,对知识传播、科研、教学、出版和学术交流等都具有重要意义。通信是当今发展最快的技术科学之一。通信产业已经成为国家的基础产业、先导产业和支柱产业,对我国的经济、社会发展起着举足轻重的作用。随着通信技术的应用和发展,在通信科学技术名词规范方面面临的挑战越来越大。为适应通信科学技术和通信产业的发展,及早审定和规范通信科技名词及其概念表达,填补这一空白是完全必要的。

在全国科学技术名词审定委员会(以下简称"全国科技名词委")、中国通信学会和信息产业部电信研究院的共同努力下,于2003年8月29日正式成立以原邮电部副部长、现信息产业部通信科技委主任宋直元同志为主任的通信科学技术名词审定委员会。委员会成员包括来自通信管理部门、运营业、制造业、科研单位、大学、媒体、出版等各个方面的通信科技专家。

委员会成立之后,我们设计了包括17个模块的词表体系框架。为了提高工作效率,我们按照通信科学技术的范畴和审定委员会的组成,把委员会中的专家分成6个工作组,分别承担收词和定义工作。收词采用统一电子界面。审定方式采用电子函审与会审相结合的办法。除了遵循全国科技名词委规定的收词原则以外,我们特别提出了收词要"精、准、新"的要求,强调权威性、新颖性和前瞻性,以区别于一般专业字典和词典。

经过将近两年的努力,我们从一稿到三稿,从一开始的6 675条收词最终收敛为2 111条,删除了大量重复词、类似词、复合词和可归属其他学科的名词,同时又补充了不少新词。通信科学技术名词审定委员会于2005年7月15日在京召开了第三次全体委员会议,认真审定并通过了通信科学技术名词及定义(第三稿),并在此基础上形成了报批稿。专家们一致认为报批稿遵循了全国科技名词委的审定原则,依据通信科学技术名词体系框架选出了通信科技领域经常使用的基本词和新词,体现了"精、准、新"的特色,基本涵盖了通信学科的用词。名词定义基本都有出处,其中大多数参照国家标准、行业标准,以及参考比较权威的工具书、专著和网站,审定时在文字方面做了大量精练、修饰、规范工作。

此后,全国科技名词委又特邀了中国工程院副院长邬贺铨院士、信息产业部通信科技委副主任张明德同志、信息产业部电信研究院原副院长陈韵倩同志、中国社会科学院语言研究所李志江同志4位专家分别对报批稿进行复审。他们在充分肯定的基础上提出了不少有益的意见。经最后修订和严格审校,形成目前公布出版的《通信科学技术名词》,共收词2 104条。由于通信技术的发展日新月异,名词术语层出不穷,《通信科学技术名词》一定会有所遗漏,更不可能包含所有新词,凡有不足之处将在今后再版时予以修订与完善。

经过两年多的艰辛劳动,我们终于填补了通信科学技术领域这一空白,做了一件有益于社会、有益于科技发展的事情。通信科学技术名词审定委员会中的每一位委员都为此感到欣慰。同时也衷心感谢全国科技名词委给了我们这次担当此任的机会,衷心感谢邬贺铨、张明德、陈韵倩、李志江4位专家及其他相关人员对这次审定工作的大力支持。

通信科学技术名词审定委员会

2006 年 5 月

编 排 说 明

一、本书公布的是通信科学技术基本名词。

二、全书正文分为:通信原理与基本技术,通信网络,支撑网络,交换选路,通信协议,运行、维护与管理,网络安全,线缆传输与接入,光纤传输与接入,无线传输与接入,卫星通信,移动通信,服务与应用,通信终端,通信电源,通信计量,政策、法规与管理等17部分。

三、正文按汉文名所属学科的相关概念体系排列,汉文名后给出了与该词概念相对应的英文名。

四、每个汉文名都附有相应的定义或注释。当一个汉文名有两个不同的概念时,则用"(1)"、"(2)"分开。

五、一个汉文名对应多个英文同义词时,一般将最常用的放在前面,并用","分开。

六、凡英文词的首字母大、小写均可时,一律小写;英文单词除必须用复数者,一般用单数形式。

七、"[ ]"中的字为可省略的部分。

八、主要异名和释文中的条目用楷体表示。"又称"一般为不推荐用名;"简称"为习惯上的缩简名词;"曾称"为被淘汰的旧名。

九、正文后所附的英汉索引按英文字母顺序排列;汉英索引按汉语拼音顺序排列。所示号码为该词在正文中的序码。索引中带"＊"者为规范名的异名和在释文中的条目。

目　录

路甬祥序

卢嘉锡序

钱三强序

前言

编排说明

正文

01. 通信原理与基本技术 ·· 1

02. 通信网络 ·· 33

03. 支撑网络 ·· 43

04. 交换选路 ·· 46

05. 通信协议 ·· 52

06. 运行、维护与管理 ·· 58

07. 网络安全 ·· 62

08. 线缆传输与接入 ·· 66

09. 光纤传输与接入 ·· 71

10. 无线传输与接入 ·· 80

11. 卫星通信 ·· 84

12. 移动通信 ·· 88

13. 服务与应用 ·· 100

14. 通信终端 ·· 111

15. 通信电源 ·· 114

16. 通信计量 ·· 116

17. 政策、法规与管理 ·· 117

附录

英汉索引 ·· 124

汉英索引 ·· 162

01. 通信原理与基本技术

01.001　通信　communication
曾称"通讯"。按照达成的协议,信息在人、地点、进程和机器之间进行的传送。

01.002　电信　telecommunication
在线缆上或经由大气,利用电信号或光学信号发送和接收任何类型信息(包括数据、图形、图像和声音)的通信方式。

01.003　信息　information
以适合于通信、存储或处理的形式来表示的知识或消息。

01.004　信息技术　information technology, IT
有关数据与信息的应用技术。其内容包括:数据与信息的采集、表示、处理、安全、传输、交换、显现、管理、组织、存储、检索等。

01.005　吉普曲线　Jipp curve
描述信息基础设施的发展与国民经济的增长成正比的关系曲线。

01.006　模拟通信　analog communication
用模拟信号作为载体来传输信息,或用模拟信号对载波进行模拟调制后再传输的通信方式。

01.007　数字通信　digital communication
用数字信号作为载体来传输信息,或用数字信号对载波进行数字调制后再传输的通信方式。

01.008　有线通信　wire communication
借助线缆线路传送信号的通信方式。与无线通信相对。

01.009　无线通信　wireless communication
仅利用电磁波而不通过线缆进行的通信方式。与有线通信相对。

01.010　无线电通信　radio communication
利用无线电的通信方式。

01.011　电话通信　telephone communication
以话音方式进行信息交换的通信方式。

01.012　数据通信　data communication
数据处理设备之间传递信息的通信方式。

01.013　图像通信　image communication
传输各种图像信息的通信方式。

01.014　静止图像通信　still image communication, static image communication
又称"静态图像通信"。除活动图像外,完全静止和相对静止图像的通信方式。主要传送图形、文字、图片等完全静止图像及慢变化的相对静止图像。

01.015　全活动视频　full-motion video
对 NYSC 信号为 30 帧每秒,对 PAL 信号为 25 帧每秒的视频再现。

01.016　传真通信　fax communication, facsimile communication
在对端复制出与原发送件几何相似的图形文件的一种通信方式。

01.017　传真存储转发　facsimile storage

and forwarding

把要传送的传真信息接收下来,存在存储转发设备中,经过必要的变换和处理,待有空闲电路或需要时,再发送出去的一种信息交换方式。

01.018 视像通信 video communication

又称"视频通信"。实时传送连续活动图像信号的通信方式。

01.019 多媒体通信 multimedia communication

在系统或网络中,声音、图形、图像、数据等多种形式信息同步进行的交互式通信。

01.020 自适应[的] adaptive

在给定时间按照特定要求调整自身的。

01.021 自适应通信 adaptive communication

在给定时间按照特定要求调整自身的通信方式。

01.022 网[络] network

在物理上或/和逻辑上,按一定拓扑结构连接在一起的多个节点和链路的集合。

01.023 分级网[络] hierarchical network

各网络节点(物理的或逻辑的)按特定规则划分为不同从属等级的网络。

01.024 对等网络 peer-to-peer network

仅包含与其控制和运行能力等效的节点的计算机网络。

01.025 有源网络 active network

包含一个或多个有源节点和部件的网络。

01.026 无源网络 passive network

包含一个或多个无源节点和部件的网络。

01.027 网络拓扑 network topology

对网络的分支和节点的系统性安排。拓扑可以是物理的或逻辑的。

01.028 星状网 star network

除根节点外的所有节点都是终端节点的树状网。

01.029 树状网 tree network

任何两个节点之间都恰有一条通路的网络。

01.030 网状网 mesh network

至少有两个节点之间的通路不少于两条的网络。

01.031 环状网 ring network

每一节点都是恰有两条与之相连的分支的中间节点的网络。

01.032 重叠网 overlay network

一个网络叠加到另一个网络上形成的新的网络。

01.033 通信系统 communication system

至少包含发送和接收两大部分,用于可靠地传输和/或交换信息的系统。

01.034 时变系统 time-varying system

其中一个或一个以上的参数值随时间而变化,从而整个特性也随时间而变化的系统。

01.035 信源 source

在通信中,向另一部件(信宿)发出信息的部件。

01.036 信宿 sink

在通信中,从另一部件(信源)接收信息的部件。

01.037 信道 channel

又称"通路"。在两点之间用于收发信号

的单向或双向通路。

01.038 通道 path
又称"路径"。网络中任意两点或两个节点之间的路径。

01.039 波道 channel
在微波通信系统中,用于收发微波信号的单独信道。

01.040 物理信道 physical channel
在通信系统中,由物理实体构成的信道。

01.041 逻辑信道 logical channel
在通信系统中,由网络抽象资源构成的信道。

01.042 承载信道 bearer channel
一种通信信道,用于由多信道传输设备产生的集合信号的传输。

01.043 对称信道 symmetrical channel
正向传送与反向传送具有相同传送速率的信道。

01.044 不对称信道 asymmetrical channel
正向传送与反向传送具有不同传送速率的信道。

01.045 多用户信道 multiuser channel
输入集和输出集之中至少有一方多于一个的信道。区别于只有一收一发的单用户信道。

01.046 正向信道 forward channel
又称"前向信道"。传输方向与正在传送用户信息的方向完全一致的传输信道。

01.047 反向信道 backward channel
又称"后向信道"。与正向信道相关联的传输信道,允许在与正向信道相反方向上传递确认信号和其他的功能控制信号。

01.048 同信道 co-channel
通常指频率相同的信道。

01.049 邻信道 adjacent channel
频率紧邻所关心信道的信道。

01.050 信道间隔 channel spacing
在两条通信信道之间的频率间隔。

01.051 信道容量 channel capacity
在特定约束下,给定信道从规定的源发送消息的能力的度量。通常是在采用适当的代码,且差错率在可接受范围的条件下,以所能达到的最大比特率来表示。

01.052 信号 signal
可以使它的一个或多个特征量发生变化,用以代表信息的物理量。

01.053 模拟信号 analog signal
在一段连续的时间间隔内,其代表信息的特征量可以在任意瞬间呈现为任意数值的信号。

01.054 数字信号 digital signal
其信息是用若干个明确定义的离散值表示的时间离散信号。它的某个特征量可以按时提取。

01.055 n 值信号 n-ary signal
其中的每一个信号元都具有 n 个允许离散值中的某个值的数字信号。

01.056 随机信号 stochastic signal
至少有一个参数(通常是幅度)属于时间随机函数的信号。例如热噪声。

01.057 伪随机信号 pseudo-random signal
至少有一个参数(通常是幅度)属于由计算过程产生的时间伪随机函数的信号。

01.058 对称信号 symmetrical signal
相差半周期的所有点大小相等而符号相反的交变信号。

01.059 突发信号 burst
在数据通信中,按照特定准则或度量算作一个单位的各信号组成的序列。

01.060 正交信号 orthogonal signal
一对至少在理论上无相互干扰的信号。

01.061 双极性信号 bipolar signal
由一个正的或负的振幅表示其一种状态,而由接地(零电平)表示其另一状态的数字信号。

01.062 单极性信号 unipolar signal
用正脉冲和零分别代表 1 和 0 的数字信号。

01.063 有用信号 desired signal, wanted signal
一个或多个接收机所要寻找的携带信息的信号。

01.064 无用信号 undesired signal, unwanted signal
对有用信号的接收可能招致损伤的信号。

01.065 信号带宽 signal bandwidth
所规定信号占用的频谱空间。

01.066 波形 waveform
波幅随时间变化的形式。

01.067 载波 carrier
可通过调制来强制它的某些特征量仿随某个信号的特征值或另一个振荡的特征值而变化,通常是周期性的电振荡波。

01.068 副载波 subcarrier
构成另一载波之调制信号的已调制载

波。

01.069 谐波 harmonic
其频率为基波的倍数的辅波或分量。

01.070 行波 traveling wave
在至少可以认为是局部均匀并在传播方向为无限的媒介内行进的电磁波。

01.071 发送 transmit, send
送出信号、消息或其他形式的数据供他处接收。

01.072 接收 receive
收到从通信系统中送出的信号、消息或其他形式的数据。

01.073 传送 transport
提供可靠的端到端传递服务。强调的是信息转移的逻辑功能的过程。

01.074 传输 transmit, transmission
将信号由一点传送到另一点或另外多个点。强调的是信号转移的物理过程。

01.075 传播 propagation
波在固定媒介中的转移。

01.076 传播常数 propagation constant
又称"传播系数"。表征电磁波在传播媒介中的变化特性的参数。这是一个复数,其实部表征衰减常数,虚部表征相位常数。

01.077 传播媒介 propagation medium
借以传输或移送波的任何物质或空间。

01.078 传播时延 propagation delay
通信信号由一点行进至另一点所需的时间。在卫星链路中的传播时延相当显著,约为 1/4 ~ 1/2 秒。

01.079 传播速度 propagation velocity
对波的传播而言,表示在一给定瞬间和

一给定空间的点上,场的一个给定特性在指定时间间隔内的位移矢量与该时间间隔的持续时间之比,当持续时间趋于零时的极限。

01.080 传递函数 transfer function
又称"转移函数"。对在不同地点或不同时间出现的两个实体或事件,以数学方法表征其间关系的表达式。

01.081 传递特性 transfer characteristic
又称"转移特性"。对某一器件或电路,表示其输出信号与输入信号的关系的图形。

01.082 传输媒体 transmission medium
又称"传输媒介"。让信号贯穿或在其中传送的天然媒体或经加工制成的构件。

01.083 传输控制 transmission control
仅为适应在电信网上进行传输而使用的控制功能。

01.084 传输损耗 transmission loss
通信信号从一点传输到另一点时的功率损耗。传输损耗可表示为对应两点的功率电平之比,以分贝(dB)为单位。

01.085 传输因数 transmission factor
在传输线的一个端口或横截面处的传输波与另一端口或横截面处的入射波的归一化波复数幅值之比。

01.086 传输线路 transmission line
两点间经加工制成的并以最小辐射量传送电磁能量的传输媒体。

01.087 传输性能 transmission performance
电信系统在给定条件下,当处于可用状态时重现所提供信号的能力。

01.088 数据传输 data transmission
借助信道上的信号将数据从一处送往另一处的操作。

01.089 突发传输 burst transmission
来自特定信息源的信息通常以一连串短时间间隔高速传送的一种传输方式。

01.090 并行传输 parallel transmission
在两点之间的适当数量的并行路径上,一组信号元的同时传输。

01.091 串行传输 serial transmission
信号元在两点之间的单一路径上的顺序传输。

01.092 带间传输 interband transmission
一种利用话路频带之间的窄频带来传输其他信号的传输方式。

01.093 带内传输 intraband transmission
一种利用话路频带内的一段窄频带,使电话与时间离散信号得以同时传输的传输方式。

01.094 基带传输 baseband transmission
信号以其基带进行的传输。

01.095 基带 baseband
在传输系统特定的输入点和输出点上,由一个信号或若干个已复用信号所占有的频带。

01.096 基带信号 baseband signal
信源发出的未经调制的数字信号或模拟信号。

01.097 基带处理 baseband processing
基带信号的变换过程。

01.098 参考模型 reference model
用作参照、基准或依据的通信模型。

01.099 参考系统 reference system
用作为参照、基准或依据的通信系统。

01.100 单工 simplex
信息在两点之间只能单方向发送的工作方式。

01.101 双工 duplex
信息在两点之间能够在两个方向上同时发送的工作方式。

01.102 半双工 half duplex
信息在两点之间能够在两个方向上进行发送,但不能同时发送的工作方式。

01.103 频分双工 frequency-division duplex, FDD
在两个方向上使用不同频率同时发送信号的双工方式。

01.104 时分双工 time-division duplex, TDD
又称"乒乓方式"。在两个方向上使用同一频率但使用不同时间段交替发送信号的双工方式。

01.105 白噪声 white noise
又称"平坦随机噪声"。在所考虑的频带内具有连续频谱和恒定的功率谱密度的随机噪声。

01.106 背景噪声 background noise
又称"嘶声"。当有用信号存在时,在给定设备输出时呈现的电磁噪声。

01.107 大气噪声 atmospheric noise
由大气电所造成的接收噪声。大气电出现在大气之中,在雷雨云情况下对无线通信系统造成干扰。

01.108 高斯噪声 Gaussian noise
一种随机噪声。在任选瞬时中任取 n 个,其值按 n 个变数的高斯概率定律分布。

01.109 高斯白噪声 white Gaussian noise, WGN
均匀分布于给定频带上的高斯噪声。

01.110 加性白高斯噪声 additive white Gaussian noise
具有恒定频谱密度的宽带高斯噪声相加的结果。

01.111 互调噪声 intermodulation noise, IMN
由于互调产物存在而引起的电磁噪声。

01.112 参考噪声 reference noise
又称"基准噪声"。相当于在 1kHz 和 1pW 的电功率条件下所产生的噪声。

01.113 加权噪声 weighted noise
其功率谱经过特定的选频网络予以修改的电磁噪声。

01.114 量化噪声 quantization noise
在通信系统中,由量化过程带来的噪声。

01.115 热噪声 thermal noise
在导体中由于带电粒子热骚动而产生的随机噪声。

01.116 散粒噪声 shot noise
又称"散弹噪声"。由于离散电荷的运动而形成电流所引起的随机噪声。

01.117 闪烁噪声 flicker noise
由于传输媒介表面不规则性或其颗粒状性质而导致的随机噪声。

01.118 随机噪声 random noise
其中脉冲或起伏的出现没有可辨别图案的电磁噪声。

01.119 信噪比 signal-to-noise ratio, signal to noise ratio, SNR, S/N
在规定的条件下,传输信道特定点上的有用功率与和它同时存在的噪声功率之比。通常以分贝表示。

01.120 噪声带宽 noise bandwidth
对某一器件,由其输出功率－频率曲线下的面积,除以所关心噪声频率的功率幅度所得的商。

01.121 干扰 interference
由于干扰信号或噪声而对有用信号的接收造成的骚扰。

01.122 干扰信号 interfering signal
对有用信号的接收造成损伤的信号。

01.123 干涉图样 interference pattern
通常由重复性干扰引起的,出现一个扫描线或密度变化的叠加的规则图样。

01.124 同信道干扰 co-channel interference
由同信道中信号引起的干扰。

01.125 邻信道干扰 adjacent channel interference
由邻信道中信号引起的干扰。

01.126 信道间干扰 interchannel interference
在给定传输信道里,由其他一路或多路信道中的信号所导致的干扰。

01.127 符号间干扰 intersymbol interference, ISI
又称"码间干扰"。在数字通信中,由于脉冲扩展引起的各信号元之间的干扰。

01.128 多址干扰 multi-site interference, MSI
在采用多台终端的通信网络中,各终端之间的干扰。

01.129 电磁干扰 electromagnetic interference, EMI
导致设备、传输信道和系统性能劣化的电磁骚扰。

01.130 电磁兼容性 electromagnetic compatibility, EMC
设备或系统在其电磁环境中既能满足其功能要求又不会对在该环境中的任何事物带来不能容忍的电磁骚扰的能力。

01.131 抗干扰性 immunity
在传输过程中,接收机或终端设备减少或排除干扰对其有用信号影响的能力。

01.132 载波干扰比 carrier-to-interference ratio, C/I
载波电压幅度与干扰电压幅度之比。

01.133 信号干扰比 signal to interference ratio
在给定的条件下所测量的传输信道的特定点上,有用信号功率与干扰信号加电磁噪声的总功率之比。通常以分贝表示。

01.134 率失真理论 rate distortion theory
又称"限失真信源编码理论"。用信息论的基本观点和方法研究数据压缩问题的理论。

01.135 失真 distortion
又称"畸变"。任何非故意造成的且通常不希望有的信号变化。

01.136 线性失真 linear distortion
线性双端口网络或线性传输媒体所产生的失真。

01.137 非线性失真 nonlinear distortion
在双端口网络或传输线上,输入与输出之间为非线性关系时出现的信号失真。

01.138 量化失真 quantization distortion, quantizing distortion

在工作范围内对相应于原信号的样值量化所导致的信号失真。

01.139　过负荷失真　overload distortion
由于信号超过线性范围所造成的失真。

01.140　互调失真　intermodulation distortion
一种以在非线性的器件或传输媒体的输出信号中出现的互调产物来表征的非线性失真。

01.141　互调产物　intermodulation product
互调形成的每一频谱分量。

01.142　不规则畸变　fortuitous distortion
由对通路或设备有影响的偶发因素所引起的时间畸变。这种时间畸变使得对任何特征瞬时的单个畸变度都不能预测。

01.143　串扰　crosstalk
又称"串话"。在给定话路里，由其他话路信号所导致的干扰。

01.144　信串比　signal-to-crosstalk ratio
当被串通路和主串通路在零相对电平点上传送某一给定的视在功率时，在被串通路某一给定点上没有串音时的视在功率与在同一点上从单个主串通路来的串音所产生的视在功率之比。通常用 dB 来表示。

01.145　衰减串话比　attenuation-to-crosstalk ratio，ACR
信号通过线缆时的衰减与近端串话之比。

01.146　侧音　sidetone
在有线电话中，同一电话的发送器捡拾的接收器音的重现。

01.147　插入损耗　insertion loss

将某些器件或分支电路（滤波器、阻抗匹配器等）加进某一电路时，能量或增益的损耗。

01.148　回波　echo
通过不同于正常路径的其他途径而到达给定点上的信号。在该点上，此信号有足够的大小和时延，以致可觉察出它与由正常路径传送来的信号有区别。

01.149　回波损耗　return loss
反射系数倒数的模。通常以分贝表示。

01.150　时延　delay
信号在给定媒体中行进所需的时间。

01.151　群时延　group delay
一个各单个频率相差很小的波群，经过传输媒介传播时，总相移随角频率的变化关系。

01.152　包络时延　envelope delay
信号包络中有限频谱分量的群时延。

01.153　窄带　narrowband
相对较窄的频带。在数字通信中通常指可传送 64 kbit/s 以下信号的带宽。

01.154　阔带　wideband
相对较宽的频带。在数字通信中通常指可传送 64 kbit/s 到 2 Mbit/s 之间信号的带宽。

01.155　宽带　broadband
相对更宽的频带。在数字通信中通常指可传送 2 Mbit/s 以上信号的带宽。

01.156　子带　subband
在某一频带中，带有特定特性的一部分。

01.157　边带　sideband
由调制正弦载波而产生的一些频谱分量，它们处在载频的任一侧，含有调制所产生的有效频谱分量。

01.158 单边带 single sideband, SSB
描述某一传输或发射,其中只保留了由调幅所产生的上边带或下边带。

01.159 双边带 double sideband, DSB
描述某一传输或发射,同时保留了由调幅所产生的两个边带。

01.160 残留边带 vestigial sideband, VSB
只保留与调制信号的较低频率相对应的一些频谱分量,而其他分量都被大量衰减的边带。

01.161 保护[频]带 guard band
在给定信道的上下限处留出的未占用窄频带。其目的是确保信道间有足够隔离,防止邻信道干扰。

01.162 带内[的] in band
使用传输用户信息的频带之内的频带的。

01.163 带外[的] out of band
使用传输用户信息的频带之外的频带的。

01.164 数字化 digitization
将模拟信号转换为表示同样信息的数字信号的过程。

01.165 香农定律 Shannon law
在有噪声存在时,通过一个有限带宽信道传送无差错比特的理论上的最大速率,由关系式 $C = W\log2(1 + S/N)$ 给出。式中 C 是以比特每秒计的信道容量,W 是以 Hz 计的带宽,S/N 为信噪比。

01.166 奈奎斯特定理 Nyquist theorem
模拟信号的波形可以从等时时间间隔的波形样点中唯一精确地重建,只要抽样速率大于或等于模拟信号最高有效频率的两倍即可。

01.167 二进制[的] binary
以 2 为基数的计数制。其中只有两个可能的不同值或状态的选择、机会或状况。

01.168 二进制数字 binary digit, bit
又称"比特"。数字信息的最小单位。即二进制数字中的一位:0 或 1。

01.169 二进制信道 binary channel
仅使用 1,0 两种符号的任何信道。

01.170 八比特组 octet
作为整体进行操作的八位二进制数字组。

01.171 八进制[的] octal
以 8 为基数的计数制。其中只有 8 个可能的不同值或状态的选择、机会或状况。

01.172 波特 baud
在数字通信中,调制速率的单位或持续时间恒定的信号码元传送速率的单位。波特数等于信号码元时长(以秒为单位)的倒数。

01.173 比特流 bit stream
在传播媒介中连续传输的比特序列。

01.174 比特率 bit rate
通信系统在单位时间(常以秒计)内传输的平均比特数。

01.175 等效比特率 equivalent bit rate
与特定符号率等效的比特率。

01.176 符号率 symbol rate
在数字通信系统中,单位时间(例如 1 秒)内所能发送的符号数。

01.177 比特差错 bit error
又称"误码"。发出的数字信号中的某个

比特与接收到的数字信号中的相应比特之间的差异。

01.178　比特差错率　bit error ratio
又称"误码率","误比特率"。差错比特数与规定期间内传输、接收或处理的总比特数之比。

01.179　块差错概率　block error probability
在规定时间内,出现接收错误数据块的概率。

01.180　比特滑动　bit slip
又称"滑码"。在数字传输中,因接收设备与发送设备的时钟速率的差异所引起的比特损失。

01.181　比特间隔　bit interval
在比特流中,两个连续信号上的对应点(表示 1 比特)之间的时间间隔或距离。

01.182　比特交织　bit interleaving
(1)在传输前,将比特流中的比特重新排列,使差错随机化的过程。(2)时分复用的过程。

01.183　比特劫取　bit robbing
泛指借用分配给某些信息传输用的比特来传送另外的功能的一种操作。

01.184　比特填充　bit stuffing
又称"比特填塞"。在二进制数据流中,插入一个附加的虚比特的方法。其目的是调整速率,实现同步。

01.185　比特同步　bit synchronization
数据传输系统中,使接收端时钟脉冲与发送端时钟脉冲的频率同步的过程。

01.186　比特图案　bit pattern
又称"位模式"。二进制比特"0"与"1"的组合格式。有 n 位就有 2 的 n 次方种

组合。

01.187　同步[的]　synchronous
两个或多个过程在给定的时段之内进行并依赖于特定事件(例如公共的定时信号)的出现的。

01.188　不同步[的]　non-synchronous
两个或多个过程在给定的时段之内进行但并非依赖于特定事件(例如公共的定时信号)的出现的。

01.189　数字差错　digital error
发出的数字信号中的某个数字与接收到的数字信号中的相应数字之间的差异。

01.190　差错比特　error bit
又称"误码"。不符合预定规则的比特。例如,本该是"0"却出现为"1"的比特。

01.191　突发差错　burst error
在数据传输过程中,成串出现的特殊差错。产生这种差错的原因,多半是传输线接触不良、继电器误动作或雷电干扰。

01.192　超时　time-out
一种与设计好的、在预定时间过去之后必定要发生的事件相关的参数。

01.193　样值　sample
信号在某个选定瞬时的代表值。此值由该信号的相应部分得到。

01.194　抽样　sampling
又称"取样"。通常按相等的时间间隔对信号抽取样值的过程。

01.195　抽样时间　sampling time
又称"取样时间"。在抽样信号的两个连续抽样脉冲上,对应点之间的时间间隔。抽样时间等于抽样率的倒数。

01.196　抽样率　sampling rate

又称"取样速率"。在单位时间内的信号样值数目。

01.197 定时 timing
（1）以测时装置记录时间的操作。
（2）使系统中各部分在时间上同步的操作。

01.198 定时抽取 timing extraction
从送入的数据中提取定时信号的过程。

01.199 定时恢复 timing recovery
根据数字时隙的周期性，从收到的数字信号中导出周期性定时信号的过程。

01.200 定时信号 timing signal
决定开始工作的瞬时所用的信号。

01.201 定时信息 timing information
与若干个事件的定时关系有关的信息。这种信息是由同步信号、定时信号或包含在数字信号中的时标的方法来传递或者导出的。

01.202 抖动 jitter
在数字通信中，数字信号的有效瞬时相对其理想位置的短期的非积累性变化。

01.203 抖动积累 jitter accumulation
将若干数字通信设备级联时，各设备所接收的抖动与其自身的抖动相加的过程。

01.204 抖动限值 jitter limit
允许输出的信号抖动的最大值。

01.205 量化 quantization
把一个模拟信号值的连续范围分为若干相邻并具有唯一量值的区间，凡落在某区间的抽样信号样值都指定为该区间量值的过程。

01.206 均匀量化 uniform quantization

位于两个虚判决值之间的所有量化区间间隔全都相等的量化。

01.207 非均匀量化 non-uniform quantization, non-uniform quantizing
位于两个虚判决值之间的量化区间间隔并不全都相等的量化。

01.208 量化误差 quantization error
实际样值与其经量化的值之差。

01.209 开销 overhead
不属于用户信息的辅助比特。在传输通道的发送端，按规定的时间间隔被附加于数字信号，在接收端再被去掉，主要用于代码检错和传输控制等。

01.210 内务信息 housekeeping information
附加在数字信号上的一些信号。用这些信号使与该数字信号相关的设备正常工作，并在可能情况下提供一些辅助功能。

01.211 时域 time domain
在分析研究问题时，以时间作基本变量的范围。

01.212 时隙 time-slot, TS
任何能唯一识别和定义的周期性时段。

01.213 时基 time base
一个作为基准，其振荡周期某些部分的出现瞬时，能用来确定时间间隔的振荡。

01.214 时钟恢复 clock recovery
从同步信道上接收的信号中检出伴随数据的时钟信号的过程。

01.215 时钟提取 clock extraction
用定时恢复产生新时钟的技术。

01.216 帧 frame
在数据和数字通信中，按某一标准预先

确定的若干比特或字段组成的特定的信息结构。

01.217 帧结构 frame structure
对一帧内所有时隙位置的具体安排。使收端能按规定的时隙分配识别它们的相对位置，实现数字时分复用。通常在一帧内主要包括信息和开销。

01.218 帧定位 frame alignment
接收设备产生的帧与接收信号的帧正确对准的程度。

01.219 帧格式 frame format
根据不同协议规定的帧的格式。通常由"帧头+数据信息"两部分组成。

01.220 帧滑动 frame slip
又称"滑帧"。因帧失步导致接收帧内数据的丢失。

01.221 帧同步 frame synchronization
为接收信号而使给定数字信道的接收端与发送端的相应信道对齐的过程。

01.222 帧失步 out-of-frame，OOF
当输入比特流中的帧定位字节的位置不能确知时信号所处的状态。

01.223 帧丢失 loss-of-frame
收方接收不到发方传来的数据帧的现象。

01.224 复帧 multiframe
在数字调制系统中，一组相继的帧。其中每一帧的位置可以用复帧定位信号为参考来加以识别。

01.225 超帧 superframe
由多个复帧构成，用于控制信道或特种业务的帧。

01.226 成帧 framing
把数字信号按帧结构组织起来的过程。

01.227 成帧图案 framing pattern
成帧以后所得到的标准化帧。

01.228 IP 技术 IP technology
有关无连接分组通信协议的技术。该协议大体相当于开放系统互连参考模型中的网络层协议。

01.229 分组 packet
又称"包"。在因特网或其他分组交换网的始发点与终接点之间，作为一个整体来传送的数据单元。其中包括用户数据、地址信息、控制信号和差错控制信号等。

01.230 分组拆卸 packet disassembly
一种由数据网提供，将分组数据以适当的形式传送给非分组终端的用户功能。

01.231 分组装配 packet assembly
一种由数据网提供，可以使非分组方式的终端以分组交换方式传送数据的用户功能。

01.232 异步转移模式 asynchronous transfer mode，ATM
又称"异步传送模式"。一种基于统计复用原理、面向连接的快速分组通信技术。其基本传输单位是信元，每信元由 5 个字节的选路信息和 48 个字节的净荷（数据）组成。

01.233 同步转移模式 synchronous transfer mode，STM
又称"同步传送模式"。一种采用时分多路复用和交换的转移模式。其中单位时间为用户传送的比特数经规格化而固定不变。

01.234 动态同步转移模式 dynamic

synchronous transfer mode，DTM

又称"动态同步传送模式"。一种新兴的同步转移模式。具备快速组网、高质量传输、带宽快速适应网络流量变化、多业务融合的能力。

01.235 对等操作 peering

在分层通信网络中,处于同一层的设备之间的操作。

01.236 跳时 time hopping

以伪随机码控制射频信号的发送时刻和持续时间所实现的扩频。

01.237 跳频 frequency hopping，FH

在无线传输中,射频频率按照某种特定算法发生的重复变化。这种变化通常借助于扩频代码序列发生器。

01.238 扩频 frequency spread

利用与信息无关的伪随机码,以调制方法将已调制信号的频谱宽度扩展得比原调制信号的带宽宽得多的过程。例如:跳频、混合扩频、直接序列扩频。

01.239 变频 frequency conversion

又称"频率变换"。将信号的所有频谱分量,从频谱中某一位置整体向另一位置的搬移,搬移时每对分量之频率差和每一分量的幅度与相对相位保持不变。

01.240 上变频 up conversion

将具有一定频率的输入信号,改换成具有更高频率的输出信号(通常不改变信号的信息内容和调制方式)的过程。

01.241 下变频 down conversion

将具有一定频率的输入信号,改换成具有更低频率的输出信号(通常不改变信号的信息内容和调制方式)的过程。

01.242 并串变换 parallel-to-serial con-

version，serialization

把一组并行出现的信号元变换成为表示相同信息的一个相应的连续信号元序列的过程。

01.243 串并变换 serial-to-parallel con-version，deserialization

把一个连续信号元序列变换成为表示相同信息的一组相应的并行出现的信号元的过程。

01.244 模数转换 analog-to-digital conversion

为把模拟信号转换为信息基本相同的数字信号而设计的处理过程。

01.245 数模转换 digital-to-analog conversion

为把数字信号转换为信息基本相同的模拟信号而设计的处理过程。

01.246 倒谱 cepstrum

一种信号的傅里叶变换谱经对数运算后再进行的傅里叶反变换。

01.247 倒相 phase inversion

在二进制相移键控中,有效状态的变化对应于载波的180°的变化。

01.248 极化 polarization

空间一固定点由电场强度矢量或任何规定的场矢量的方向所确定的正弦电磁波或场矢量的特性。

01.249 加扰 scrambling

在数字通信中,为便于数字信号的传送与存储,将其转换为具有相同意义和相同比特率的伪随机数字信号的操作。

01.250 解扰 descrambling

在数字通信中,将加扰的数字信号恢复为原有数字信号的操作。

01.251　检测　detection
对电路或系统的工作参数的感测。

01.252　检错　error detection
一种用于确定对数据的传送是否正确的
方法。

01.253　纠错　error correcting
一种用于纠正在传送或存储数据期间产
生的出错数据的方法。

01.254　压缩　compression
把信号动态范围缩小的操作。

01.255　压扩　companding
一种在发送前将信号的动态范围进行压
缩,在接收端又展开成原来值的操作。
压扩技术提高了弱信号的信噪比。

01.256　扩充　expansion
把已压缩信号恢复成原状的操作。

01.257　压缩比　compression ratio
信号在压缩前的动态范围与压缩后的动
态范围之比。

01.258　数字线对增益　digital pair gain,
　　　　　DPG
在非加感的用户线上,采用数字处理技
术来提高双绞线的传输容量,向用户提
供各种业务的技术。

01.259　交织　interleaving
将一个序列的部分项插入另外一个或多
个序列的部分项中,并使各序列都能保
持自身一致性的过程。

01.260　聚合带宽　aggregate bandwidth
多路比特流聚合后的信号总带宽。

01.261　均衡　equalization
(1)在模拟传输中,为了减少传输信号的
线性失真,针对信道传递函数偏离其理

想形状而进行的补偿过程。(2)在数字
传输中,为了减少传输信道中因失真而
导致符号间干扰的一种措施。

01.262　码速调整　justification
以受控方式改变数字信号的数字速率的
处理过程。这种过程不丢失或损伤信
息。其目的是使与复用设备不同步的各
支路得到复用。

01.263　脉冲再生　pulse regeneration
用可能失真的输入脉冲来控制新脉冲的
产生过程。这些新脉冲的时间位置、形
状和幅度都接近原脉冲。

01.264　脉冲整型　pulse shaping
使脉冲形状更接近于所要求形状的过
程。

01.265　奇偶检验　parity check
一种检验方法,它检测一个二进制数字
序列中 1 的数目是奇是偶或 0 的数目是
奇是偶,奇偶检验比特包含在内。

01.266　滤波　filtering
从一个信号中去除某些频率分量的处
理。

01.267　限带滤波　band-limiting filtering
模拟信号在抽样前,去除不必要传输的
频率分量的过程。

01.268　限幅　limiting
将信号某种特性(例如电压、电流、功率)
超过预定门限值的所有瞬时值减弱至接
近此门限值,而对其他所有的瞬时值予
以保留的操作。

01.269　信号变换　signal conversion
将信号从一种形式转换成另一形式的过
程。

01.270　信号再生　signal regeneration

将经过线路传输受到失真和干扰等损伤的信号重新形成原传输信号的过程。

01.271 预加重 pre-emphasis
为便于信号的传输或记录,而对其某些频谱分量的幅值相对于其他分量的幅值预先有意予以增强的措施。

01.272 预均衡 pre-equalization
在传输信道中为补偿随后发生的失真而对信号所做的有意改变。

01.273 预校正 precorrection
在信道的发送端,人为地给信号加上一定的时间畸变,以便全部地或部分地补偿因传输所引起的信号特性畸变的过程。

01.274 模 mode
在给定特定电磁特性的空间域中,具有可能结构的每一种电磁场。

01.275 TEM 模 TEM mode
又称"横电磁模"。在波导中,电场与磁场的纵向分量都为零的传播模式。

01.276 TE 模 TE mode
又称"横电模"。在波导中,电场的纵向分量为零,而磁场的纵向分量不为零的传播模式。

01.277 TM 模 TM mode
又称"横磁模"。在波导中,磁场的纵向分量为零,而电场的纵向分量不为零的传播模式。

01.278 相位 phase
在交变或周期性变化的物理量的图形上,各点相对于周期起点的位置。

01.279 频段 frequency band
介于两个已定义界限之间的频谱。

01.280 频率 frequency
交变信号在单位时间内的重复次数。频率的基本单位是赫兹,符号 Hz,表示每秒一个完整周期。常用单位有千赫(kHz)、兆赫(MHz)与吉赫(GHz)。

01.281 高频 high frequency, HF
介于 3 MHz 与 30 MHz 之间的频率(介于 100 m 与 10 m 之间的波长)。

01.282 甚高频 very high frequency, VHF
介于 30 MHz 与 300 MHz 之间的射频(介于 10 m 与 1 m 之间的波长)。

01.283 特高频 ultrahigh frequency, UHF
介于 300 MHz 与 3000 MHz 之间的射频(介于 1 m 与 10 cm 之间的波长)。

01.284 超高频 super high frequency, SHF
介于 3 GHz 与 30 GHz 之间的频率(介于 10 cm 与 1 cm 之间的波长)。

01.285 音频 audio frequency, AF
正常人耳能听到的,相应于正弦声波的任何频率。正常人耳的音频范围一般约为 16Hz ~ 16kHz。

01.286 射频 radio frequency, RF
无线电波的频率或相应的电振荡频率。

01.287 视频 video
包含电视图像信号频谱分量的频带内的频率。

01.288 频率响应 frequency response
描述某一器件或电路在规定的信号频率范围进行操作的性能特性。

01.289 频谱 frequency spectrum
可用作传送信息的电磁波或振荡的频率

01.290 复频谱 complex spectrum

用傅里叶变换或傅里叶级数的复数系数的序列,将信号或噪声表示为频率函数的方法。

01.291 频域 frequency domain

在分析问题时,以频率作为基本变量。

01.292 谱宽 spectral width

所放射的谱量值是其最大值的规定的百分比的波长区。

01.293 功率谱 power spectrum

以频率函数形式表达的信号或噪声频谱分量的幅度平方之半的分布。

01.294 功率谱密度 power spectral density

对于具有连续频谱和有限平均功率的信号或噪声,表示其频谱分量的单位带宽功率的频率函数。

01.295 半功率点 half-power point

在响应曲线或方向图中(例如对选择性滤波器或单向性天线),位于最大值两侧,功率在此低于峰值 3 dB 的点。

01.296 波段 band

在指定的最低波长与最高波长之间的波长范围。

01.297 波长 wavelength

在交变或振荡现象中,一个完整波的位移。波长通常从波峰到波峰或从波谷到波谷测量,以米为单位。

01.298 长波 long wave, LW

波长介于 10 000 m 与 1 000 m 之间(频率介于 30 ~ 300 kHz 之间)的无线电波。

01.299 中波 medium wave, MW

波长介于 1 000 m 与 100 m 之间(频率介于 300 kHz ~ 3 MHz 之间)的无线电波。

01.300 短波 shortwave, SW

波长介于 100 m 与 10 m 之间(频率介于 3 ~ 30 MHz 之间)的无线电波。

01.301 超短波 ultrashort wave, USW

波长介于 10 m 与 1 m 之间(即频率介于 30 ~ 300 MHz 之间)的无线电波。

01.302 微波 microwave, MW

波长低于 10 cm ,但高于红外线波长的射频电磁波。

01.303 导频信号 pilot signal

在电信网内为测量或监控的目的而发送的信号。这种信号通常为单一频率。

01.304 参考导频 reference pilot

为便于维护和调节而发送的单频信号。

01.305 单音 tone

由具有恒定频率的周期波形组成的声音。

01.306 可靠性 reliability

在给定条件下和规定的时间间隔内,产品(装备)执行所需功能的能力。

01.307 可用性 availability

在要求的外部资源得到保证的前提下,产品(装备)在规定的条件下,在给定的瞬时或在给定的时间间隔内,处于执行所需功能状态的能力。

01.308 可用时间 up time

又称"能工作时间"。产品(装备)处于可用状态的时间间隔。

01.309 可用状态 up state

在外部资源已齐备(如果需要的话)的条件下,产品(装备)能执行所需功能的状态。

01.310 不可用性 unavailability
在给定的瞬时或在给定的时间间隔内,假定所需外部条件得到满足,产品(装备)在规定的条件下处于不能执行所需功能的状态的概率。

01.311 不可用时间 unavailable time
产品(装备)处于不可用状态的时间间隔。

01.312 不可用状态 down state
产品(装备)处于故障或预防性维护期间不能执行所需功能的状态。

01.313 不能工作状态 disabled state
无论什么原因,产品(装备)表现为不能执行所需功能的状态。

01.314 冲激 impulse
又称"冲击脉冲"。(1)一种持续期极短的信号。(2)电压(居多)或电流的一种无方向的短暂突发。

01.315 冲激响应 impulse response
电路或设备对冲击脉冲的响应。

01.316 带宽距离积 bandwidth-distance product
传输带宽与传输距离的乘积。带宽距离积是衡量传输性能的重要指标。

01.317 增益带宽积 gain-bandwidth product
有源器件或电路的增益与规定带宽的乘积。增益带宽积是评价放大器性能的一项指标。

01.318 增益 gain
对元器件、电路、设备或系统,其电流、电

压或功率增加的程度。通常以分贝(dB)数来规定。

01.319 自动增益控制 automatic gain control, AGC
对放大器的增益进行自动调节的过程。通常是为了使随输入信号电平变化而引起的输出信号电平变化少。

01.320 电平 level
一个时间变量,如功率或场量,在特定的时间间隔内以特定方式计算的均值或加权值。其单位可以用相对于基准值的对数形式表示,例如"分贝"。

01.321 分贝 decibel, dB
以两功率或两个场量之比的常用对数再乘以 10 的形式表示该比的单位。

01.322 毫瓦分贝 dBm
以 1mW 作参照的分贝数。

01.323 发射 emission
能量以波或粒子的形式从其源发出的现象。

01.324 辐射 radiation
(1)能量以波或粒子的形式从其源发散到空间。(2)能量以波或粒子的形式通过空间的转移。

01.325 前馈 feedforward
部分信号从双端口网络输入端向输出端传送,或从传输通道上的一点沿着该通道向随后的点传送。

01.326 反馈 feedback
部分信号从双端口网络输出端向输入端的回传,或从传输通道上的一点向途中已通过的一点的回传。

01.327 正反馈 positive feedback
对电路或设备,为增大放大系数而将其

部分输出与输入同相地反馈到输入端的过程。

01.328 负反馈 negative feedback
对电路或设备,为降低畸变和噪声而将其部分输出以与输入信号相位相差180°地馈入输入端的过程。

01.329 反射波 reflected wave
当入射波在传播媒介中碰到不同媒介的分界面,且分界面的尺寸比入射波的波长要长时,由该分界面返回原传播媒介的一种可用几何光学解释的波。

01.330 反射系数 reflection coefficient
在靠近两传播媒介的分界面处,靠近网络或传输线的端口处,或靠近不连续点处,正弦反射电流或反射波分量与相应的入射电流或入射波分量的复值比。

01.331 线性 linearity
在规定工作范围内,器件、网络或传输媒介符合叠加原理的工作属性。

01.332 非线性 nonlinearity
在规定工作范围内,器件、网络或传输媒介不符合叠加原理的工作属性。

01.333 载波恢复 carrier recovery
又称"载频恢复"。从已调信号中恢复原载波的过程。

01.334 频偏 frequency deviation
由调制有意产生的频率变化,或由自然现象无意引起的频率变化。

01.335 带宽 bandwidth, BW
频带的两个端频率之间的差值。

01.336 按需分配带宽 bandwidth on demand
在电信技术中,根据接受服务的信道的需要,以带宽增量方式增加吞吐量的能

力。

01.337 负荷 load
又称"负载"。(1)器件或电路执行功能时所消耗的功率。(2)网络或信道承载的业务量。

01.338 净荷 payload
负荷中有效的或实质性的部分。

01.339 接收[机]灵敏度 receiver sensitivity
接收机收到弱信号并将其加工成可读数据的能力的定量度量。

01.340 眼图 eye diagram, eye pattern
示波器屏幕上所显示的数字通信符号,由许多波形部分重叠形成,其形状类似"眼"的图形。"眼"大表示系统传输特性好;"眼"小表示系统中存在符号间干扰。

01.341 容错 fault tolerance
在出现故障时,功能单元继续执行所要求功能的能力。

01.342 透明性 transparency
在通信网中,不改变信号形式和信息内容的端到端传输。

01.343 连通[性]透明性 connectivity transparency
不管接入方式如何,网络的性能保持一致的能力。

01.344 业务透明性 service transparency
提供一组公用的公众网络增值业务的能力。

01.345 应用透明性 application transparency
从网络的任何一个接入点都能获取一组公用应用的能力。

01.346 过冲 overshoot
在双端口网络输入端,由于信号的突然变化而引起的瞬态现象。其特点表现为输出信号值暂时远超过其应达到的稳定值,而且一般还跟随着接近此稳态值的阻尼振荡。

01.347 过载点 overload point
对放大器,当输入信号增加 1dB 时,其三次谐波的绝对功率电平增加 20 dB 的输出端的绝对功率电平值。

01.348 钳位 clamping
将重复信号的某一特性保持在参考值上的过程。此参考值可以是固定的或是可调节的。

01.349 门限 threshold
(1)某一效应的初始可观测点。(2)某一电路或器件的预先确定的点。例如其最大电流或电压。

01.350 耦合 coupling
两个电路或器件的接合或连锁。分"静电耦合"、"磁耦合"、"直接耦合"、"电阻性耦合"、"光耦合"等。

01.351 衰减 attenuation
(1)电功率、电磁功率或声功率在两点之间的降低。(2)以规定的形式,用两点功率之比,或与功率有关的量之比值来表示的功率降低。

01.352 衰减系数 attenuation coefficient
(1)传播系数的实部。(2)传输线或波导轴线上两点之间的衰减除以该两点之间的距离的商,当距离趋于零时的极限。

01.353 锁相 phase locking
使输出周期性信号与输入周期性参考信号频率相等(频率同步或为整数倍关系),而相位差保持恒定(相位锁定)的过程。

01.354 相干 coherence
在电磁辐射中,使所有波前同相的条件。相干将能量高度集中,使红外、可见光和紫外有可能长距离传输,原因是这些射线几乎完全平行。

01.355 选通 gating
在规定的一些瞬时,或在规定的一些信号值上,将两条电路或传输信道接通或断开的过程。

01.356 选择性 selectivity
对电路或器件,仅让某一频率的信号通过而阻止其他频率的信号的能力。

01.357 争用 contention
当两个站或更多个站在同一条公用传输信道上同时试图进行发送时,或者当彼此通常以单工方式操作的两个站同时试图进行发送时所引起的状态。

01.358 业务属性 service attribute
某种电信业务的规定特性。

01.359 连接 connection
在通信系统中,为传送信号在功能单元之间建立的关联。

01.360 无连接 connectionless
端点间无需在通信开始前建立起物理或逻辑连接的方式。

01.361 面向连接 connection-oriented
在用户开始传递信息前必需首先在通信双方或更多方间建立起连接的方式。

01.362 多点到多点连接 multipoint-to-multipoint connection
在通信系统中,多个始发终端与多个目的地终端之间建立的连接。

01.363 多点到点连接 multipoint-to-point connection

在通信系统中,多个始发终端与单个目的地终端之间建立的连接。

01.364 点到多点连接 point-to-multipoint connection

在通信系统中,单个始发终端与多个目的地终端之间建立的连接。

01.365 点到点连接 point-to-point connection

在通信系统中,单个始发终端与单个目的地终端之间建立的连接。

01.366 回程 backhaul

又称"回传"。通信线路的返回路程。

01.367 接入 access

接近、进入或使用某一资源的手段、能力或许可。

01.368 交叉连接 cross-connect

为实现永久连接和半永久连接,把特定的输入和特定的输出关联起来的操作。

01.369 级联 cascading

其中每一实体只与其邻接者相互作用的多实体串联形式。

01.370 桥接 bridging

基于公共的链路层协议将两个通信网络互连,并基于链路地址选择要传递的数据的过程。

01.371 互连 interconnection

不同物理实体在物理上的互相连接(包括网络间的连接和设备或物理媒体间的连接)。

01.372 互联 interconnection

不同物理实体在逻辑上的互相联结(包括网络间的连接和设备或物理媒体间的连接)。

连接)。

01.373 互通 interworking

不同物理实体(网络或设备)在互连后业务信息能够透明传输,各项性能满足规定的要求,各种功能能够相互协调工作的能力。互通的范围包括网络互通、设备互通和业务互通等。

01.374 互操作性 interoperability

在规定条件下,各种功能单元之间进行通信、执行程序或传递数据的能力。

01.375 呼叫 call

在通信中用户请求接续并得到响应。

01.376 呼叫建立 call set-up

在通信中用户请求接续,并实现一次连接的一系列操作。

01.377 主叫方 calling party

电信网中发起试呼的用户。

01.378 被叫方 called party

电信网中被主叫用户呼叫的用户。

01.379 最终用户 end user

在通信系统中,系统所服务的最终受益者(包括信息的最初提供者和最终享用者)。

01.380 编号 numbering

为每个用户入网接口指定一个唯一的标号。

01.381 寻址 addressing

为主叫用户的每次试呼表明被叫用户标号的处理过程。

01.382 选路 routing

在某一网络上,为传送信号或信息而确定要使用路由的过程。

01.383 动态选路 dynamic routing

在通信中,不是通过一条预定的路由,而是根据线路状态和传送模式的变化情况,自动选出其传送特性最佳的路由的方法或过程。

01.384 拥塞控制 congestion control
通过限制拥塞扩散和持续时间来减轻拥塞的一组操作。

01.385 链路 link
两点之间具有规定性能的电信设施。链路通常以传输通道类型或容量来区分,例如:无线电链路、同轴链路、宽频带链路。

01.386 上行链路 uplink
在点到多点系统中,由分散点到集中点的传输链路。例如:在移动通信中,由移动台到基站的链路;在卫星通信中,由地球站到卫星的链路。

01.387 下行链路 downlink
在点到多点系统中,由集中点到分散点的传输链路。例如:在移动通信中,由基站到移动台的链路;在卫星通信中,由卫星到地球站的链路。

01.388 长途线路 long distance line
指实际长度长、通信量大,通常需要经过长途交换局作多次转接的通信线路。

01.389 线路段 line section
由两端收发设备和其间的线缆构成的线路区间。

01.390 支路 tributary
(1)在网络中,连接各相邻节点的直达通路。(2)从电缆或光缆分出的独立路径。(3)构成聚合通路,或从聚合通路分出的一部分。

01.391 话路 voice channel
适宜于传输语音的信道。

01.392 节点 node
在网络拓扑中,网络任何支路的终端或网络中两个或更多支路的互连公共点。

01.393 端口 port
信号能由此进网和或出网的终接点。

01.394 接口 interface
由两侧特性所定义的共享边界。接口可以在物理级、在软件级或作为纯逻辑运算来描述。

01.395 物理接口 physical interface
系统中不同设备与部件之间的硬件接口。

01.396 接口速率 interface rate
完成所有处理之后通过接口的总比特速率标称值。

01.397 二端网络 two-terminal network
具有一个输入终端和一个输出端口的网络。

01.398 四端网络 four-terminal network
具有两个输入终端和两个输出端口的网络。

01.399 流 stream
连续传输的信息序列。例如比特流、数据流。

01.400 流量控制 flow control
在数据通信中,对实际传递速率的控制。

01.401 业务量控制 traffic control
对通信系统或通信网络中传输的所有信息(包括系统控制信息、路由选择信息、操作维护人员的联络信息)的管理与控制。

01.402 实时控制 real-time control

在系统规定的时间间隔内,调节或强制被控制对象完成预定动作或响应的过程控制。

01.403 调解功能 mediation function
又称"中介功能"。能在网元、中介设备和网络运行中心之间共享的功能。

01.404 端到端性能 end-to-end perform-ance
从始发地到目的地的信道全程性能。

01.405 端对端通信 end-to-end commu-nication
从始发地到目的地的全程通信。

01.406 单方向 unidirectional
对一条链路,表示用户的信息只能按既定的单方向传递的属性。

01.407 双方向 bidirectional
对一条链路,表示两点之间的用户信息能够同时双向传递,而两个方向的信道容量和信号传输速率不必一定相同的属性。

01.408 单向式 one-way
对一种工作方式,表示呼叫的建立总是发生在一个方向的属性。

01.409 双向式 two-way
对一种工作方式,表示双向都可以建立呼叫,而两个方向的业务流量不必一定相同的属性。

01.410 话音 voice
在喉部产生、口中说出的声音。这里的声音未必是语音。

01.411 语音 speech
以给定自然语言所讲的话音模式,或模拟这种模式的声学信号。

01.412 备用冗余 standby redundancy
一组在正常情况下不工作,只在正在使用的设备不工作的时候才工作的设备。

01.413 热备用 hot standby
备用单元已经通电、准备使用和作好连接,一旦主用单元失效,该备用单元能立即投入使用的配置。

01.414 远程供电 remote power-feeding
在长途有线通信中,利用电缆或光缆内的导线把电能从端站或有人中继站输送到无人站,为无人中继站供电的配置。

01.415 多址接入 multiple access
处于不同地点的多个用户接入一个公共传输媒介,以实现各用户间通信的模式。

01.416 频分多址 frequency-division multiple access, FDMA
利用不同的频率分割成不同信道的多址技术。

01.417 时分多址 time-division multiple access, TDMA
利用不同的时间分割成不同信道的多址技术。

01.418 空分多址 space-division multiple access, SDMA
利用不同的空间分割成不同信道的多址技术。

01.419 码分多址 code-division multiple access, CDMA
利用不同的码序列分割成不同信道的多址技术。

01.420 时分码分多址 time-division CDMA, TD-CDMA
同时利用时间分割和代码分割的多址技术。

01.421 波分多址 wavelength-division multiple access, WDMA

利用不同的波长分割成不同信道的多址技术。

01.422 复用 multiplexing

将多个独立信号合成为一个多路信号的处理过程。

01.423 分用 demultiplexing

将经复用所形成的合成信号恢复为多个原独立信号,或恢复为由这些独立信号所组成的信号群的处理过程。

01.424 频分复用 frequency-division multiplexing, FDM

为了使若干独立信号能在一条公共通路上传输,而将其分别配置在分立的频带上的复用。

01.425 时分复用 time-division multiple-xing, TDM

为了使若干独立信号能在一条公共通路上传输,而将其分别配置在分立的周期性的时间间隔上的复用。

01.426 码分复用 code-division multiple-xing, CDM

为了使若干独立信号能在一条公共通路上传输,而将其配置成某些正交信号的复用。

01.427 波分复用 wave-division multiple-xing, WDM

为了使若干独立信号能在一条公共光通路上传输,而将其分别配置在分立的波长上的复用。

01.428 异类复用 heterogeneous multi-plex

对所有工作于不同二进制速率下的分信道的复用。

01.429 统计复用 statistical multiplexing

在统计基础上建立的多路复用。

01.430 时分语音插空 time-division speech interpolation

将激活的话音信号动态地切换到空闲信道,以此提高系统容量的技术。

01.431 数字语音内插 digital-speech interpolation, DSI

在多路通信中,利用通话间隙时间插入数字话音信息的技术。

01.432 逆复用 inverse multiplexing

又称"反向复用"。将高速数字信号组织在几个低速通道中传输的复用方式。逆复用采用先分用、后复用,不同于常规的先复用、后分用的方式。

01.433 数字复用体系 digital multiplex hierarchy

数字复用的等级系列,其中的每一级都以规定的数字率来表征,并且每一级都处理等级较低的数字信号经复用合成的数字信号。

01.434 代码 code

一组由字符、符号或信号码元以离散形式表示信息的明确的规则体系。

01.435 码字 code word

一种按特定规则排列并具有唯一含义的码序列。

01.436 码块 block

由于技术或逻辑的原因,可作为一个整体处理,但不一定在时间上相邻的一串连续比特。

01.437 归零 return to zero, RZ

二进制数字信号的一种传输形式,其中表示 1 和 0 的正、负脉冲在 1 比特周期中的后半部分将回到零电平。

01.438 不归零 non-return to zero, NRZ
二进制数字信号的一种传输形式,其中
表示 1 和 0 的正、负脉冲在 1 比特周期
中不回到零电平。

01.439 传号 mark
(1)在电报技术中,字符或代码的点或画
的部分。与无信号区相对。(2)由比特
表示的高状态(逻辑"1")。与低状态
(逻辑"0")相对。

01.440 空号 space
(1)在电报技术中,没有字符或代码的点
或画的部分。与传号相对。(2)由比特
表示的低状态(逻辑"0")。与高状态
(逻辑"1")相对。

01.441 编码 coding, encoding
用代码表示信息的过程。

01.442 解码 decoding
将信息从已经编码的形式恢复到编码前
原状的过程。

01.443 编码律 encoding law
在脉码调制中,对于确定量化过程中判
定值之间的关系的表述。

01.444 A 律 A-law
在通信技术中,欧洲通常采用的压扩标
准。

01.445 μ 律 μ-law
在通信技术中,北美通常采用的压扩标
准。

01.446 编码变换 transcoding, coding
　　　　　　　transform
将信号从一种编码方案向另一种编码方
案的直接转换(无须将信号变回模拟形
式)。

01.447 编码增益 coding gain
编码信号相对于未编码信号效率的提
高。单位为分贝。

01.448 信源编码 source coding
一种以提高通信有效性为目的而对信源
符号进行的变换;为了减少或消除信源
剩余度而进行的信源符号变换。

01.449 信道编码 channel coding
为了与信道的统计特性相匹配,并区分
通路和提高通信的可靠性,而在信源编
码的基础上,按一定规律加入一些新的
监督码元,以实现纠错的编码。

01.450 相关编码 correlative coding
在数据流中引入某些受控的符号间干
扰,而不是试图完全消除这种干扰,并改
变检测步骤,在检测器上达到消除干扰
的效果,以此获得理想的符号率的编码。

01.451 图像编码 image coding
又称"图像数据压缩"。利用较少比特数
传送数字图像的方法的统称。

01.452 游程长度编码 run-length cod-
　　　　　　　ing, RLC
为减少传真信号的冗余度,而对连续的
相同光密度像素的扫描游程长度(以像
素数来表示)进行编码的方法。

01.453 差错控制编码 error control cod-
　　　　　　　ing, ECC
采用检错或纠错技术的编码。

01.454 差分编码 differential encoding
对数字数据流,除第一个元素外,将其中
各元素都表示为各该元素与其前一元素
的差的编码。

01.455 均匀编码 uniform encoding
在脉码调制中,根据已确定的代码,用一

组字符信号来表示模拟信号的均匀量化样值的过程。

01.456 非均匀编码 non-uniform encoding

在脉码调制中,根据已确定的代码,用一组不均匀量化样值来表示模拟信号的过程。

01.457 赫夫曼编码 Huffman coding

又称"最佳不等长度编码"。1952 年由数学家 D. A. 赫夫曼首先提出的一种无失真变长度的信源编码。

01.458 群编码 group coding

对频分复用(FDM)信号进行脉冲编码调制的方式。

01.459 极性码 polar code

数字通信系统中,通常用正负脉冲来代表数字信号的常用的基带传输编码方式。

01.460 双极性编码 bipolar coding

在传送二进制数据时,"0"作为无脉冲发送,"1"作为一个脉冲发送的方法。

01.461 双相编码 biphase coding

采用两个相位的编码。如果以正相移 90° 表示"1",则以负相移 90° 表示"0"。

01.462 通用编码 universal coding

对于统计特性未知的信源进行的有效编码。一类以估计信源的概率统计特性为基础;另一类以序列复杂度理论为基础。

01.463 预测编码 predictive coding

对有记忆信源的剩余度进行压缩的一种时域编码方法。

01.464 线性预测编码 linear prediction coding, LPC

其中被预测的信号各样值都是此前样值的线性组合的预测编码。

01.465 BCH 码 BCH code

一种用于纠错,特别适用于随机差错校正的循环检验码。由 R. C. Bose、D. K. Chaudhuri 和 A. Hocquenghem 共同提出。

01.466 n 元码 n-ary code

对数字数据,使其在任何给定时刻的信号都能取 n 个可能的物理状态之一的代码。

01.467 部分响应编码 partial response coding

使二进制信号通过一个上升时间比 1 比特周期长的线性网络,产生多电平信号的编码。

01.468 成对不等性码 paired-disparity code

以相反极性的两个信号电平之一来表示输入数据的一部分或全部的代码。

01.469 定比码 constant ratio code

在每个字符或功能信号中使用的各类码元均具有指定数目的检错码。

01.470 二进制码 binary code

只采用两种不同字符(通常为"0"和"1")的代码。

01.471 二进制编码的十进制 binary coded decimal, BCD

其中各十进制数位都分别由二进制数字来表示的二进制编码记法。

01.472 双二进码 duobinary code

由偶数个空号分开的传号以相同的最大信号电平来表示,而由奇数个空号分开的传号以相反的最大信号电平来表示的代码。

01.473 汉明码 Hamming code
用于数据传送,能检测所有一位和双位差错并纠正所有一位差错的二进制代码。

01.474 曼彻斯特码 Manchester code
在通信技术中,将所发送比特流中的数据与定时信号结合起来的代码。

01.475 交织码 interleaved code
一种分组码:在长度为 N 的码组中有 K 个信息位和 R 个监督位,监督位的产生只与该组内的信息位有关。通常这种结构的码为 (N,K) 码。

01.476 检错码 error-detection code
为自动识别所出现的差错而安排的冗余码。

01.477 防错码 error-protection code
为进行检错或者同时进行检测和纠错而设计的代码。

01.478 纠错码 error-correcting code
一种能自动进行检错和纠正部分或全部差错的代码。

01.479 块码 block code
在数据传输中,由 n 个信息比特和 k 个奇偶检验比特组成,包含 $(n+k)$ 个比特的传输块代码。

01.480 平衡码 balanced code
在脉码调制中,其"数字和"的变化有限的代码。

01.481 扰码 scramble
把一个码元序列变换为另一个统计性质更完善的序列的过程。

01.482 冗余码 redundant code

所用符号数或信号码元数比表示信息所必需的数目多的代码。

01.483 循环码 cyclic code
具有循环移位特性且能纠错的分组码。

01.484 调制 modulation
有意或无意地使表征一振荡或波的量随着一信号或另一振荡或波的变化而变化的过程。

01.485 解调 demodulation
从已调信号中恢复出原调制信号的过程。

01.486 调制因数 modulation factor
(1)在幅度调制中,已调信号的最大幅度和最小幅度之差与两者之和的比值。
(2)在角度调制中,由特定调制信号产生的峰值频率偏移或峰值相位偏移与对给定传输系统规定的最大偏移之比。

01.487 调制速率 modulation rate
(1)单位间隔的持续时间的倒数。
(2)信号码元理论最短持续时间的倒数。

01.488 调制指数 modulation index
(1)在由正弦信号进行的角度调制中,用弧度表示的峰值相移。(2)在双态频移键控中,以赫兹表示的频移与以波特表示的调制率之比。

01.489 调频 frequency modulation, FM
瞬时频率偏移按照给定调制信号瞬时值函数改变的角度调制。该函数通常是线性的。

01.490 调幅 amplitude modulation, AM
载波幅度按照给定调制信号瞬时值函数改变的调制。该函数通常是线性的。

01.491 调相 phase modulation, PM
瞬时相位偏移按照给定调制信号瞬时值

函数改变的角度调制。该函数通常是线性的。

01.492 鉴相 phase discrimination
将相位差的变化转换成输出电压的变化,即调相的逆变换,以此实现调相波解调的过程。

01.493 数字调制 digital modulation
用数字信号对载波的一个或多个参数所作的调制。

01.494 幅移调制 amplitude-shift modulation
数字调制信号的每一特征状态都以正弦振荡幅度的一个特定值来表示。

01.495 脉冲编码调制 pulse-code modulation, PCM
又称"脉码调制"。对信号进行抽样和量化时,将所得的量化值序列进行编码,变换为数字信号的调制过程。

01.496 差分调制 differential modulation
数字调制信号的每一特征状态都以已调信号特征量的值相对于前一位信号元的给定的特定变化来表示的调制。

01.497 差分脉码调制 differential pulse-code modulation, DPCM
将输入信号的抽样值与信号的预测值相比较,再对两者的差值进行编码的脉码调制。

01.498 自适应差分脉码调制 adaptive differential pulse-code modulation, ADPCM
将自适应预测与自适应量化相结合的调制技术。

01.499 无载波幅相调制 carrierless amplitude-and-phase modulation, CAPM
对载波进行了抑制的正交调幅(QAM)调制方式,其中以不同的振幅与不同的相位组合来代表不同的数值。

01.500 网格编码调制 trellis-coded modulation, TCM
一种将纠错编码和数字调制相结合,并实现数字传输优化的方法。

01.501 波长调制 wavelength modulation, WM
利用外界作用改变光纤中光的波长的方法。通过检测光纤中光的波长的变化来测量各种物理量。

01.502 换频调制 frequency-exchange modulation
从一个频率变到另一个频率,且不需要相位连续的调频方法。

01.503 相干调制 coherent modulation
由时间离散信号进行的调制,其中表征调制前载波相位的瞬时与已调信号的特征瞬时之间存在一预定关系。

01.504 增量调制 delta modulation, DM
只保留每一信号样值与其预测值之差的符号,并用一位二进制数编码的差分脉冲编码调制。

01.505 倒相调制 phase-inversion modulation
取两个相差 π 弧度的相移值的双态相移键控。

01.506 正交调制 quadrature modulation
对具有90°相差的两个载波分量以两个独立的信号分别进行调制。

01.507 正交调幅 quadrature amplitude

modulation，QAM

将幅度调制和相位调制相结合的调制技术。以数字信号对正弦载波的同相分量和正交分量分别进行调制。

01.508 正交频分复用 orthogonal frequency-division multiplexing，OFDM

一种多载波调制：将要传送的数字信号分解成多个低速比特流，再用这些比特流去分别调制多个正交的载波。

01.509 脉冲调制 pulse modulation，PM

脉冲载波的一个或多个特性随调制信号的变化而改变的调制。

01.510 脉幅调制 pulse-amplitude modulation，PAM

脉冲幅度随调制信号的变化而改变的脉冲调制。

01.511 脉宽调制 pulse-duration modulation，PDM，pulse-width modulation，PWM

脉冲宽度随调制信号的变化而改变的脉冲调制。

01.512 脉冲位置调制 pulse-position modulation，PPM

简称"脉位调制"。脉冲的时间位置随调制信号的变化而改变的脉冲调制。分脉相调制和脉频调制两种。

01.513 脉冲相位调制 pulse-phase modulation，PPM

脉冲时间偏移与调制频率成反比的调制。

01.514 频移键控 frequency-shift keying，FSK

正弦振荡的频率在一组离散值间改变的角度调制，其中每一离散值表示时间离散调制信号的一种特征状态。

01.515 幅移键控 amplitude-shift keying，ASK

数字调制信号的每一特征状态都用正弦振荡幅度的一个特定值来表示的调制。

01.516 相移键控 phase-shift keying，PSK

时间离散的调制信号的每一特征状态都由已调制信号的相位与调制前载波相位之间特定的差来表示的角度调制。

01.517 四相移相键控 quaternary PSK，QPSK

以载波在 0°、+90°、-90° 和 180° 处发生的相移来表示二进制"0"和"1"的相移键控。

01.518 最小相位频移键控 minimum frequency-shift keying，MSK

比特率正好是频率偏移 4 倍的频移键控。

01.519 高斯频移键控 Gaussian frequency-shift keying，GFSK

比特流先经过高斯滤波器进行频率调制的频移键控调制。这能在频谱效率（bit/Hz）和信噪比之间提供良好的折衷，以此提高信息传输质量和抗干扰度。

01.520 高斯最小频移键控 Gaussian minimum frequency-shift keying，GMSK

使用高斯预调制滤波器进一步减小调制频谱的最小相位频移键控。可以降低频率转换速度。

01.521 欠调制 under modulation

调制信号的大部分波峰的峰值长期远低于所考虑的系统或设备的最大允许值的状态。

01.522　过调制　over modulation
调制信号的某些峰值超过所考虑的系统或设备的最大允许值的状态。

01.523　互调　intermodulation，IM
在非线性器件或传输媒介中，由于一个或多个输入信号的多频谱分量之间相互作用，从而产生新的分量的过程。

01.524　交叉调制　cross modulation
通过在非线性的设备、网络或传输煤质中各信号间的相互作用所产生的无用信号对有用信号的载波的调制。

01.525　相干解调　coherent demodulation
将已调制信号的频率和相位，与载波分量相同的正弦振荡分别相加的幅度解调。

01.526　包络解调　envelope demodulation
又称"线性解调"，"线性检波"。产生的输出信号与已调信号包络线成正比的幅度解调。

01.527　包络检波　envelope detection
从调幅波包络中提取调制信号的过程：先对调幅波进行整流，得到波包络变化的脉动电流，再以低通滤波器滤除去高频分量，便得到调制信号。

01.528　平方律检波　square-law detection
采用其输出信号与输入振荡包络线瞬时值的平方近似地成正比的特性器件来完成的非线性作用过程。

01.529　发送机　transmitter
产生并送出信号或数据的设备。

01.530　接收机　receiver
工作于通信链路的目的地端，接收信号并加以处理或转换供本地使用的设备。

01.531　调制器　modulator
一种制约振荡或波的某一特征量，使其随着信号或者另一振荡波的变化而变化的非线性器件。

01.532　解调器　demodulator
从调制产生的振荡或波中恢复原调制信号的器件。

01.533　倍频器　frequency multiplier
产生的振荡频率为其输入频率的整数倍的非线性器件。

01.534　分频器　frequency divider
产生的振荡频率为其输入频率整约数的非线性器件。

01.535　放大器　amplifier
输出信号功率大于输入信号功率的器件。

01.536　参量放大器　parametric amplifier
以高频振荡为能源（即泵源），以非线性电抗元件为换能器件，实现电信号放大的装置。其主要用于放大微波频域的信号。

01.537　低噪声放大器　low-noise amplifier
一种位于放大链路输入端，针对给定的增益要求，引入尽可能小的内部噪声，并在输出端获得最大可能的信噪比而设计的放大器。

01.538　功率放大器　power amplifier
在给定失真率条件下，能产生最大功率输出以驱动某一负载（例如扬声器）的放大器。

01.539　选频放大器　frequency-selective amplifier
对某一段频率或单一频率的信号具有突出的放大作用，而对其他频率的信号具有较强抑制作用的放大器。

01.540 带通滤波器 bandpass filter
让限定的频带之内的信号分量通过,而对该频带之外的信号分量大大抑制的谐振电路。

01.541 带阻滤波器 bandstop filter
让限定的频带之外的信号分量通过,而对该频带之内的信号分量大大抑制的谐振电路。

01.542 高通滤波器 high-pass filter
让某一频率以上的信号分量通过,而对该频率以下的信号分量大大抑制的电容、电感与电阻等器件的组合装置。

01.543 低通滤波器 low-pass filter
让某一频率以下的信号分量通过,而对该频率以上的信号分量大大抑制的电容、电感与电阻等器件的组合装置。

01.544 数字滤波器 digital filter
通过对数字信号的运算处理,改变信号频谱,完成滤波作用的算法或装置。

01.545 电路 circuit
对一些器件或媒介,使电流能在其中流动的连接安排。

01.546 二线电路 two-wire circuit
通常由一对金属导体所形成,提供二线传输的电信电路。

01.547 四线电路 four-wire circuit
由两对导线组成的通信线路。其中一对导线用于正向传输,另一对导线用于反向传输。

01.548 汇接电路 tandem circuit
包含两台或更多台串联的数据电路终接设备的通信线路。

01.549 触发电路 trigger circuit
具有一些稳态的或非稳态的电路,其中至少有一个是稳态的,并设计成在施加一适当脉冲时即能启动所需的转变。

01.550 单稳态电路 monostable circuit
具有一个稳态的和一个非稳态的触发电路。

01.551 判决电路 decision circuit
对输入的一个或多个二进制数据,能进行"与"(AND)、"或"(OR)、"非"(NOT)等逻辑运算,并提供运算结果的电路。

01.552 时序电路 sequential circuit
实施一连串逻辑操作,在任一给定瞬时的输出值取决于其输入值和在该瞬时的内部状态,且其内部状态又取决于紧邻着的前一个输入值和前一个内部状态的器件。

01.553 平衡电路 balanced circuit
又称"对称电路"。对一个公共参考点(通常是接地点),两边保持电平衡的电路。

01.554 数字电路倍增 digital circuit multiplication, DCM
利用通话间隙时间和话音信号的冗余度,采用数字信号处理技术,即话音相关性压缩技术和话音插空技术,压缩占用信道的时间,使数字电路扩容的方法。

01.555 多谐振荡器 multivibrator
所产生振荡的谐波含量丰富的张弛振荡器。

01.556 振荡器 oscillator
产生周期性的量的有源器件。该量的基频取决于本器件的特性。

01.557 缓冲存储器 buffer memory
简称"缓存器"。通过临时存储,能使数据在具有不同传递特性的两个功能单元之间传递的专用存储器或存储区。

01.558 弹性缓冲器 elastic buffer
一种可存储不固定数量资料的缓冲器。

01.559 高速缓冲存储器 cache
简称"高速缓存器"。比主存储器体积小但速度快,用于保有从主存储器得到指令的副本——很可能在下一步为处理器所需——的专用缓冲器。

01.560 回波抵消器 echo canceller
将去程信道与返程信道的信号作比较,产生回波信号的"复制品",从而达到消除回波效果的回波抑制器。

01.561 回波抑制器 echo suppressor
在双向电路中,一种抑制由对方传输的信号引起的回波能量的设备。

01.562 混合耦合器 hybrid coupler
一种四端口器件,其作用是:将从任一端口馈入的功率,均等地分配到其他的两个端口,而不将功率传送到第四个端口。

01.563 混合线圈 hybrid transformer, hybrid coil
一种由具有几个线圈的变量器构成的差分耦合器。

01.564 混合网络 hybrid network
由不同的拓扑(例如环状与星状)构建的网络。

01.565 混频器 mixer, converter
产生的振荡频率为两个输入振荡或信号频谱分量中的频率的整数倍的线性组合的非线性器件。

01.566 检波器 detector
用于识别波、振荡或信号存在或变化的器件。检波器通常用来提取所携带的信息。

01.567 鉴幅器 amplitude discriminator
仅当输入信号的瞬时值介于两规定门限之间时才输出信号的器件。

01.568 鉴频器 frequency discriminator
利用在有用频带内电路的幅度频率具有线性斜率这一特性制成的频率解调器。

01.569 检相器 phase detector
曾称"鉴相器"。产生的输出信号为输入正弦信号与参考振荡间之相位差的函数的器件。

01.570 复用器 multiplcxcr, MUX
将来自若干单独分信道的独立信号复合起来,在一公共信道的同一方向上进行传输的设备。

01.571 异步复用器 asynchronous multiplexer
按需动态给用户分配时隙的一种复用设备。

01.572 分用器 demultiplexer, deMUX
恢复复用信号中的合成信号,并将这些信号在各自独立的信道中还原的设备。

01.573 复用分用器 muldex
在同一设备内,一个复用器与一个在相反传输方向上工作的分用器的组合。

01.574 编码器 coder, encoder
一种按照给定的代码产生信息表达形式的器件。

01.575 解码器 decoder
一种将信息从编码的形式恢复到其原来形式的器件。

01.576 编解码器 codec
在同一装置中,由工作于相反传输方向的编码器和解码器构成的组合体。

01.577 解扰码器 descrambler
为恢复原始信号而对扰码信号进行处理的器件。

01.578 声码器 voice coder, vocoder
用于提取语音信号参数,以便能重构可懂的初始语音信号的语音编码器。

01.579 均衡器 equalizer
实现均衡的器件。

01.580 耦合器 coupler
在系统间传递功率的器件。

01.581 环行器 circulator
将进入其任一端口的入射波,按照由静偏磁场确定的方向顺序传入下一个端口的多端口器件。

01.582 数字配线架 digital distribution frame, DDF
一种为数字信号的通路、电路和设备提供半永久互连灵活性的机架。

01.583 衰减器 attenuator
为使输出端口提供的功率小于输入端口的入射功率而设计的双端口器件。

01.584 背板 backplate
支撑其他电路板、器件和器件之间的相互连接,并为所支撑的器件提供电源和数据信号的电路板或框架。

01.585 波导 waveguide
一种由引导电磁波的系统性物质边界或结构组成的传输线。

01.586 带状线 strip line
由两个平行延伸的导体表面和其间的带状导体组成的传输线。

01.587 散射 scattering
当入射波在媒介中遇到一个粗糙表面、一群障碍物或大量随机分布的不匀体时,方向无规则改变的现象。

01.588 瑞利散射 Rayleigh scattering
在介质中传播的光波,由于材料的原子或分子结构随距离变化而引起的散射。

01.589 射束 beam
能量集中的单向电磁波辐射、离子流或激光束。

01.590 分集 diversity
由两个或更多部件或媒体组成时所涉及的性质。

01.591 主瓣 main lobe
对所需极化,包含辐射强度最大值方向在内的天线辐射瓣。

01.592 旁瓣 side lobe
除背瓣以外的任何副瓣。

01.593 天线 antenna
无线电发射或接收系统中辐射或接收无线电波的部分。

01.594 天馈线 antenna feeder
(1)连接天线与发射机或接收机的射频传输线。(2)对包括多个受激单元的天线,连接天线输入端与一受激单元的射频传输线。

01.595 天线方向图 antenna pattern
在无线电通信中,以天线为中心,表示场强对方位角变化的极性图形。

01.596 天线合路器 antenna combiner, ACOM
允许两台发射机共享一部天线而无相互

不良影响的电路或器件。

01.597 无源天线 passive antenna
不带任何有源器件的天线。

01.598 有源天线 active antenna
带有源器件的天线。

01.599 捕获 acquisition
在通信系统中,捕捉信号并实现锁定的过程。

01.600 有效辐射功率 effective radiated power
天线的输入功率与功率增益的乘积。它是天线性能的度量之一,以 kW 值表示。

02. 通 信 网 络

02.001 电信网 telecommunication network
利用有线、无线或二者结合的电磁、光电系统,传递文字、声音、数据、图像或其他任何媒体信息的网络。

02.002 信息网 information network
由大量相互关联的信息技术要素,包括信息的采集、存储、传递、处理与应用等各种系统所构成的信息基础设施的重要组成部分。

02.003 信息基础设施 information infrastructure
能以交互方式传送话音、数据、文本、图像、视像和多媒体信息的高速通信网及相关设施。信息基础设施包括电信网、广电网、计算机网、大型数据库、支持环境等。分国家信息基础设施(NII)与全球信息基础设施(GII)。

02.004 信息高速公路 information superhighway
美国政府于 1993 年提出的信息基础设施的通俗说法。

02.005 业务网 service network
为接入用户提供一种或数种业务的网络。例如电话网、传真网、数据网。

02.006 传输网 transmission network
传输电信号或光信号的网络。按照覆盖地域的不同,可分为国际传输网与国内传输网。后者又可分为长途传输网与本地传输网。

02.007 城市传输网 metropolitan transmission network
配置在一个城市地域内(包括市区、郊区和辖区)的传输网。它是支持一个城市地域内的各种业务网的传输平台。

02.008 电视传输网 television transmission network
又称"电视转播网"。为扩大电视节目的覆盖范围和进行节目交换而在某个地域内传输电视节目信号的传输网。

02.009 宽带网 broadband network
能传输宽带信号或超过一定速率的数字信号的网络。

02.010 城市宽带网 metropolitan broadband network
配置在一个城市地域内(包括市区、郊区和辖区)的宽带网。

02.011 传送网 transport network
以光或电为载体传送信息的网络。由具

有发送、转移、接收信息功能的各种节点和链路组成。

02.012 光同步传送网 optical synchronous transport network

以光纤作媒质,采用同步复用、同步交叉连接、同步分出和插入以及同步传输等技术的传送网。在美国称为"同步光网络"(SONET)。在国际电信联盟(ITU)标准中统称为"同步数字系列"(SDH)。

02.013 中继网 trunk network

电话局之间采用的传输网,是电信网在以电话业务为主的阶段使用的术语。分市内中继网(市话)和长途中继网。

02.014 转接网 transit network

在始发网与终接网之间的网络。主要用于将从前一个网络收到的呼叫和信息转发到下一个网络。

02.015 终接网 terminating network

在一次呼叫中,直接连接到被叫用户的网络。

02.016 核心网 core network

将业务提供者与接入网,或者,将接入网与其他接入网连接在一起的网络。通常指除接入网和用户驻地网之外的网络部分。

02.017 主干网 backbone network

又称"骨干网"。为在各个局域网或区域网之间提供传输信道的网络。一般具有较高的传输速率和可靠性。

02.018 分配网 distribution network

各种业务信息和信号分发至用户的网络。

02.019 公用网 public network

由主管部门或经主管部门批准的电信运营机构为公众提供电信业务而建立并运行的网络。

02.020 专用网 private network

某些企业、组织或部门为满足自身需要而组建、拥有、管理和使用的网络。

02.021 虚拟专用网 virtual private network, VPN

公用电信网运营者利用公用电信网的资源向客户提供具有专用网特性和功能的网络。

02.022 企业网 enterprise network

在一个企业内部和一个企业与其相关联的企业之间建立的,为企业的经营活动提供服务的专用网或虚拟专用网。

02.023 电路交换网 circuit-switched network

在通信双方或多方之间,通过电路交换建立电路连接的网络。

02.024 分组交换网 packet-switched network

在通信双方或多方之间,通过分组交换方式进行通信的网络。

02.025 分级选路网 hierarchical routing network

按大区、省、地(市)、县的次序分区,并按"直达路由-迂回路由-基干路由"顺序选路的原则建立的电路交换分级网。

02.026 无级选路网 nonhierarchical routing network

采用按接收地址和某种选路协议确定的路由表所规定的顺序,而不是按分级网络拓扑结构所确定的顺序进行选路的网络。

02.027 下一代网络 next-generation network，NGN

网络的下一个发展目标。目前一般认为下一代网络基于IP，支持多种业务，能够实现业务与传送分离，控制功能独立，接口开放，具有服务质量（QoS）保证和支持通用移动性的分组网。

02.028 电话网 telephone network

主要提供话音信息交流的业务网。电话网分为国内电话网与国际电话。前者又可分为本地电话网与长途电话网；后者由国内电话网路和国际电话网路两部分组成。

02.029 本地电话网 local telephone net-
work

在一个长途编号区范围内所建立的电话网。其范围可包括一个城市及其所辖的郊区、郊县城镇及所属农村。

02.030 市内电话网 urban telephone
network

服务范围仅限于城市，而不包括郊区、郊县城镇及所辖农村的电话网。它是本地电话网的重要组成部分。

02.031 长途电话网 toll telephone net-
work

提供不同编号区用户间的长途电话业务和接入国际长途电话业务的电话网。

02.032 农村电话网 rural telephone net-
work

县城及其所属农村范围内的电话网。

02.033 公用电话交换网 public switched
telephone network，PSTN

主要用于提供电话业务的公用网。一般是国内电话网的统称。

02.034 专用电话网 private telephone
network

主要为满足其拥有者内部通话需要而组建的专用网。

02.035 移动电话网 mobile telephone
network

在移动台之间提供直联链路，和（或）在移动台与基站间提供接入链路，利用无线信道并通过移动电话交换机构成的电话网。

02.036 电话交换局 telephone exchange

由电话交换机、连接用户线和（或）局间中继线的配线架与线路传输设备构成，实现电话交换功能的场所。

02.037 本地电话交换局 local telephone
exchange

主要实现本地电话交换功能，构成本地电话网的电话交换局（包括端局与汇接局）。

02.038 长途电话交换局 toll telephone
exchange

主要实现长途电话交换功能，构成长途电话网的电话交换局。

02.039 汇接局 tandem office

在本地电话网中，一种主要用于集散当地电话业务的电话交换局（交换中心）。

02.040 端局 end office

在本地电话网中，一种通过用户线与终端用户直接相连的电话交换局。

02.041 电话网编号计划 telephone net-
work numbering plan

对电话网内的每一个用户都分配唯一的号码，使用户可以通过拨号实现本地呼叫、国内长途呼叫与国际长途呼叫的方案。其中包括国际电话网编号、国内长途电话网编号、本地电话网编号，以及各种特种业务的编号等。

02.042 数据网 data network
一种提供数据通信业务的网络。

02.043 公用数据网 public data network
为公众提供数据传输业务而建立并运营的网络。

02.044 专用数据网 private data network
为满足自身需要而由企业、组织或部门建立、拥有、管理和使用的数据网。

02.045 电路交换数据网 circuit-switched data network, CSDN
在通信双方或多方之间,通过电路交换方式建立电路连接,以此提供数据传输业务的数据网。

02.046 分组交换数据网 packet-switched data network, PSDN
以分组交换方式提供数据传输业务的数据网。

02.047 X.25 分组交换数据网 X.25 packet-switched data network
采用国际电联制定的 X.25 建议的分组交换数据网。

02.048 虚电路 virtual circuit
在两个终端设备的逻辑或物理端口之间,通过分组交换网建立的双向、透明传输信道。

02.049 永久虚电路 permanent virtual circuit, PVC
一种不需要由用户发起建立和清除的虚电路。

02.050 交换虚电路 switched virtual circuit, SVC
又称"虚呼叫(virtual call)"。一种由用户通过信令发起建立过程和清除过程的虚电路。

02.051 数据站 data station
由数据终端设备、数据电路终接设备以及二者间的任何中间设备(例如加密解密设备)所构成的实体。

02.052 数据电路终端设备 data circuit terminal equipment, DCE
在数据站中,位于数据终端设备与传输线路之间,提供信号变换和编码功能的部分。

02.053 吞吐量 throughput
对网络、设备、端口、虚电路或其他设施,单位时间内成功地传送数据的数量(以比特、字节、分组等测量)。

02.054 数字数据网 digital data network, DDN
利用数字电路提供永久或半永久性电路连接,以透明方式传输的数据业务网。

02.055 数据业务单元 data service unit, DSU
采用 DDN 提供的数字电路传输数据时的数据电路终接设备。

02.056 帧中继网 frame relay network
一种面向连接,基于帧的分组交换网络。

02.057 接入速率 access rate, AR
终端设备能输入网络或从网络得到的最大数据速率。

02.058 承诺信息速率 committed information rate, CIR
由用户与网络双方约定的,正常状态下的虚电路信息传送速率。

02.059 承诺突发量 committed burst size, BC
在正常状态下和一定时间间隔内,网络

允许在虚电路上传送的数据总量。

02.060 超额突发量 excess burst size, BE
在一定时间间隔内,网络试图接受但未作承诺的来自用户的超过额定值的数据总量。

02.061 计算机通信网 computer communication network
又称"计算机网"。实现计算机与计算机之间互连与通信的网络。

02.062 人体域网 body area network, BAN
能把人身上佩带的各种小型电器和通信设备连接起来的网络。

02.063 个人域网 personal area network, PAN
能在便携式消费电器与通信设备之间进行短距离通信的网络。其覆盖范围一般在 10 米半径以内。

02.064 特别联网 ad hoc networking
又称"自组织联网"。具有动态自组织能力的短距离无线通信联网。

02.065 局域网 local area network, LAN
一种覆盖一座或几座大楼、一个校园或者一个厂区等地理区域的小范围的计算机网。

02.066 城域网 metropolitan area network, MAN
一种界于局域网与广域网之间,覆盖一个城市的地理范围,用来将同一区域内的多个局域网互连起来的中等范围的计算机网。

02.067 广域网 wide area network, WAN
一种用来实现不同地区的局域网或城域网的互连,可提供不同地区、城市和国家之间的计算机通信的远程计算机网。

02.068 存储[器]域网 storage area network, SAN
一种专门用于连接具有相关服务器的各种数据存储器的高速网。

02.069 互联网 internet
由多个计算机网络相互连接而成,而不论采用何种协议与技术的网络。

02.070 IP 网 IP network
由采用 IP 协议的所有计算机网相互连接而成的网络。

02.071 因特网 Internet
在全球范围,由采用 TCP/IP 协议族的众多计算机网相互连接而成的最大的开放式计算机网络。其前身是美国的阿帕网(ARPAnet)。

02.072 内联网 Intranet
使用因特网技术,为企、事业单位的内部业务处理和信息交流而建立的专用 IP 网。通常与因特网相隔离。

02.073 外联网 extranet
使用因特网技术,为企、事业单位对外部企、事业单位进行业务联系与信息交流而建立的专用 IP 网。通常与企、事业单位的内联网相隔离。

02.074 万维网 world wide web, WWW
在因特网中,一种使用最为广泛,使用户可以方便地获取因特网信息(包括文本、图像、动画、声音和视频等多媒体信息)的信息服务系统。

02.075 泛在网 ubiquitous network
又称"无处不在网"。可随时随地供给人

使用,让人享用无处不在服务的网络,其通信服务对象由人扩展到任何东西。

02.076 以太网 Ethernet

当前广泛使用,采用共享总线型传输媒体方式的局域网。

02.077 吉比特以太网 gigabit Ethernet, GE

又称"千兆比以太网"。采用光纤作为传输媒体,速率达到千兆比特每秒的以太网。

02.078 面向连接网 connection-oriented network, CO network

在用户开始传递信息前必需首先在通信双方或更多方间建立起连接的网络。这种连接可以是实在的电路连接,也可以是逻辑的虚连接(虚电路)。

02.079 无连接网 connectionless network, CL network

在用户开始传递信息前无需在通信双方或更多方间建立起连接的网络。

02.080 网络服务接入点 network service access point, NSAP

在开放系统互连参考模型(OSI-RM)中,网络层为其上层提供服务的接入点。

02.081 网间互通 internetworking

经过两个或更多个不同网络实现的互相通信。在实现互通时必需增加转换功能。

02.082 分布队列双重总线 distributed queue dual bus, DQDB

美国电气电子工程师学会(IEEE)802.6关于城域网的一项标准。它采用两条平行的,分别用于上、下行传输的总线将需要联网的站(计算机)连接在一起。

02.083 弹性分组环 resilient packet ring, RPR

一种面向数据业务,适用于城域网范畴的光纤环状网。

02.084 光纤分布式数据接口 fiber-distributed data interface, FDDI

一种速率为100Mb/s,采用多模光纤作为传输媒介的高性能光纤令牌环(token ring)局域网。

02.085 网桥 bridge

一种在链路层实现中继,常用于连接两个或更多个局域网的网络互连设备。

02.086 网关 gateway, GW

在采用不同体系结构或协议的网络之间进行互通时,用于提供协议转换、路由选择、数据交换等网络兼容功能的设施。

02.087 核心路由器 core router

在因特网中,位于网络核心,主要用于数据分组选路和转发,一般具有较大吞吐量的路由器。

02.088 边缘路由器 edge router

在因特网中,位于网络边缘,主要为用户接入而设立的路由器。边缘路由器除了选路和转发功能外,为了建立隧道,还可能具有对数据分组实现认证、过滤和业务量整形等功能。

02.089 边界路由器 border router

在因特网中,位于一个自治系统的边界,并与另一个自治系统相连接的路由器。

02.090 网守 gatekeeper, GK

ITU-T制订的H323建议中规定的一种网络实体。网守为H323端点提供地址翻译和接入控制服务,并具有路由选择、带宽管理、参与呼叫信令控制和其他的分组网维护管理功能。

02.091 多点控制单元 multipoint control unit, MCU

用来控制多个用户相互通信的一种网络实体。

02.092 网络运行中心 network operation center, NOC

管理网络运行的机构。它负责网络的运行、操作、故障处理和维护等,以保证网络的正常运行。

02.093 网络信息中心 network information center, NIC

为用户提供网络信息资源服务的网络技术管理机构。其主要职责是对网上资源进行管理和协调,例如,域名管理、应用软件管理和提供、技术支持和培训。

02.094 下一代因特网 next-generation Internet, NGI

1996 年美国提出的一项计划,其主要目标是开发先进网络技术,建立高性能网络和开发新的应用。

02.095 网格 grid

一种用于集成或共享地理上分布的各种资源(包括计算机系统、存储系统、通信系统、文件、数据库、程序等),使之成为有机的整体,共同完成各种所需任务的机制。

02.096 域 domain

在因特网上,每一网络所涉及的范围。它是域名系统命名层次结构的一部分。例如:".com(商业机构)"、".edu(教育机构)"、".gov(政府部门)"。最高层次的域通常为国名。例如".cn(中国)"。

02.097 域名系统 domain-name system, DNS

在因特网上保持域名和 IP 地址间对应

关系的分布式数据库(DNS 服务器)的集合。

02.098 自治系统 autonomous system, AS

一种由一个管理实体管理,采用统一的内部选路协议的一组网络所组成的大范围的 IP 网络。

02.099 因特网接入点 point of presence, POP

在因特网内,由因特网服务提供商为用户接入因特网而提供的点。一般它是一个物理实体。

02.100 网络接入点 network access point, NAP

(1)通达因特网主干线的点。(2)因特网服务提供商(ISP)互相连接的点。

02.101 镜像站点 mirror site

一种文件服务器,其上面存储的文件与某个网站的服务器上的文件完全相同。

02.102 计算机电话集成 computer-telephony integration, CTI

将计算机与电话两种技术集成,使电话通信和计算机信息处理两种功能结合在一起的应用技术。

02.103 综合业务数字网 integrated services digital network, ISDN

在用户 – 网络接口(UNI)间建立数字连接,可提供多种电信业务的综合业务网。

02.104 综合数字网 integrated digital network, IDN

一些数字节点和数字链路的集合。它综合了数字传输和数字交换,能在两个或更多个规定节点间提供数字连接,建立电信联系。

02.105 用户 – 网络接口 user-network interface, UNI

在用户终端设备和网络终端间的接口。接入协议适用于该接口上。

02.106 参考点 reference point

位于两个不重叠的功能群连接处的一个概念上的点。可以为其分配一个前缀标识符,例如:T 参考点、S 参考点。

02.107 参考配置 reference configuration

表明各种可能的网络安排的一些功能组和参考点的组合。

02.108 基本速率接口 basic rate interface, BRI

综合业务数字网(ISDN)中的一种用户 – 网络接口(UNI)。在该接口上,综合业务数字网(ISDN)向用户提供两个 B 信道(信道速率为 64kbit/s)和一个 D 信道(信道速率为 16kbit/s)。

02.109 基群速率接口 primary rate interface, PRI

综合业务数字网(ISDN)中的一种用户 – 网络接口(UNI)。在该接口上,综合业务数字网(ISDN)向用户提供 30 个 B 信道(在 T1 中为 23 个)和一个 D 信道(信道速率为 64kbit/s)。

02.110 B 信道 B-channel

在综合业务数字网(ISDN)中,网络向用户提供的速率为 64kbit/s 的传递用户信息用承载信道。

02.111 D 信道 D-channel

在综合业务数字网(ISDN)中,网络向用户提供的速率为 16kbit/s(在基本速率接口(BRI)中)或 64kbit/s(在基群速率接口(PRI)中),主要为传递信令信息用

的承载信道。

02.112 宽带综合业务数字网 broadband ISDN, B-ISDN

一种能提供宽带传输信道并能适应从低速到高速的各类业务在同一网中进行传送和交换的网络。

02.113 异步转移模式网 asynchronous transfer mode network, ATM network

采用异步转移模式(ATM)交换和传送方式所构成的网络。

02.114 同步转移模式网 synchronous transfer mode network, STM network

采用同步转移模式(STM)交换和传送方式所构成的网络。

02.115 ATM 信元 ATM cell

在异步转移模式网(ATM network)中携带各类业务信息的基本单元。

02.116 ATM 适配层 ATM adaptation layer, AAL

宽带综合业务数字网(B-ISDN)协议参考模型的第三层。主要负责将高层应用的用户信息转换成适合于异步转移模式(ATM)层所要求的格式。

02.117 虚信道 virtual channel, VC

单向传送 ATM 信元的逻辑信道。

02.118 虚通道 virtual path, VP

单向传送 ATM 信元,可同时支持多个虚信道的逻辑通道。

02.119 数据交换接口 data exchange interface, DXI

在异步转移模式(ATM)中传送数据时,数据终端设备(DTE)与网络所提供的数

据业务单元(DSU)之间的接口。

02.120 局域网仿真 LAN emulation, LANE

在异步转移模式网(ATM network)上运行现有局域网协议,使现有局域网(LAN)的终端不需要做任何改动即可使用异步转移模式网络的方法。

02.121 仿真局域网 emulated LAN, ELAN

使用局域网仿真(LANE)协议机制由一个异步转移模式网络仿真而成的局域网(LAN)。

02.122 专用的网间接口 private network-to-network interface, PNNI

异步转移模式(ATM)论坛为专用的异步转移模式网络实现网间互连而制定的路由和信令标准协议。

02.123 有线电视网 cable television network, CATV network

利用光缆或同轴电缆来传送广播电视信号或本地播放的电视信号的网络。

02.124 头端 head-end

又称"前端"。在有线电视网络上,负责放大上级信号并插入本地广播电视和其他信号的信号分配中心。

02.125 用户驻地网 customer premises network, CPN

私人、企业或机构等用户在所属的房屋和占有的土地范围内敷设的网络设施。

02.126 用户驻地设备 customer premises equipment, CPE

构成用户驻地网的设备。

02.127 家庭网 home network

把用户家里各种信息终端和电气设备(如个人计算机(PC)、打印机、游戏机、电视机、MP3 播放机及其他家电)连接在一起的网络。

02.128 家庭联网 home networking

组建家庭网的方法与技术。

02.129 接入网 access network, AN

由用户-网络接口(UNI)到业务节点接口(SNI)之间的一系列传送实体所组成的全部设施。

02.130 光纤接入网 fiber-access network

一种以光纤作主要传输媒介的接入网。按照光纤到达的位置,有光纤到路边(FTTC),光纤到大楼(FTTB),光纤到办公室(FTTO),光纤到家(FTTH)之分。

02.131 混合光纤同轴电缆接入网 hybrid fiber/coax access network, HFC access network

以光纤作为传输骨干,采用模拟传输技术,以频分复用方式传输模拟和数字信息的网络。光纤传输系统的终端节点经同轴电缆分配网连接到用户终端。

02.132 无线接入网 wireless access network

部分或全部采用无线方式的接入网。通常分为移动接入和固定无线接入。

02.133 业务节点 service node, SN

提供各种交换型和(或)永久连接型业务的网络单元,如本地交换机、路由器。

02.134 用户节点 user node

位于用户驻地、包含全部用户设备并通过用户－网络接口(UNI)与接入网相连的节点。

02.135 业务节点接口 service node

interface, SNI

网络和业务节点(SN)之间的接口。标准化的业务节点接口有 V5.1 和 V5.2 接口。

02.136 业务端口 service port

接入网中在业务节点接口(SNI)和业务节点相连接的端口。它的主要功能是将特定的业务节点接口(SNI)要求与接入网的核心功能和系统管理功能相适配。

02.137 用户端口 user port

接入网中在用户-网络接口(UNI)侧和用户节点相连接的端口。它的主要功能是将特定的用户-网络接口(UNI)要求与接入网的核心功能和系统管理功能相适配。

02.138 用户配线网 subscriber distribution network

在电话网中,从本地交换局主馈电缆连接到用户终端的网络。它是早期的接入网的一种叫法。

02.139 业务接入复用器 service access multiplexer, SAM

位于网络边缘,汇集来自多个宽带业务接入的异步转移模式业务(ATM service)接入节点。

02.140 远端机 remote terminal, RT

在用户环路中采用数字环路载波(DLC)时,位于用户侧的设备。

02.141 局端机 central office terminal, COT

在用户环路中采用数字环路载波(DLC)时,位于局端的设备。

02.142 远程接入 remote access

从远端接入网络的一种接入方式,不同于直接接入和本地接入。

02.143 综合接入设备 integrated access device, IAD

一种支持多种接入方式和多种业务,并能将用户接入到不同网络的接入设备。

02.144 全业务网 full-service network, FSN

具有足够带宽,可以同时传送各种宽带和窄带、模拟和数字、广播和交互业务的接入网设施。

02.145 网络适配器 network adapter, NA

又称"网络接口适配器"。将计算机、工作站、服务器等设备连接到网络上的通信接口装置。在很多情况下,它是一个单独的网络接口卡(NIC),即"网卡"。

02.146 智能网 intelligent network, IN

一个以计算机和数据库为核心的提供业务的网络体系。利用该网络体系可以向用户提供智能网业务。

02.147 高级智能网 advanced intelligent network, AIN

由美国提出的一种智能网标准,它利用单独的数据网为电话网提供高级的呼叫控制及增值业务。

02.148 业务特征 service feature, SF

在智能网中反映业务功能的具体性能。在基本业务上增加不同的业务特征就可构成各种新的业务。

02.149 能力集 capability set, CS

在智能网中,用于表示目标业务和相应业务特征的集合。

02.150 业务逻辑 service logic, SL

在智能网中,对利用积木式组件(SIB)和基本呼叫处理(BCP)模块的组合来完成每项业务特征的过程描述。

02.151 业务交换点 service-switching point, SSP

智能网中的一类物理实体,它主要包含呼叫控制(CC)和业务交换(SS)两方面的功能。

02.152 业务控制点 service control point, SCP

智能网中的一类物理实体,它主要包含业务控制(SC)和业务数据(SD)两方面的功能以及处理业务的业务逻辑处理(SLP)程序。

02.153 业务数据点 service data point, SDP

智能网中的一类物理实体,它含有与执行业务有关的用户和网络数据。

02.154 业务管理点 service management point, SMP

智能网中实施业务管理的物理实体。

02.155 业务管理接入点 service man-agement access point, SMAP

智能网中具有业务管理代理功能的物理实体。

02.156 业务生成环境点 service-creation environment point, SCEP

智能网中实现业务生成环境的物理实体。业务生成包括业务规范、业务开发、和业务证实几个步骤。

02.157 智能外设 intelligent peripheral, IP

智能网中的一类物理实体,它提供可以支撑用户和网路间的信息交流用资源。例如:语音合成/识别装置、双音多频(DTMF)数字信号收发器等。

02.158 功能实体 functional entity, FE

在智能网概念模型(INCM)的分布功能平面中,提供一个业务所要求的总的功能群中的一个子群。

03. 支 撑 网 络

03.001 支撑网 support network

利用电信网的部分设施和资源组成的,相对独立于电信网中的业务网和传送网的网络。支撑网对业务网和传送网的正常、高效、安全、可靠的运行、管理、维护和开通(OAM&P)起支撑和保证作用。

03.002 信令 signaling

在电信网的两个实体之间,传输专门为建立和控制接续的信息。

03.003 信令网 signaling network

在电信网的交换节点间,采用共路信令,由信令终端设备和共路信令链路组成的网络。

03.004 信令系统 signaling system

描述和使用全部信令的过程,以及产生、发送和接收这些信令所需软、硬件的集合。

03.005 七号信令系统 signaling system No.7, SS7

具有独立的信令网络和网内统一的操作规程,用于建立和控制接续的一种共路信令系统。

03.006 随路信令 channel-associated sig-naling, CAS

通过电信业务信道本身或始终与其相关联的信令信道进行传送的一种信令方式。

03.007　共路信令　common channel signaling, CCS

信令信息和其他信息在一条独立于电信业务信道的高速数据链路上以分组方式同时传输的一种信令方式。

03.008　直联信令[方式]　associated signaling

信令链路终接于两个交换中心间的一种信令工作模式。

03.009　非直联信令[方式]　non-associated signaling

两个交换中心间一组话路的信令消息在两条或两条以上串接信号链路上传送的一种信令工作模式。

03.010　准直联信令[方式]　quasi-associated signaling

一种信令工作模式,信号消息只能按预定的路由通过信令网的一种非直联信令。

03.011　信令点　signaling point

信令网中的节点,它既可以发生和接收信号消息,也可从一个信令链路到另一信令链路转接信号消息,或者两方面都进行。

03.012　信令转接点　signaling transfer point

具有将信令消息从一个信令链路转接到另一个信令链路的功能的信令点。

03.013　信令点编码　signaling point coding

在共路信令网中,每个信令点都有的唯一的地址编号。

03.014　信令路由　signaling route

信令消息从某一给定信令点发送到另一给定信令点时所采用的一组特定信令链路。

03.015　信令链路　signaling link

一条两端都有信令终端,且按相互关联方式双向传输信号的数据链路。

03.016　信令信息　signaling information

一种信号或一种信令消息的信息内容。

03.017　同步网　synchronization network, synchronized network, synchronous network

产生时间或频率基准,用来提供基准定时信号的网络。

03.018　准同步网　plesiochronous network

网内的各时钟具有高准确度和高稳定度的非同步网。

03.019　混合同步网　hybrid synchronization network

各子网内部为全同步,而各子网基准时钟之间为准同步的一种同步网。

03.020　非同步网　non-synchronized network, non-synchronous network

各信号间不一定要同步的网。

03.021　互同步网　mutually synchronized network

每一个时钟都对所有其他时钟施加一定程度的控制的同步网。

03.022　主从同步　master-slave

所有时钟都跟踪于某一基准时钟,通过将定时基准从一个时钟传给下一个时钟来取得同步的同步方式。

03.023　单端同步　single-ended synchronization

只借助于与特定的远端同步接点相关的本地导出同步信号,使某一同步节点上的时钟与这个远端同步节点上的时钟取得同步的方法。

03.024 时钟 clock, CK
提供周期性定时信号的设备。

03.025 基准时钟 reference clock
稳定度、精确度和可靠性都很高,在同步网中用作其他时钟的参考标准的时钟。

03.026 主时钟 master clock
用于控制其他时钟频率的时钟。

03.027 本地时钟 local clock
位于相关设备附近,并与设备有直接关系的时钟源。

03.028 大楼综合定时供给 building-integrated timing supply, BITS
数字同步网的节点从钟。具有频率基准选择、处理和定时分配的功能。

03.029 时钟控制信号 clock control signal
通过"关"和"开"控制双时钟交替倒换的信号。

03.030 时钟频率 clock frequency
时钟的频率标称值。

03.031 世界时 universal time, UT
以平子夜作为 0 时开始的格林尼治平太阳时。

03.032 世界协调时 universal time coordinated, UTC
受巴黎国际时间局(BIPM)和国际地球旋转服务(IERS)维护的时标。

03.033 同步信息 synchronization information
指明两个或更多个信号之间定时关系的信息。

03.034 同步节点 synchronization node
在同步网中,导出、发送或接收同步信息的节点。

03.035 同步链路 synchronization link
在两个同步节点之间,用于传输同步信息的链路。

03.036 网络管理 network management
监测、控制和记录电信网络资源的性能和使用情况,以使网络有效运行,为用户提供一定质量水平的电信业务。

03.037 电信管理网 telecommunication management network, TMN
用于对电信网中的一个、多个或全部网络进行管理的网络。

03.038 网元管理 network element management
对网络设备的故障管理、配置管理和性能管理。

03.039 用户网络管理 customer network management, CNM
为用户提供的管理所属网络的功能,包括查看网络拓扑、流量等。

03.040 业务管理 service management
在电信管理网分层结构中,面向业务的上层管理功能。包括应用管理、大客户业务管理、自定义的业务管理等。

03.041 事务管理 business management
在电信管理网分层结构中,面向事务的最上层管理功能。由网络管理一切事务。

03.042 管理树 management tree
以一种树状分层结构进行组织的管理。

03.043 管理对象 managed object，MO
又称"被管对象"。能经过代理（器）进行管理的通信资源。

03.044 管理应用功能 management application function，MAF
在同步数字系列网络管理系统中，参与系统管理的应用进程。

03.045 电信信息网络体系结构 telecommunication information network architecture，TINA
用业务组件构建的一个框架：支持业务及业务组件重用，使业务得以快速地开发和加载，并降低业务、网络运营以及业务安装和修改等各方面费用。

03.046 公共对象请求代理体系结构 common object request broker architecture，CORBA
解决分布式处理环境中软件系统互联问题的一种分布式处理体系结构。

03.047 Q3 协议 Q3 Protocol
为电信管理网制定的一种接口标准。

04. 交 换 选 路

04.001 交换 switching
在需要运送信号时，把一些功能单元、传输通路或电信电路互连起来的过程。

04.002 模拟交换 analog switching
适用于模拟信号的交换方式。

04.003 数字交换 digital switching
适用于数字信号的交换方式。

04.004 电路交换 circuit switching
在发端和收端之间建立电路连接，并保持到通信结束的一种交换方式。

04.005 分组交换 packet switching
通过标有地址的分组进行路由选择传送数据，使信道仅在传送分组期间被占用的一种交换方式。

04.006 报文交换 message switching
又称"消息交换"。通过接收，必要时存储并继续传送消息来对其进行路由选择的一种交换方式。

04.007 空分交换 space-division switching
从入口到出口使用独立的实际通道的交换。

04.008 时分交换 time-division switching
通过至少包含一个时隙转换的时分复用信号的交换。

04.009 频分交换 frequency-division switching
通过转换频带对频分复用信号的交换。

04.010 时隙交换 time-slot interchange，TSI
又称"时隙转换"。信号在不同时隙间的换位。

04.011 波长交换 wavelength switching
将输入光纤中某一波长的光信号交换到输出光纤的另一波长的光信号的操作。

04.012 光交换 photonic switching
能有选择地将光纤，集成光路（IOC）或其他光波导中的信号从一个回路或通路转换到另一回路或通路的交换方式。

04.013 软交换 softswitching

利用把呼叫控制功能与媒体网关分开的方法来沟通公用电话交换网（PSTN）与 IP 电话（VoIP）的一种交换技术。

04.014 光分组交换 optical packet switching, OPS

电分组交换在光域的延伸。交换单位是高速传输的光信号分组。

04.015 光突发交换 optical burst switching, OBS

以突发光信号为单位的一种交换技术。

04.016 异步数据交换机 asynchronous data switch

支持异步数据的一种用户交换机（PBX）系统。

04.017 多协议标签交换 multi-protocol label switching, MPLS

核心路由器利用含有边缘路由器在 IP 分组内提供的前向信息的标签（label）或标记（tag）实现网络层（3 层）交换的一种交换方式。

04.018 通用多协议标签交换 general multi-protocol label switching, GMPLS

把多协议标签交换（MPLS）的快速转发、服务质量保证和流量工程等技术应用于光网络的技术。

04.019 虚信道交换单元 VC switch

用于连接虚信道链路、终结虚通道（VP）连接并转换虚信道标识符（VCI）值，并受控制平面功能控制的网络单元。

04.020 虚通道交换单元 VP switch

用于连接虚通道链路、终结转换虚通道（VP）连接值并转换虚信道标识符（VCI）值，并受控制平面功能控制的网络单元。

04.021 数字视频交互 digital video interactive, DVI

具有实时压缩、解压缩和显示图像功能的一种全数字化多媒体技术。

04.022 帧中继 frame relay

一种用于统计复用分组交换数据通信的接口协议，分组长度可变，传输速度为 2.408Mb/s 或更高，没有流量控制也没有纠错。

04.023 集中控制 centralized control

只有一套相同功能部件的公共控制方式。

04.024 分布［式］控制 distributed control

含有几组功能部件的公共控制方式，其中每组部件只服务于数目有限的呼叫。

04.025 存储程序控制 stored-program control, SPC

对自动交换设备的一种控制方式。其中呼叫的处理是由存储在一个可变存储器中的程序控制的。

04.026 分组装拆器 packet assembler/disassembler, PAD

完成分组装配与拆卸的设备。

04.027 聚合器 aggregator

一个独立实体，它把若干用户集合在一起组成一个群使能获得较低费率的长途业务。

04.028 数字交叉连接系统 digital cross-connected system, DCS

提供数字信号或其组成部分自动交叉连接的网络单元。

04.029 交换机 switch

网络节点上话务承载装置、交换级、控制

和信令设备以及其他功能单元的集合体。交换机能把用户线路、电信电路和(或)其他要互连的功能单元根据单个用户的请求连接起来。

04.030 自动交换设备 automatic switching equipment

不需人工介入而能建立接续的交换设备。

04.031 专用小交换机 private branch exchange，PBX

又称"用户小交换机"。能进入公用电话交换网的专用电话交换机。

04.032 数字交换机 digital exchange，digital switch

以数字形式通过其交换设备交换信息的交换机。

04.033 程控数字交换机 SPC digital switch

由处理机存储程序控制的、以数字形式通过其交换设备交换信息的交换机。

04.034 汇接交换机 tandem switch

在网络中的非起始点和非终点为其他节点提供路径的交换机。

04.035 局域网交换机 LAN switch

在数据链路段之间转发分组的高速交换机。

04.036 路由器 router

为信息流或数据分组选择路由的设备。

04.037 网桥路由器 brouter

简称"桥路器"。一种组合网桥和路由器的功能设备。它能够对一些分组进行网桥连接处理，而对其他分组则进行路由选择处理。

04.038 主干路由器 backbone router

设计用于构建骨干网，一般不具有内置的数字拨入的广域网(WAN)接口的路由器。

04.039 远端用户模块 remote subscriber module

程控数字交换机可能有的一种远端连接用户设备。

04.040 交换网[络] switching network

电信交换设备中各交换级的集合。

04.041 交换局 exchange，switching office

容纳交换机及其相关设备的处所。

04.042 交换中心 switching center

在电信网中，含有一个或多个交换设备的节点。

04.043 数字交换局 digital exchange

用数字交换来交换数字信号的交换局。

04.044 本地交换局 local exchange，LE，local central office，LCO

除交换功能外，还包含用户线路交换终端或接口的交换局。

04.045 交换矩阵 switching matrix

交换级的组件之一，它按矩阵形式排列交叉点构成。

04.046 中央处理机 central processor

用于集中控制，通常包括一个或多个处理机，一个或多个存储器，可能还有转换设备的单元。

04.047 交换级 switching stage

在交换机中构成交换网络的一个子集的交换装置。

04.048 集中器 concentrator

允许在一侧连接多条入线而在另一侧连

接少量业务电路的一种交换设备。

04.049　集线器　hub
作为网络中枢连接各类节点,以形成星状结构的一种网络设备。

04.050　信令网关　signaling gateway
连接七号信令网与 IP 网,主要完成七号信令与 IP 网信令的转换功能的设备。

04.051　媒体网关　media gateway
将一种网络中的媒体转换成另一种网络所要求的媒体格式的设备。

04.052　媒体网关控制器　media gateway controller
对与媒体网关中媒体通道连接控制相关的呼叫状态部分进行控制的装置。

04.053　总配线架　main distribution frame
一侧连接交换机外线,另一侧连接交换机入口和出口的内部电缆布线的配线架。

04.054　路由　route
网络信息从信源到信宿的路径。

04.055　直达路由　direct route
可以直达目的地而不需经过任何中间转接设备的路由。

04.056　溢呼路由　overflow route
当业务量超过基本路由容量时,为无延迟传送超过部分业务量所用的中继群。

04.057　逐段路由　hop-by-hop route
沿路径的每个交换机都以自己的选路知识来确定路由的下一段,各交换机以此选出连贯的段,使呼叫达到目的地的路由。

04.058　选路策略　routing policy
通过选路疏导网上业务的一种表示方式。

04.059　迂回选路　alternative routing
当初选路由拥塞时,在非直达的或不很理想的中继群中选择交换路由的操作。

04.060　多点接入　multipoint access
由单个网络终端(NT)支持多个终端设备(TE)的用户接入。

04.061　半永久连接　semi-permanent connection
通过业务命令或网络管理建立的连接。

04.062　交换连接　switched connection
通过信令建立的连接。

04.063　对称连接　symmetric connection
双向带宽相等的连接。

04.064　信元　cell
在通信中,由信头串和信息串组成的固定长度比特串。在异步转移模式(ATM)系统中,一个信元由 53 个字节(5 个字节的信头和 48 个字节的信息段)组成。

04.065　信元交换　cell switching
在异步转移模式中使用的一种固定长度的分组交换技术。

04.066　业务量描述语　traffic descriptor
可提供在任何给定的请求连接上业务量特征的说明。

04.067　峰值信元速率　peak cell rate, PCR
信息源不能超过的最高信元速率。单位为信元每秒。

04.068　持续信元速率　sustained cell rate, SCR
在较长时间段内各平均信元速率的上限值。

04.069 允许信元速率 allowed cell rate, ACR

在异步转移模式(ATM)中,允许信息源发送的当前速率。

04.070 恒定比特率 constant bit rate, CBR

在异步转移模式(ATM)中,一种具有预先确定限制值的固定速率的业务。

04.071 可变比特率 variable bit rate, VBR

在异步转移模式(ATM)中,一种支持具有平均和峰值业务参数的可变比特率的业务。

04.072 可用比特率 available bit rate, ABR

在异步转移模式(ATM)中,一种信息源的速率受一种流量控制机制的控制,以响应 ATM 层的转移特性的变化的业务。

04.073 未定比特率 unspecified bit rate, UBR

在异步转移模式(ATM)中,一种未说明与业务相关的服务保证的业务。

04.074 信元时延变化 cell delay varia-tion, CDV

在异步转移模式(ATM)网络中,表示网络中的缓存机制引起信元时延改变的性能参数之一。

04.075 信元差错比 cell error ratio, CER

在给定时间间隔内,差错的信元数与发送的信元总数之比。

04.076 信元丢失比 cell loss ratio, CLR

在异步转移模式(ATM)网络中,表示丢失的信元数与全部发送信元数之比的性能参数。

04.077 信元误插率 cell misinsertion rate, CMR

在终端收到的并非由源端原始发送的信元数与正确发送的信元总数之比。

04.078 信元头 cell header

信元中用于网络传送信元净荷的某些特定功能的比特。

04.079 逻辑数据链路 logical data link

由虚拟电路建立的数据链路。

04.080 逻辑节点 logical node

一个对等群(peer group)或一个交换系统作为一个单一点的抽象表示。

04.081 用户线[路] subscriber's line

用户设备安装场所与提供服务的本地电信局之间的链路。

04.082 用户引入线 subscriber's drop line

配线点与用户之间的一段用户线。

04.083 本地环路 local loop

从交换中心到用户终端的通信信道。

04.084 呼叫跟踪 call tracing

识别出由所有话路设备及电路组成的某一特殊接续的手段。

04.085 呼叫单音 calling tone

在呼叫应答规程中,从呼叫端发出的单音。

04.086 拨号 dialing

在连接到自动交换机系统的电话机上进行的、产生为建立连接所需信号的操作。

04.087 拨号连接 dial-up connection

经由交换网向数据网提供语音或数据承载电路的连接。

04.088 拨号因特网接入 dial-up Internet

access

利用拨号连接通过模拟电话线或综合业务数字网(ISDN)电话线实现的因特网接入。

04.089 国际前缀 international prefix

当主叫用户呼叫另一国家的用户时,为接入到自动出局国际设备所拨的一组数字组合。

04.090 国际号码 international number

在国际前缀后所拨的号码,使能接到另一国家的被叫方。

04.091 个人号码 personal number

用户被呼叫时使用的单一电话号码。拥有个人号码的用户能指派所有对该号码的呼叫转移到任意其他号码(包括语音信箱)。

04.092 地址 address

通信中,信息的源和目的地的编码表示。

04.093 双音多频 dual-tone multi-frequency, DTMF

使用两个音频段频率的固定组合的多频信令。一个频率从四低频组中取出,另一个频率从四高频组中取出。

04.094 占线 occupation

电信业务运载设备处于使用状态或处于接受服务申请后的备用状态。

04.095 接入时延 access delay

在接入请求和成功接入之间经过的时间。

04.096 接入争用 access contention

在多点接入时,网络终端上所产生的需求间的冲突。

04.097 试呼 call attempt

电信网中,某用户试图接续到所需用户、

终端或某种服务而进行的一系列操作。

04.098 忙时 busy hour

在通信系统中,给定24小时内通信业务负荷最大的一小时。

04.099 忙时试呼 busy hour call attempts, BHCA

交换机在忙时能处理的最大试呼次数。它是电话交换机呼叫处理能力的指标。

04.100 业务电路 traffic circuit

供电信业务接续的电信电路。

04.101 出[局] outgoing

电信业务从某一给定点发至另一点的呼叫方向。

04.102 入[局] incoming

电信业务从另一点来到某一给定点的呼叫方向。

04.103 始发 originating

在网络中,其生成点位于本网络内的电信业务。

04.104 终接 terminating

在网络中,其终止点位于本网络内的电信业务。

04.105 转接 transit

其生成点和终止点都位于本网络外的电信业务。

04.106 汇接 tandem

在电信网中,将来自不同交换设备的电信业务转接到其他交换设备的工作方式。

04.107 空闲 free, idle

电信业务运载设备未被使用,而是处在可处理服务申请的状态。

04.108 闲置 idle, free

电信业务运载设备未被使用,但处在未出故障的状态。

04.109 闭塞 blocking
电信业务运载设备被人为地造成不能使用的现象。

04.110 占用 seizure
电信业务运载设备或交换通道从空闲状态变换到忙状态的动作。

04.111 释放 release
电信业务运载设备或交换通道从忙状态变换到空闲状态的动作。

04.112 倒换 changeover
当使用中的链路或设备出故障或必须解除服务时,将电信业务从链路或设备转换到备用链路或设备的过程。

04.113 倒回 changeback
当常用链路或设备可用于服务时,将电信业务从备用链路或设备转换到常用链路或设备的过程。

04.114 摘机 offhooking
通常靠提起手柄使线路接通电话机话音电路的动作。

04.115 挂断 hanging up
按下叉簧使话音电路与线路断开的动作。通常由电话机手柄的复位来完成。

04.116 主线 main line
由用户线、本地交换局与公用付费电话的连接线或本地交换局与公用电话网经营机构所使用的电话装置之间的连线所组成的电话线路。

04.117 拥塞 congestion
当网络中一个或多个网络单元对已建立的连接和新的连接请求,不能满足协商的服务质量(QoS)目标要求时的状态。

04.118 搜索引擎 search engine
万维网环境中的信息检索系统(包括目录服务和关键字检索两种服务方式)。

04.119 接入码 access code
为了连到特定的出口中继线群或中继线,用户必须拨的前置数字。

04.120 流量工程 traffic engineering
为了满足整个通信系统目前的和预期业务负载的要求,对电路的数量和种类以及相关的终端和交换设备数量的确定。

04.121 厄兰 Erlang
在一段时间间隔内(通常指一个忙时),一台设备的平均占线时间的一种国际通用的无量纲单位。表示平均话务强度。

05. 通 信 协 议

05.001 协议 protocol
计算机通信网络中两台计算机之间进行通信所必须共同遵守的规定或规则。

05.002 协议参考模型 protocol reference model
把一个网络实体中各层的多种协议,以抽象的形式表示出来的图形解释。

05.003 协议控制信息 protocol control information
通信设备之间的查询与响应信息,以决定链路各端的相应能力。

05.004 协议转换 protocol conversion
为实现不同协议间的转换而进行的信息处理工作。

05.005 协议转换器 protocol converter
完成协议转换功能的设备。

05.006 开放系统互连 open systems interconnection, OSI
国际标准化组织(ISO)于1984年制定的标准,目的是为不同厂家的计算机能互连提供一个共同的基础和标准框架。

05.007 开放系统互连参考模型 open systems interconnection reference model, OSI-RM
为实现开放系统互连,建立网络系统功能和概念,协调网络通信而建立的功能分层模型。

05.008 应用层 application layer
在开放系统互连(OSI)模型中的最高层,为应用程序提供服务以保证通信,但不是进行通信的应用程序本身。

05.009 表示层 presentation layer
在开放系统互连(OSI)模型中的第六层,向应用进程提供信息表示方式,使不同表示方式的系统之间能进行通信。

05.010 会话层 session layer
又称"会晤层"。在开放系统互连(OSI)模型中的第五层,主要是解决面向用户的功能(如通信方式的选择、用户间对话的建立、拆除)。

05.011 传送层 transport layer
在开放系统互连(OSI)模型中的第四层,完成端到端数据传输的纠正、流量控制、多路复用管理等。

05.012 网络层 network layer
在开放系统互连(OSI)模型中的第三层,提供发信站和目标站之间的信息传输服务。

05.013 数据链路层 data link layer
在开放系统互连(OSI)模型中的第二层,提供相邻节点间透明、可靠的信息传输服务。

05.014 物理层 physical layer
在开放系统互连(OSI)模型中的第一层,为通信提供实现透明传输的物理链接。

05.015 应用协议 application protocol
实现网络应用的协议。其内容包括定义消息的内容、消息类型的语法结构、域所包含的信息的含义,确定通信程序何时发送消息和接收消息的规则。

05.016 选路协议 routing protocol
支持路由器封装并发送的网络通信语言。选路协议的例子有以太网、AppleTalk、TCP/IP、帧中继和X.25。

05.017 接入协议 access protocol
在控制用户–网络接口(UNI)与业务节点接口(SNI)之间,实现传送承载功能的协议。

05.018 链路协议 link protocol
通过链路传送数据的一套规则。包括建立、维持和断开链路的规则,链路上传送数据的控制信息格式,以及对控制信息进行解释的规则。

05.019 因特网协议 Internet Protocol, IP
在因特网上的计算机进行通信时,规定应当遵守的最基本规则的通信协议。

05.020 IPv4协议 IP version 4
因特网上现行的最重要最基本的协议,IP协议的第4版本。

05.021　IPv6 协议　IP version 6

下一代的因特网协议,IP 协议的第 6 版本,其基本功能与 IPv4 协议相同,但 QoS、安全性更好,支持移动性,并大大增加了地址空间。

05.022　传输控制协议　transmission control protocol, TCP

在因特网上,提供进程间的通信机制,保证数据传输的可靠性的最基本的通信协议。

05.023　用户数据报协议　user datagram protocol, UDP

在因特网传送层提供用户进程,并负责在应用程序之间无连接传递数据的协议。

05.024　分组数据协议　packet data protocol, PDP

移动通信用户在发送和接收分组数据时应用的协议。

05.025　通用路由封装　generic route encapsulation, GRE

IP 隧道技术中使用的一种封装格式:把企业内部网的各种信息分组封装在内,可通过 IP 协议透明地穿过因特网,实现端点之间互连。

05.026　文件传送协议　file transfer protocol, FTP

使因特网上的用户连接到一个远程计算机的协议。

05.027　超文本传送协议　hypertext transport protocol, HTTP

一种详细规定了浏览器和万维网服务器之间互相通信的规则,通过因特网传送万维网文档的数据传送协议。

05.028　点到点协议　point-to-point protocol, PPP

一种在点到点的串行线路上为发送 IP 数据而使用的数据链路协议。

05.029　隧道协议　tunneling protocol, TP

为在因特网上建立专用通道的规范协议。也可以说是因特网专用网的隧道标准。

05.030　点到点隧道协议　point-to-point tunneling protocol, PPTP

在因特网上建立多协议安全虚拟专用网隧道的协议。

05.031　地址解析协议　address resolution protocol, ARP

将域名翻译成对应的 32 位 IP 地址的协议。

05.032　网络地址转换　network address translation, NAT

完成局域网节点地址与 IP 地址之间转换的一项因特网工程任务组(IETF)标准。

05.033　简单网络管理协议　simple network management protocol, SNMP

计算机网络管理系统中的重要组成部分,规定网络管理器与被管代理之间通信的标准。

05.034　简单邮件传送协议　simple mail transfer protocol, SMTP

一种在因特网应用层中规定电子函件报文格式的协议。

05.035　因特网控制消息协议　Internet control message protocol, ICMP

TCP/IP 协议中专门设计的用于控制差错和传输报文的协议。

05.036　网络新闻传送协议　network

news transfer protocol, NNTP

实现网络上新闻传送的一系列规则的集合,应用层协议之一。

05.037 公共管理信息协议 common management information protocol, CMIP

国际标准化组织为了解决不同厂商、不同机种的网络之间互通而创建的开放系统互联网络管理协议。

05.038 资源预留协议 resource reservation protocol, RSVP

一种为数据流建立资源预留的传送层协议。该协议既不传送应用数据流,又不选路,而是一种控制协议。

05.039 实时传送协议 real-time transport protocol, RTP

在因特网上,可用于一对一或一对多实时传送多媒体数据流的协议。

05.040 边界网关协议 border gateway protocol, BGP

在因特网的网关主机之间交换选路信息的协议。

05.041 动态主机配置协议 dynamic host configuration protocol, DHCP

在网络中提供特定服务,自动配置主机/工作站的协议。

05.042 同步数据链路控制 synchronous data link control, SDLC

由国际商用机器公司(IBM)开发的传输控制协议。等效于开放系统互连(OSI)模型的第2层。

05.043 区分服务 DiffServ

为解决服务质量问题在网络上将用户发送的数据流按照它对服务质量的要求划分等级的一种协议。

05.044 文件传送接入与管理 file transfer access and management, FTAM

在开放环境中提供客户机(启动者)和服务器(响应者)之间文件传输服务的开放系统互连(OSI)标准,同时还可提供对分布系统上的文件的访问和管理。

05.045 媒体接入控制层 media access control layer, MAC Layer

在开放系统互连(OSI)模型的数据链路层中,负责多台计算机如何共享与网络的物理连接的子层。

05.046 汇聚协议 convergence protocol

控制网络接入线路合并的协议。

05.047 目录访问协议 directory access protocol

为客户机提供目录访问权的 ISO X. 500 标准协议。

05.048 网络时间协议 network time protocol, NTP

使因特网上计算机维持相同时间,可借以实现网络上高精准度(毫秒级)计算机校时的协议。

05.049 协议数据单元 protocol data unit, PDU

在分层网络结构中的各层之间传送的,包含来自上层的信息及当前层实体附加的信息的数据单元。

05.050 抽象句法记法 abstract syntax notation, ASN

描述抽象句法定义,用作定义协议的半形式语言的记法。

05.051 互通协议 Interworking Protocol, IP

在不同网络或系统中的实体之间支持通信交互作用的协议。

05.052　高级数据链路控制 high-level data link control, HDLC

国际标准化组织颁布的一种高可靠性、高效率的数据链路控制协议。

05.053　面向连接的网络层协议 connection-oriented network-layer protocol, CONP

在开放系统互连(OSI)中,通过面向连接的链路承载上层的数据和误码指示的网络层协议。

05.054　无连接网络协议 connectionless network protocol, CLNP

在开放系统互连(OSI)的网络层中,提供无连接模式的网络业务的数据报协议。相当于 TCP/IP 协议环境中的因特网协议(IP)。

05.055　ATM 上的 IP 协议 IP over ATM, IPoA

在异步转移模式网(ATM network)上建立 IP 网,即在异步转移模式网(ATM network)上支持因特网协议(IP)的技术。

05.056　SDH/SONET 上的 IP 协议 IP over SDH/SONET

把同步数字系列(SDH)网络用作 IP 网的物理传输网络的技术。

05.057　SONET/SDH 上的多路接入协议 multiple access protocol over SONET/SDH, MAPOS

用于高清晰非压缩图像传输与多路传输的接入协议。由日本电信电话株式会社(NTT)未来网络研究所开发。

05.058　链路接入规程 – SDH link access procedure-SDH, LAPS

在同步数字系列(SDH)上,提供数据链路服务及协议规范的链路接入规程。

05.059　通用成帧协议 generic framing procedure, GFP

一种面向无连接的新型数据链路,对各种业务提供通用的、高效而又简单的封装协议。

05.060　开放最短路径优先 open shortest path first, OSPF

因特网工程任务组开发的一种路由协议。它以链路状态为基础,需要每个路由器都向同一管理地区的所有其他路由器发送链路状态广播信息。

05.061　动态选路协议 dynamic routing protocol, DRP

通过网络中各路由器之间相互传递路由信息,利用收到的路由信息动态更新路由器表的协议。

05.062　标签分发协议 label distribution protocol, LDP

多协议标签交换(MPLS)中负责转发等价类的分类、标签的分配以及分配结果的传输、标签交换路径的建立和维护等一系列过程的控制协议。

05.063　H.323 协议 H.323 protocol

规定基于分组网进行两点/多点实时多媒体通信的系统逻辑组件、消息定义和通信过程的协议。

05.064　媒体网关控制协议 media gateway control protocol, MGCP

又称"H.248 协议"。规定媒体网关和媒体网关控制器之间通信方法的协议。

05.065　会晤初始化协议 session initialization protocol, SIP

在因特网的特殊站点之间建立连接,用于创建、修改、终止 IP 会晤的信令协议,主要用于用户之间的话音通信的高层协议。

05.066　IP 安全协议　IPSec
因特网工程任务组为 IP 网络互联安全加密而制定的协议标准,一组开放的网络安全检查协议的总称。

05.067　流控制传输协议　stream control transmission protocol, SCTP
用户数据报协议(UDP)和传输控制协议(TCP)两种协议的扩展版本。

05.068　简单波长分配协议　simple wavelength-allocating protocol, SWAP
在波分复用技术中,根据流量状况建立交换通路和支持信息流的合并与疏导的一种信令协议。

05.069　实时流送协议　real-time streaming protocol
实时传送流媒体的流式传输网络协议。

05.070　可扩展置标语言　extensible markup language, XML
一种功能强、用途广、可扩充的通用置标语言。

05.071　无线置标语言　wireless markup language, WML
又称"无线标记语言"。无线应用协议(WAP)中使用的一种符合可扩展置标语言(XML)标准的描述性浏览语言。

05.072　无线 OSI 协议　radio OSI protocol
无线电开放系统互连(OSI)模型中定义的协议。

05.073　无线传输协议　wireless transmission protocol
通过无线方式解决数据在网络之间的传

输质量的协议。

05.074　无线会晤协议　wireless session protocol
向应用层(无线应用协议(WAP))为面向连接业务和无连接业务提供统一接口的协议。

05.075　无线选路协议　wireless routing protocol
基于表的路径矢量选路协议。网络上每一个节点维护一路径表、选路表、链路一成本表和消息转发列表。

05.076　无线应用协议　wireless application protocol, WAP
一种适用于在移动电话、个人数字助理(PDA)等移动通信设备与因特网或其他业务之间进行通信的开放性、全球性的标准。

05.077　无线应用环境　wireless application environment, WAE
在无线应用协议(WAP)协议栈,定义了标准的内容格式,规定 WAP 移动终端使用无线置标语言(WML)显示各种文字图像数据的最高层协议。

05.078　无线链路控制协议　radio link control, RLC
在第三代移动通信系统中,为保证数据传输业务的可靠服务质量,在数据链路控制层中引入多个新的自动重发请求(ARQ)机制的协议。

05.079　GPRS 隧道协议　GPRS tunnel protocol, GTP
用于传送通用分组无线业务(GPRS)骨干网中 GPRS 支持节点间数据和信令的隧道传输协议。

05.080　短消息对等协议　short message

peer to peer, SMPP
适用于无线数据应用与无线网络之间消息传送的协议。也是短消息服务中心系统外部访问接口的标准协议之一。

06. 运行、维护与管理

06.001 运行、管理与维护中心 operation, administration and maintenance center, OAMC
负责运行、管理和维护网络与业务的组织机构。

06.002 运行支撑系统 operational support system, OSS
运营商用以监视、控制、分析和管理通信网上各种问题的系统。

06.003 维护 maintenance
为在规定范围内,使参与建立通信连接的任何部件完成建立和保持连接所需的全部操作。如安装调测、编制维护流程、例行维护测量、对故障进行定位并清除故障。

06.004 维护准则 maintenance philosophy
组织和实施维护的基本原则体系。

06.005 维护方针 maintenance policy
在一个项目维护中,用于描述维护等级、维护服务合同等级和维护程度之间的相互关系的原则。

06.006 维护策略 maintenance strategy
组织和实施维护的计划。

06.007 预防性维护 preventive maintenance
为了降低设备失效或功能退化的概率,按预定的时间间隔或规定的标准进行的维护。

06.008 维护等级 maintenance echelon
对装备实施规定程度维护的机构与场所所作的等级划分。

06.009 维护树 maintenance tree
显示要对装备进行基本维护作业的相关可供选择序列及其选择条件的逻辑图。

06.010 非现场维护 off-site maintenance
不在使用设备的场所实施的维护。

06.011 定期维护 scheduled maintenance
按照规定的时间表实施的预防性维护。

06.012 可维护性 maintainability
在给定条件下使用规定的程序和资源进行维护时,在规定使用条件下设备保持在或恢复到能执行要求功能状态的能力。

06.013 测试 test
用任何一种可能采取的方法进行的直接实际实验。

06.014 例行测试 routine testing, periodic testing
对特定项目的周期性测试。

06.015 功能测试 functional test
为指出一条电路、设备或部分设备在实际工作情况下是否具有某些功能所做的测试。

06.016 限值测试 limit test
为确定一个值是否落在限值或边界之内或之外所做的测试。

06.017　能力测试　capability test
检查一种或多种所要求测试的实现能力是否存在的一种测试。

06.018　行为测试　behavior test
为确定测试执行过程能满足一项或多项动态一致性要求的程度而进行的一种测试。

06.019　一致性测试　conformance test
为了调查有关一项或多项一致性要求方面开放系统互连（OSI）协议实现的特征而进行的一种非标准化的、系统特定的测试。

06.020　嵌套测试　embedded test
为多协议测试执行过程中的单一协议而规定的测试。

06.021　诊断测试　diagnostic test
专门设计用来精确识别可更换单元硬件故障位置的测试。

06.022　测量　measurement
用适当的单位对简单的或复杂的量或幅度进行数值评定。

06.023　连续性检查　continuity check
对一条电路或连接起来的几条电路，为证明、核实可接受通道（用于数据传输、话音等）的存在所进行的检查。

06.024　性能监视　performance monitoring
对被管实体，为测定其功能是否正常动作而进行的连续或周期检查。

06.025　故障　fault
不能执行所要求功能的一种状态。但故障不包括由于预防性维护、外部资源短缺或预先计划的工作中断。

06.026　故障纠正　fault correction
故障定位之后，为恢复故障项的能力而采取的行动。

06.027　故障定位　fault localization, localization of faults
寻找故障设备的有故障部件。

06.028　持久故障　persistent fault
在完成修复性维护活动之前，产品（装备）一直持续存在的一种故障。

06.029　间歇故障　intermittent fault
故障持续一段有限时间，不经任何修复性维护活动，随后又自行恢复执行所需功能能力的一种故障。

06.030　缺陷　defect
某项目执行所要求功能的能力的有限中断，根据进一步分析结果决定是否应产生维护动作。

06.031　失效　failure
设备执行所需功能的能力已经终止。失效标志着从一种状态变到另一种状态。失效之后，设备即有故障。

06.032　故障点　fault point
电信系统中功能出现障碍或者出错的某个组成部分或全部。

06.033　故障率　fault rate, failure rate
一个给定系统中，发生在单位时间或每个事件中错误、故障或干扰的数目。

06.034　故障容限　fault tolerance
当其中一个或多个组件出现故障时，该功能单元仍能继续在规定的执行水平运用的范围。

06.035　故障树分析　fault-tree analysis, FTA
以故障树形式展示的，用于确定可能导致产品（装备）规定故障模式的各分项目故障模式或外部事件,或它们的组合的一种分析。

06.036 故障遮掩 fault masking

又称"故障屏蔽"。产品(装备)的某个分项目存在故障,但由于该产品(装备)某一特点或由于该分项目或另一分项目的其他故障,而不能被识别的状态。

06.037 故障诊断 fault diagnosis

为预报和控制电信系统的性能,而对电信系统故障、故障因素和征兆之间关系的研究。

06.038 恢复 restoration, recovery

在故障之后,为完成所需要功能而重新获得该能力的那种事件。

06.039 告警 alarm

用于提醒维护人员关注故障或失效的一个可觉察指示。

06.040 告警状态 alarm status

把被管对象的状态描述为一个或多个告警事件结果的属性。

06.041 告警监视 alarm surveillance

接近实时地提供失效的检测和指示的一组电信管理网络的管理功能。

06.042 不影响功能性维护 function-permitting maintenance

不会使被维护的产品(装备)发生中断或使任何所需功能下降的那种维护工作。

06.043 呼损 lost call

指呼叫过程中,除被叫方忙的情况外,没有完成的呼叫。

06.044 平均故障间隔时间 mean time between failures, MTBF

又称"平均无故障工作时间"。不修复产品可靠性的一种基本参数,其度量方法

为:在规定的条件下和规定的时间内,产品的寿命单位总数与故障总次数之比。

06.045 平均失效时间 mean time to failure, MTTF

不修复产品可靠性的一种基本参数,其度量方法为:在规定的条件下和规定的时间内,产品寿命单位总数与故障产品总数之比。

06.046 平均修复时间 mean time to repair, MTTR

恢复时间的期望值。

06.047 远程维护 remote maintenance

在维护人员不直接接触产品(装备)的情况下,对产品(装备)所实施的维护。

06.048 带业务监测 in-service monitoring, ISM

在网络运行和维护过程中对正在传输的业务的流量、延时、帧抖动以及突发故障进行实时的网络监测。

06.049 联络线 order wire, OW

又称"公务线"。在通信系统中用来传送指导控制系统操作的信号的信道或路径。

06.050 通道监视 path monitoring, PM

对网络传输通道进行监测和分析的操作。

06.051 保护信道 protection channel

当工作信道出现故障时接替它继续传输数据的信道。

06.052 保护倒换 protection switching, PS

从工作信道倒换到保护信道或从主用设备倒换到备用设备的过程。

06.053 网管中心 network management

center

执行网络管理和控制任务的机构。该机构对网络资源进行动态监督、组织和控制,以提高网络良好服务所需的功能。

06.054 计费管理 accounting management

电信管理网管理功能的一个子集。计费管理能够测量网络业务的使用,并能决定和开列这种使用费用的一组功能。

06.055 故障管理 fault management

电信管理网管理功能的一个子集。故障管理能够进行失效的检测、定位和维修的安排以及对其维修设备完成测试并使其恢复业务。

06.056 安全管理 security management

电信管理网管理功能的一个子集。安全管理使电信管理网能改变通行字和通信通路的标识以及安全类别。

06.057 性能管理 performance management

电信管理网管理功能的一个子集。性能管理能够完成网络业务性能的测量和校正的一系列管理功能。

06.058 配置管理 configuration management

电信管理网管理功能的一个子集。配置管理控制执行系统的增加或减少,获得组成部件的状态和辨别其位置的一系列管理功能。

06.059 管理实体 management entity

能提供管理功能(例如运行、管理、维护和预防措施)的实体。

06.060 被管实体 managed entity

被管理的物理的或逻辑的资源。

06.061 管理域 management domain

被管对象的集合。

06.062 管理层 management layer

用来把每层边界内的管理活动性限制到明确定义的等级,而这个等级与总的管理活动性的子集有关的层。

06.063 管理对象类 managed object class, MOC

享有相同属性、通知和管理操作,具有某些共性的管理对象。例如设备和组成设备的电路插板有共同的特性,可归为一类。

06.064 客户联系管理 customer relationship management

通过数据的巧妙使用,有针对性地服务于客户的软件系统。

06.065 服务管理系统 service management system

能够接近实时地为计费和管理提供和更新有关用户和服务的信息的系统。

06.066 管理信息 management information, MI

一种通过管理接入点的信号。

06.067 Q 适配器 Q-adapter, QA

把具有非电信管理网兼容接口的网络单元或运行系统连接到 Q 接口的装置。

06.068 Q 接口 Q-interface

为提供网管灵活性而设置的接口。

06.069 X 接口 X-interface

互连两个系统或电信管理网的接口。

07. 网 络 安 全

07.001 网络安全 network security
网络系统的硬件、软件及其中数据受到保护，不受偶然的或者恶意的破坏、更改、泄露，保证系统连续可靠地运行，网络服务不中断的措施。

07.002 应急通信 emergency communication
在保障战备、抢险救灾、出现恐怖事件和通信网故障时，能临时、机动地提供应急服务的通信方式。

07.003 身份验证 identity verification
为身份的真实性提供保证而对人或实体的身份进行鉴别。

07.004 授权 authorization
授予或拒绝授予客户端访问权限的过程。

07.005 认证机构 certification authority
为用户在电子商务交易活动及相关活动提供一个中立、公正、值得信赖的第三方认证服务的机构。

07.006 认可 accreditation
在电子商务中，根据生成、确认、存储、恢复和递送权力，提供创造、起源、接收、服从、赞成、递送和行为的认可。

07.007 数字签名 digital signature
又称"电子签名"。以电子形式存在于数据信息之中的，或作为其附件的或逻辑上与之有联系的数据，可用于辨别数据签署人的身份，并表明签署人对数据信息中包含的信息的认可。

07.008 数字证书 digital certificate
又称"数字标志"。在因特网上，用来标志和证明网络通信双方身份的数字信息文件。

07.009 可审核性 accountability
在通信系统安全中，当可能发生扰乱或有企图扰乱系统安全的情况时，能够跟踪到某一个可能负有责任的特定人的特性。

07.010 完整性 integrity
信息未经授权不能进行改变的特性。即网络信息在存储或传输过程中保持不被偶然或蓄意地删除、修改、伪造、乱序、重放、插入等行为破坏和丢失的特性。

07.011 可达性 accessibility
又称"可访问性"。用户可访问数据库和所有授权访问的数据的特性。

07.012 不可抵赖性 non-repudiation
电子交易各方在交易完成时要保证的不可抵赖性：在传输数据时必须携带含有自身特质、别人无法复制的信息，防止交易发生后对行为的否认。

07.013 不可否认性 non-repudiation
在由收发双方所组成的系统中，确保任何一方无法抵赖自己曾经作过的操作，从而防止中途欺骗的特性。

07.014 抗毁性 invulnerability
系统在人为破坏下的可用性。

07.015 生存性 survivability
系统在随机破坏下的可用性。

07.016 有效性 effectiveness

一种基于业务性能的可用性。

07.017 个人身份号 personal identification number, PIN

在系统、网络接入认证中用户的唯一认证号码。

07.018 密码学 cryptology

研究编制密码和破译密码技术的科学。

07.019 数据加密标准 data encryption standard, DES

最流行的对称密钥算法,该算法由国际商用机器公司(IBM)发明,被美国国家标准技术研究所(NIST)、国际标准化组织(ISO)等权威机构作为工业标准发布,可以免费用于商业应用。

07.020 密钥加密 secret key encryption

发送和接收数据的双方,使用相同的或对称的密钥对明文进行加密解密运算的加密方法。

07.021 公钥加密 public key encryption

由对应的一对唯一性密钥(即公开密钥和私有密钥)组成的加密方法。它解决了密钥的发布和管理问题,是目前商业密码的核心。

07.022 公钥基础设施 public key infrastructure, PKI

由公开密钥密码技术、数字证书、证书认证中心和关于公开密钥的安全策略等基本成分共同组成,管理密钥和证书的系统或平台。

07.023 证书[代理]机构 certificate agency, CA

受委托发放数字证书,确保信息交换各方的身份的第三方组织或公司。

07.024 网络攻击 network attack

利用网络存在的漏洞和安全缺陷对系统和资源进行的攻击。

07.025 黑客 hacker

利用系统安全漏洞对网络进行攻击破坏或窃取资料的人。

07.026 黑客攻击 hacker attack

黑客破解或破坏某个程序、系统及网络安全,或者破解某系统或网络以提醒该系统所有者的系统安全漏洞的过程。

07.027 漏洞 hole

系统中的安全缺陷。漏洞可以导致入侵者获取信息并导致不正确的访问。

07.028 病毒 virus

一种具有隐蔽性、破坏性、传染性的恶意代码。病毒无法自动获得运行的机会,必须附着在其他可执行程序代码上或隐藏在具有执行脚本的数据文件中才能被执行。

07.029 防病毒 antivirus

根据系统特性,为抵御和防范病毒侵入而采取的系统安全措施。

07.030 [机算机]病毒感染 virus infection

计算机病毒一旦进入计算机并得以执行,使其大量文件被病毒感染到的现象。

07.031 病毒隔离 virus isolation

当病毒进入计算机后,机内防病毒软件将此病毒与机内其他文件隔开,避免感染的技术。

07.032 蠕虫 worm

一种能够自动通过网络进行自我传播的恶意程序。它不需要附着在其他程序上,而是独立存在的。当形成规模、传播速度过快时会极大地消耗网络资源导致大面积网络拥塞甚至瘫痪。

07.033 [特洛伊]木马 Trojan horse, Trojan

一种秘密潜伏的能够通过远程网络进行控制的恶意程序。控制者可以控制被秘密植入木马的计算机的一切动作和资源,是恶意攻击者进行窃取信息等的工具。

07.034 网络仿冒 phishing

又称"网络欺诈","网络钓鱼"。一种通过各种方式伪造互联网上的银行、电子商务等服务,骗取用户个人信息,从而窃取用户利益的攻击行为。

07.035 网络瘫痪 network paralysis

网络丧失通信功能的状态。

07.036 僵尸网络 botnet

通过各种手段在大量计算机中植入特定的恶意程序,使控制者能够通过相对集中的若干计算机直接向大量计算机发送指令的攻击网络。攻击者通常利用这样大规模的僵尸网络实施各种其他攻击活动。

07.037 网页涂改 web defacement

未经授权的情况下对网页内容进行篡改的行为。

07.038 代理攻击 proxy attack

利用盗用的电话号码,达到地址伪装的目的的攻击。

07.039 地址欺骗攻击 false address attack

利用盗用的终端号码进行的攻击。

07.040 邮件炸弹 E-mail bomb

用伪造的 IP 地址和电子邮件地址向同一信箱发送成千上万甚至无穷多次的内容相同的邮件,从而挤满信箱,把正常邮件给冲掉的一种攻击。

07.041 无线链路威胁 wireless link threat

终端设备和服务网之间的无线接口可能受到的攻击威胁。

07.042 拒绝服务 denial of service, DoS

通过向服务器发送大量垃圾信息或干扰信息的方式,导致服务器无法向正常用户提供服务的现象。

07.043 分布式拒绝服务 distributed denial of service

和拒绝服务(DoS)相似,只是采用很多台计算机作为向目标发送信息的攻击源头,从而使被攻击者更加难以防范。

07.044 入侵 intrusion

未经授权进入他人信息系统的行为。

07.045 入侵监测 intrusion detection

通过检查操作系统的审计数据或网络数据包信息,监测系统中违背安全策略或危及系统安全的行为或活动。

07.046 安全审计 security audit

对网络上发生的事件进行记载、分析和报告的操作。

07.047 网络欺骗 network cheating

一种网络安全防护的方法。将入侵者引向一些错误的资源,使入侵者不知道其进攻是否奏效或成功,同时可跟踪入侵者的行为,在入侵者之前修补系统可能存在的安全漏洞。

07.048 分组过滤 packet filtering

又称"包过滤"。根据分组源地址、目的地址和端口号、协议类型等标志,确定是否允许数据分组通过的操作。

07.049　安全套接层［协议］ secure sockets layer, SSL
一个保证任何安装了安全套接的客户和服务器间事务安全的协议。它涉及所有TCP/IP 应用程序。

07.050　信息内容审计 information content audit
对进出内部网络的信息,为防止或追查可能的泄密行为所进行的实时内容审计。

07.051　安全断言置标语言 security assertion markup language, SAML
一种实现 Web 服务安全产品之间互操作,保证端到端、机构内部以及从企业到企业的安全性的建议标准。

07.052　保护检测响应 protection detection response, PDR
入侵检测的一种模型。

07.053　应用代理 application proxy
通过对每种应用服务编制专门的代理程序,实现对应用层通信流的监视和控制的技术。

07.054　电子支付 electronic payment
使用电子现金或信用卡进行交易支付的方法。

07.055　安全电子交易 secure electronic transaction, SET
应用于开放网络环境,以信用卡为基础的安全电子支付系统的协议。它给出了一套电子交易的过程规范。

07.056　1：n 保护($n>1$) 1：n protection
为保证网络可靠性,对关键的节点设备和传输设备采用冗余配置的一种方法,即 n 个工作的设备共享一个备用设备的方案。

07.057　1+1 保护 1+1 protection
为保证网络可靠性,对关键的节点设备和传输设备采用一对一冗余配置的一种方法,即一个工作的设备配一个备用设备的方案。

07.058　防火墙 firewall
一种用来加强网络之间访问控制、防止外部网络用户以非法手段通过外部网络进入内部网络、访问内部网络资源,保护内部网络操作环境的特殊网络互连设备。

07.059　电话网防火墙 PSTN firewall
又称"固定电话网防火墙"。对固定电话网网络安全,综合采用过滤技术、病毒检查、数据过滤等手段来保证网络安全的第一道防线。

07.060　单机电话防火墙 telephone firewall
串联在固定电话网终端上,对终端进行安全防护的安全产品。

07.061　用户交换机防火墙 PBX firewall
为小交换机安全而专门设计的一种电信安全的产品。分独立式硬件防火墙和联机防火墙。

08. 线缆传输与接入

08.001　有线系统　wireline system
用对称电缆、同轴电缆或光纤光缆作传输媒质的传输系统。

08.002　多路载波传输　multichannel carrier transmission
通过单边带或双边带传输与频分复用的结合,为若干个独立信号提供在一条公共通道上进行载波传输的方式。

08.003　T载波　T carrier
美国的准同步数字系列标准中,各个等级时分复用系统和设备的总称。

08.004　分插复用　add-drop multiplex, ADM
能在线路(集合)信号中插入和分出支路信号的复用方式,或实现这种复用方式的设备。

08.005　分出并插入　drop and insert
从集合(线路)信号中分出和加入一部分信号的操作。

08.006　复用体系　digital multiplex hierarchy
一系列标准化的数字复用等级,其中每一级都用规定的比特率来表征。

08.007　复用转换　transmultiplexing
将频分复用信号(例如基群或超群信号)变换为相应的数字复用信号,在相反传输方向完成恢复过程的一种处理。

08.008　工程联络线　engineering order-wire, EOW
传输系统中为安装和维护提供话音和数据通信的辅助系统。

08.009　单元电(光)缆段　elementary cable section
两个相邻线路段之间包含的传输媒质及所有附件。

08.010　假设参考电路　hypothetical reference circuit
在传输标准中,具有规定长度和结构,通常用于传输指标分配的电路模型。

08.011　假设参考连接　hypothetical reference connection
在传输标准中,具有规定长度和结构,通常用于传输指标分配的连接模型。

08.012　近端回声　near-end echo
电话的发话人听到的,由其所在地附近的通信设备内部原因引起的回声。

08.013　可懂串扰　intelligible crosstalk
又称"可懂串话"。干扰源为话音,且未改变干扰源信号频谱幅度特征的干扰。

08.014　群路比特率　aggregate bit rate
集合信号的比特率。

08.015　[数字]基群　primary digital group
准同步数字系列(PDH)标准化数字复用的第一级,包括并行的两种标准数字速率:1.544kbit/s 或 2.048kbit/s。

08.016　[数字]二次群　secondary digital group
准同步数字系列(PDH)标准化数字复用

的第二级,包括并行的两种标准化数字速率:6.312kbit/s 或 8.448kbit/s。

08.017 [数字]三次群 tertiary digital group

准同步数字系列(PDH)标准化数字复用的第三级,包括并行的三种标准化数字速率:32.064kbit/s、34.368kbit/s 或 44.736kbit/s。

08.018 [数字]四次群 quaternary digital group

准同步数字系列(PDH)标准化数字复用的第四级,包括并行的两种标准化数字速率:97.728kbit/s 或 139.264kbit/s。

08.019 子基群 sub-group

把规定数目的通路(信号)进行频分复用而形成的基群的一部分。

08.020 数字线路段 digital line section

经过有线传输媒介(如对称线对、同轴线对或光纤线对)上实现的数字段。

08.021 数字线路系统 digital line system

提供有线数字段的数字传输系统。

08.022 误块 errored block, EB

含有一个或多比特差错的数据块。

08.023 下路并继续 drop-and-continue

两个同步数字系列(SDH)自愈环相交的两个相邻节点之一将自己的过环信号传送给另一相邻节点的工作方式。

08.024 线路编码 line encoding

用规定的规则处理原始的数字信号序列,从而得到称作线路信号的、新的数字信号序列的过程或技术。

08.025 线路倒换 line switching

把互为备用的两条线路之一条传送的信号转移到另一条的过程或技术。

08.026 线路调节 line conditioning

通过控制不同频率的损伤(例如失真、衰减、延时),改善线路传输性能的技术。

08.027 线路码 line code

为数字线路系统生成线路信号而规定的编码规则,其中定义了在发送源信号与相应线路信号之间的映射关系。

08.028 线路数字[速]率 line digit rate

在数字线路系统中,线路信号每秒传送的信号元数目。用波特来表示,或者用等效的比特率来表示。

08.029 循环冗余检验 cyclic redundancy check, CRC

一种用冗余算法来实现的差错检测码。

08.030 严重差错秒 severely errored seconds, SES

数字传输损伤的一种事件,差错秒之一种:在一秒钟内产生的差错超过了定义的门限,或出现了缺陷(有严格定义的事件)。

08.031 远端告警 remote alarm

数字传输损伤的一类告警:对关注的某个节点(网元)而言,其下游另一个节点(网元)产生的告警。

08.032 [数字信号的]再生 regeneration [of a digital signal]

接收和重建数字信号的过程。再生使其信号元的定时,波形和幅度均被约束在规定限值以内。

08.033 再生段 regenerator section, RS

两个再生段终端之间(包括这两个再生段终端)的路径。再生段可能是逻辑的划分,也可能是物理的划分。

08.034 再生器 regenerator

实现数字信号再生的装置。

08.035　噪声计加权　psophometric weigh-ting

在电话噪声功率测量标准中规定的,对噪声不同频率成分的功率值进行修正的加权方法。

08.036　噪声加权　noise weighting

噪声通过加权网络的过程。

08.037　中继段　repeater section

数字传输系统的一个组成部分,包含一个传输方向上,一段传输媒介以及紧接着的一端或两端中继器。

08.038　中继站　repeater station

在链路上某一地点,传输设备的集合。中继站通常包括若干个中继器,以及其他相关设备,如信令、调制、复用、监控和电源供给等功能所用的设备。

08.039　准同步数字系列　plesiochronous digital hierarchy, PDH

CCITT 推荐的一种数字复用系列标准,包含北美、日本和欧洲三种不同的标准比特率等级。

08.040　副载波复用　subcarrier multiple-xing, SCM

多路信号经不同的载波调制后,经由同一光波长在光纤上传输的一种复用方式。用于接入网中无源光网络(PON)的双向传输和多址接入。

08.041　近端串音　near-end crosstalk, NEST

又称"近端串扰"。在有线传输(如铜线用户环路)中,对某一设备的接收端而言,来自本地相邻线对发送端的串音干扰。

08.042　远端串音　far-end crosstalk, FEST

又称"远端串扰"。在有线传输(如铜线用户环路)中,对某一设备的接收端而言,来自对端相邻线对发送端的串音干扰。

08.043　馈线线路　feeder line

按照接入网物理参考模型,在本地交换机或远端交换模块与配线点(DP)或灵活点(FP)之间的用户线部分。

08.044　离散多载波　discrete multitone, DMT

不对称数字用户线(ADSL)调制技术方案。数字信号分配给同一通道的多个子载波,其中每个子载波上的比特数都由其所在频率位置的信道特性决定。

08.045　频谱包络　spectrum envelope

被承载信息和载波信号调制产生的完整频谱图形。

08.046　数字段　digital section, DS

在两个相邻接的数字配线架或其等效设备之间,对规定速率的数字信号进行数字传输的全部手段。

08.047　双绞线　twisted pair

两根金属线依距离周期性扭绞组成的电信传输线。

08.048　线对增容　pair gain

在一对铜线上,同时提供两路以上的模拟普通传统电话业务(POTS)的用户环路传输增容技术。

08.049　线路终端　line termination, LT

数字传输系统中一个至少包含一个发送功能和一个接收功能的复合功能块,或者实现该复合功能的设备。

08.050 电力线通信 power-line communication, PLC

又称"宽带电力线通信"。通过低压电力线向住宅用户和企业用户提供数据和话音的业务。

08.051 数字环路载波 digital loop carrier, DLC

接入网中,以信道复用方式为多个用户提供多种业务接入的数字传输系统。

08.052 综合数字环路载波 integrated digital loop carrier, IDLC

通过标准化的 V5 接口与交换机相连的数字环路载波(DLC)系统。

08.053 数字用户线 digital subscriber line, DSL

用户设备安装地与提供服务的本地电信局之间的数字传输链路。

08.054 x 数字用户线 xDSL

各种高速数字用户线路的统称。

08.055 不对称数字用户线 asymmetric digital subscriber line, ADSL

又称"非对称数字用户线"。一种用于双绞铜线的用户环路,上行和下行信道的传输速率是非对称的传输技术或设备。

08.056 对称数字用户线 symmetrical digital subscriber line, SDSL

一种用于双绞铜线的用户环路,在长达约 3km 或更长服务范围内有效传送 E1(或 T1)速率的业务信息,并提供标准的 E1(或 T1)接口的传输技术或设备。

08.057 高比特率数字用户线 high-bit-rate digital subscriber line, HDSL

又称"高速率数字用户线"。一种用于双绞铜线的用户环路,在长达约 4km 或更长服务范围内有效传送 E1(或 T1)速率

的业务信息,并提供标准的 E1(或 T1)接口的传输技术或设备。

08.058 甚高比特率数字用户线 very high-bit-rate digital subscriber line, VDSL

又称"甚高速数字用户线"。一种用于双绞铜线的用户环路,在长达约 300m ~ 1.3km 服务范围内有效传送宽带业务信息的传输技术或设备。上行和下行信道的传输速率可以对称,也可以非对称。

08.059 速率自适应数字用户线 rate-adaptive digital subscriber line, RADSL

一种在不对称数字用户线(ADSL)基础上发展起来,能够根据线路质量自动动态地调节传输速率,为远距离(约 5.5km)用户提供宽带接入的用户环路传输技术或设备。

08.060 单线对高比特率数字用户线 single-pair high-bit-rate digital subscriber loop, SHDSL

在一对双绞铜线上实现双向传输的高速数字用户线。

08.061 多速率单线对数字用户线 multirate single pair digital subscriber loop, MSDSL

在一对双绞铜线上,采用多种电平调制方法实现双向多速率对称传输的数字用户线。

08.062 中比特率数字用户线 medium bit rate digital subscriber line, MDSL

传输速率低于 2 048kbit/s 的数字用户线。

08.063 扩展的数字用户线 extended

digital subscriber line, EDSL
用中继的方法,将标准的数字用户线扩展到超过它原定的极限传输距离的线路。

08.064　接入线　access line
将用户终端设备连接到公共网络上的第一个公共交换点的全部设施。

08.065　宽带接入　broadband access
接入速率较高的接入方式。在公用电话网中通常认为在几百 kbit/s 以上的接入就属于宽带接入,有线、无线等不同专业有不同的定义。

08.066　入户电缆　drop cable
接入网中,连接电缆分配点到用户终端设备的电缆。

08.067　电缆调制解调器　cable modem, CM
又称"线缆调制解调器"。位于用户处的用于在有线电视系统上传输数据通信信息的调制解调器。

08.068　混合光纤同轴电缆　hybrid fiber/coax, HFC
由传统有线电视网引入光纤后演变而成的一个双向的媒体共享式的宽带传输系统。在前端与光节点之间使用光纤干线,而光节点至用户驻地则沿用同轴电缆分配网络。

08.069　带状电缆　ribbon cable
先将多条线并排地放在一起构成扁平结构的基本单元,再由一个或多个基本单元组成的电缆。

08.070　对绞电缆　paired cable
先将两根独立的、相互绝缘金属线绞合在一起作为基本单元(一对线),再由多对线组成的电缆。

08.071　管道　conduit
一种保护电(光)缆的设施。通常指已经建设可以自用、出租、出售的实体。

08.072　电缆　cable
以金属作媒质传输电信号的装置。

08.073　海缆　submarine cable
用于敷设在海洋里面的电缆或光缆。

08.074　加感　loading
一种延长电缆传输距离的技术。在铜线上以固定间隔串接线圈改变电缆线路电感参数。

08.075　接头　splice
通过接合,将两个独立的传输媒介连接起来的装置。

08.076　分路器　splitter
在有线电视网络中,将信号由主干电缆引入配线电缆的无源器件。

08.077　结构化布缆　structured cabling
一种安装在大楼里的可扩展的电缆布线结构方式。

08.078　陆地线　landline
架在地面(包括地上和地下)的电缆或光缆线路。有时还包括微波传输。

08.079　明线　open wire
跨越陆地或水面,以支撑物和绝缘体架设在空中的金属裸线、电缆和光缆。

08.080　跳线　jumper wire
长度很短的连接线。如配线架上的连接线。

08.081　同轴电缆　coax, coaxial cable
先由两根同轴心、相互绝缘的圆柱形金属导体构成基本单元(同轴对),再由单个或多个同轴对组成的电缆。

08.082　四芯组　quad

先由 4 根相互绝缘的金属线绞合在一起构成基本单元(四线组),再由一个或多个四线组组成的电缆。

08.083　尾线　pigtail

又称"引出线"。一头永久地连接到一个部件的末端,另一头甩出,用于该部件到其他设备的连接的短电缆,金属线或光纤。

08.084　线束　harness

一组金属线和电缆绑在一起,运载设备之间来往的信号和电源的连接。

08.085　泄漏电缆　leaky cable

带有裂缝,即外导体部分剖开或割掉的同轴电缆。

08.086　纤芯　core

在光纤中,大部分光功率由此通过的中心区。

08.087　自承式缆　self-supporting cable

一种将承载重量物和电缆或光缆做成一个整体的缆线。如在光纤通信中,用于高压输电线铁塔上的光缆。

08.088　共模干扰　common-mode interference

两个信号线之间或者一个信号线和地线之间的干扰。

08.089　共模抑制比　common-mode rejection ratio, CMRR

输入端口短路线中点对地加电压和输入端口两点之间电压的比。共模抑制比用作描述信号接收器输入端口对地平衡度的一个参数。

08.090　延迟线　delay line

通过该线路的传输信号会得到所期望延时,通常用于定时功能的线路。

09. 光纤传输与接入

09.001　光纤通信　fiber-optic communications

以光纤作为光信号传输媒介的通信。

09.002　光波　light wave

波长在 $0.3 \sim 3\mu m$ 之间的电磁波。

09.003　光强　light intensity

电磁波电场幅度的平方。

09.004　光频　light frequency

在 $100 \sim 1\,000 THz$ 之间的电磁波的频率。

09.005　光孤子　optical soliton

又称"孤立子","孤立波"。在光纤中经过长距离传输而保持形状或波长不变的特殊光脉冲。

09.006　光谱　optical spectrum

光辐射的波长分布区域。

09.007　光谱线　spectral line

发射或吸收波长的一个狭窄范围。光谱线相当于量子力学系统能级转换时发射或吸收的单色辐射。

09.008　光谱窗口　spectral window

光波导中传输损耗小,能使光系统易于完成工作的波长区域。

09.009　光波导　optical waveguide

用于传输光信号的波导。常用的光波导是光纤。

09.010 宏弯[曲] macrobending
光纤轴与直线的任何宏观偏移。

09.011 微弯[曲] microbending
光纤的急弯曲(包括几个微米的局部轴向位移和几毫米空间波长的急转弯)。

09.012 接收光锥区 light acceptance cone
来自激光器的光纤入射光的园锥面约束空间。在该空间内全部入射光都会在纤芯–包层界面上反射,使全部光回到纤芯内传播。

09.013 光时分复用 optical time-division multiplexing, OTDM
光域数字信号的时分复用。

09.014 密集波分复用 dense wavelength-division multiplexing, DWDM
在一根光纤中复用大量独立波长的通信方式。

09.015 超密集波分复用 ultra dense wavelength-division multiplexer, UDWDM
波长间隔 0.2nm 以下(相应频率间隔小于 25GHz)的波分复用。

09.016 稀疏波分复用 coarse wavelength division multiplexer, CWDM
波长间隔 10nm 以上(相应频率间隔大于 1.24THz)的波分复用。

09.017 拉曼散射 Raman scattering
由分子振动、固体中的光学声子等激发与激光相互作用所产生的非线性散射。

09.018 拉曼效应 Raman effect
在非线性散射光中,除与激光波长相同的成分(瑞利散射)外,还有比激光器波长更长和更短的成分的现象。

09.019 里德–所罗门码 Reed-Solomon code
BCH 码的子集。

09.020 受激布里渊散射 stimulated Brillouin scattering, SBS
属于拉曼效应。由于光子和分子的相互作用,当入射光过强时,光纤的二氧化硅晶格产生光散射,形成频率偏移散射波,入射光的部分能量转给了后向散射光。

09.021 光预算 optical budget
光网络设计中,为保证各式各样的光传输段达到需要的性能水平而对总的光功率损耗的计算。

09.022 光载波 optical carrier, OC
在同步光网络(SONET)标准中,规定数字传输的速率,等同于光同步传送网(SDH)的同步传送模块(STM)的光信号。

09.023 集成光路 integrated optical circuit, IOC
由有源和无源的电、光和(或)光电元件组成,具有信号处理功能的单片的或混合的电路。

09.024 捆绑 binding
在数据通信中,将两个或多个实体强制性关联在一起的技术。例如:地址和端口捆绑、数据捆绑、IP 地址捆绑等。

09.025 波长转换 wavelength conversion
在波分复用系统的光纤中,将传送的一个特定波长光信号变为另一个不同波长光信号的处理过程。

09.026 消光比 extinction ratio, EX

激光功率在逻辑"1"的平均功率和在逻辑"0"的平均功率之比。

09.027 波数 wave number
在一个传输方向上,单位波带间隔上的波长数。

09.028 封装 encapsulation
为实现各式各样的数据传送,将被传送的数据结构映射进另一种数据结构的处理方式。

09.029 包层 cladding
包在纤芯外面的介质材料。

09.030 包层模 cladding mode
由低折射率介质包围的最外包层封闭在包层和纤芯中的模。

09.031 本征连接损耗 intrinsic joint loss
当两根光纤连接时,因光纤参数不匹配而引起的光纤本征的光功率耦合损耗。

09.032 长波 long wave
波长大于 $1\mu m$ 的光波。

09.033 多模传输 multimode transmission
光传输中,包含有两种或更多种不同类型的电磁波的传输。例如不同的频率或不同相位。

09.034 多模畸变 multimode distortion
多模光纤中,由不同特性的多个模的传输而产生的畸变。

09.035 模内畸变 intramodal distortion
又称"色度畸变"。在光纤的给定的模内,由色散引起的畸变。

09.036 色散 dispersion
光纤中由光源光谱成分中不同波长的不同群速度所引起的光脉冲展宽的现象。色散也是对光纤的一个传播参数与波长关系的描述。

09.037 极化模色散 polarization mode dispersion,PMD
单模光纤几何形状(圆柱形)不均匀引起的色散。

09.038 模内色散 intramodal dispersion
在光纤中由光源有限宽度产生的色散。

09.039 模间色散 intermodal dispersion
多模光纤中因各传导模的传输常数不一致引起的色散。

09.040 波导色散 waveguide dispersion
又称"结构色散"。由于光纤几何特性而使信号的相位和群速度随波长变化引起的色散。

09.041 材料色散 material dispersion
由传播速度和纤芯材料折射率随波长变化,及光源频谱中不同成分折射率不同引起的色散。

09.042 色散补偿器 dispersion compensator
一种用于补偿传输媒介中产生的色散的设备或装置。

09.043 零色散波长 zero-dispersion wavelength
光纤色散为零的波长值。

09.044 零色散斜率 zero-dispersion slope
光纤色散和波长函数在零色散波长处的导数。

09.045 模耦合 mode coupling
光纤中各模之间的光功率交换。

09.046 前向散射 forward scatter
在光器件内由主入射波引起的在同方向上的传播散射产生的电磁波散射。

09.047 光纤信道 fiber channel, FC
用光纤作媒质的光传输通道。

09.048 单向环 unidirectional ring
在同步数字系列(SDH)中,环上业务流的往、反传输方向相同(都为顺时针或逆时针)的环状网。

09.049 双向环 bidirectional ring
在同步数字系列(SDH)中,环上业务流的往、反传输方向相反(一顺时针、一逆时针)的环状网。

09.050 环倒换 ring switching
同步数字系列(SDH)复用段共享保护环技术中,一种由环上所有节点参与的保护动作方式。

09.051 环互联 ring interconnection
两个同步数字系列(SDH)环状网之间有公共节点的组网方式。

09.052 环互通 ring interworking
两个同步数字系列(SDH)环状网通过公共节点传送过环业务的方式。

09.053 自愈环 self-healing ring
无需人为干预,具有保护和恢复业务能力的环状网。

09.054 可生存网 survivable network
当网络中出现故障时,具有一定隔离故障并维持通信能力的网络。

09.055 区段 span
在网络中,有两个相邻节点间的部分。

09.056 区段倒换 span switching
同步数字系列(SDH)复用段共享保护环技术中,一种仅两个相邻节点参与的保护动作方式。

09.057 路径保护 trail protection
为工作(主用)路径准备保护(备用)路径的保护方式。

09.058 光传送网络 optical transport network, OTN
符合国际电信联盟(ITU)的 G.709 和 G.872 建议,用光作载体传送信息的网络。

09.059 全光网 all-optical network, AON
传输和交换等主要功能都能在光域里实现,不需要转换到电域去处理,直接用于光承载业务的光传送网。

09.060 光传送体系 optical transport hierarchy, OTH
用光作载体传送信息的一套标准。

09.061 传送实体 transport entity
单个或者几个设备组成具有一定功能的物理系统。

09.062 光线路终端 optical line terminal, OLT
提供光接入网(OAN)的网络侧接口,与一个或多个光分配网(ODN)相连的设备。

09.063 复用段 multiplex section, MS
同步数字系列(SDH)标准中两个复用段路径终端功能之间(包括这两个功能)的路径。

09.064 复用段保护 multiplex section protection, MSP
在同步数字系列(SDH)标准中,一种提供信号在两个复用段终端(MST)功能之间(包括这两个功能)从一个工作段倒换到保护段的功能。

09.065 光电交换 electro-optical switching

用光电变换实现不同光波长的交换方式。

09.066 光电[子]接收机 optoelectronic receiver

一种其部分功能在电域来实现的光接收机。

09.067 光段 optical section, OS

光传送网中,在光层两个规定相邻设备(或相邻功能块)之间的部分。

09.068 光传输段 optical transmission section, OTS

光传送网中,在光层里两个相邻传输设备(或相邻传输终端功能块)之间的部分。

09.069 光复用段 optical multiplex section, OMS

光传送网中,在光层里两个相邻光复用终端功能块之间的部分。

09.070 光传送模块 optical transport module, OTM

光传送网中,在光层里规定的标准信息结构。

09.071 光电[子]发送机 optoelectronic transmitter

一种其部分功能在电域来实现的光发送机。

09.072 光发送机 optical transmitter

产生激光信号(包括光载波信号的调制和光功率的控制)的设备。

09.073 光接收机 optical receiver

接收光信号(通常包括光检测器、光放大器、均衡器和信号处理过程)的设备。

09.074 光放大器 optical amplifier, OA

能在保持光信号特征不变的条件下,增加光信号功率的有源设备。

09.075 光分插复用器 optical add-drop multiplexer, OADM

对多波长光信号,一种能从中分出单个光波长信号,或将单个光波长信号加入到多波长光信号中的光波分复用设备。

09.076 光中继器 optical repeater

一种主要包括一个或几个放大器和辅助器件的光传输设备。该设备放在光纤中某一点上使用,输入和输出都是光信号。

09.077 光再生中继器 optical regenerative repeater

一种用来接收光数字信号并能按规定要求再生光数字信号的光纤中继器。

09.078 光交叉连接 optical cross-connect, OXC

一种能在不同的光路径之间进行光信号交换的光传输设备。

09.079 光复用单元 optical multiplex unit, OMU

一种能将多个单波长光信号组合成多波长光信号的光传输设备或装置。

09.080 光路中间衔接 mid-fiber meet

又称"光口横向兼容"。允许不同厂家的设备在光纤级互联的特性。

09.081 同步光网络 synchronous optical network, SONET

美国的光传送网标准。

09.082 同步数字系列 synchronous digital hierarchy, SDH

又称"同步数字体系"。国际光传送网标准。包括同步方式复用、交叉连接、传输,目的是使正确适配的净负荷在物理传输网上以固定比特率传输。

09.083 同步传送模块－N synchronous
transport module-N, STM-N

同步数字系列（SDH）的一种信息结构：表示成重复周期为 125ms 的块状帧结构，由信息净负荷和段开销组成，"－N"表示阶数，主要用来支持段层连接。

09.084 无中继光纤链路 repeaterless
fiber optic link

光纤传输媒介中不包括任何中继器的链路。

09.085 疏导 grooming

一种网络功能,该功能指将客户层连接分配到服务路径,使之组合成特性相似或相关的客户层连接的过程。

09.086 双节点互连 dual-node intercon-
nection

在同步数字系列（SDH）中,两个环状网间有两个公共节点的组网方式。

09.087 双枢纽 dual hubbed

两个网络间有两个公共枢纽节点的组网方式。

09.088 容器 container

一种用来承载业务,构成虚容器净负荷部分的信息结构。

09.089 虚容器 virtual container, VC

同步数字系列（SDH）标准中用来支持通道层连接的信息结构。

09.090 虚拼接 virtual concatenation,
VCAT

又称"虚连锁"。把同步数字系列（SDH）的虚容器灵活组合在一起的信号结构。

09.091 相邻拼接 contiguous concatena-
tion

时间顺序相邻的虚容器组合在一起的信号结构。

09.092 异步接口 asynchronous interface

数字传输网中,不能、也不需要提供同步的接口。

09.093 指针 pointer

一种指示器,其值指示了虚容器起始点相对于支持虚容器的传送实体的帧参考点的相位偏移。

09.094 指针发生器 pointer generator,
PG

给出指针值的装置。

09.095 编码违例 coded violation, CV

实际的数字组合规律与规定的标准规律不一致的现象。

09.096 光网间互连 optical internetwork-
ing

不同光网络之间的互相连接。

09.097 光码分多址 optical code-division
multiple access, OCDMA

光域的码分多址（CDMA）。

09.098 可重新配置的光分插复用器
reconfigurable OADM

分出和加入单个光波长信号,波长可以由网管控制的光分插复用器（OADM）。

09.099 光接入网 optical access net-
work, OAN

由光传输系统支持的共享同一网络侧接口的接入连接的集合。光接入网可以包含与同一光线路终端（OLT）相连的多个光分配网（ODN）和光网络单元（ONU）。

09.100 光分配网 optical distribution
network, ODN

在光接入网中,提供由光线路终端

（OLT）到光网络单元（ONU）以及相反方向的光传输手段的部分。

09.101　光网络单元　optical network unit, ONU

光接入网中,提供用户侧接口（直接或远程）,并与光分配网（ODN）相连的设备或功能块。

09.102　光纤到办公室　fiber to office, FTTO

光接入网的应用类型之一。光网络单元（ONU）放在企事业用户终端设备处,能提供一定范围的灵活业务。

09.103　光纤到大楼　fiber to the building, FTTB

光接入网的应用类型之一。光网络单元（ONU）放在商务大楼内。

09.104　光纤到户　fiber to the home, FTTH

又称"光纤到家"。光接入网的应用类型之一。光网络单元（ONU）放在用户家中。

09.105　光纤到路边　fiber to the curb, FTTC

光接入网的应用类型之一。光网络单元（ONU）放在配线点（DP）或灵活点（FP）处,光网络单元（ONU）到各用户之间的部分仍为双绞铜线或同轴电缆。

09.106　光纤到驻地　fiber to the premises, FTTP

光接入网的应用类型之一。光网络单元（ONU）放在用户驻地网处。

09.107　光纤到局域网　fiber to the LAN, FTTLAN

光接入网的应用类型之一。光网络单元（ONU）放在局域网处。

09.108　光纤环路　fiber in the loop, FITL

光纤传输在接入网中的一种应用。

09.109　有源光网络　active optical network, AON

一种光接入网,其中使用了有源的分离器和光放大器。

09.110　无源光网络　passive optical network, PON

在光接入网中,在光线路终端（OLT）和光网络单元（ONU）之间的光分配网（ODN）没有任何有源设备的部分。

09.111　ATM 无源光网络　ATM passive optical network, APON

基于异步转移模式（ATM）技术的无源光网络。

09.112　以太网无源光网络　Ethernet passive optical network, EPON

基于以太网技术的无源光网络。

09.113　吉比特无源光网络　gigabit passive optical network, GPON

支持吉比特速率的无源光网络。

09.114　多业务传送平台　multi-service transport platform, MSTP

基于同步数字系列（SDH）技术,同时实现时分复用（TDM）、异步转移模式（ATM）、以太网等业务接入、处理和传送功能,并提供统一网管的网络。

09.115　自愈网　self-healing network

当出现故障时,无需干预即可自动隔离故障、恢复业务的网络。

09.116　自动交换传送网　automatic switched transport network, ASTN

具有自动交换功能的传送网。

09.117 自动交换光网络 automatic switched optical network，ASON
又称"智能光网"。在自动交换传送网中，一种具有自动交换功能的光传送网。

09.118 同步接口 synchronous interface
数字网中，能按规定性能水平提供定时信息的接口。

09.119 光纤带宽 fiber bandwidth
对多模光纤传输带宽，以基带响应下降6dB 的最高频率来度量的参数。

09.120 光纤分路器 optical fiber splitter
一种从一根光纤中分出一部分能量到另一根光纤中的无源光器件。

09.121 光纤缓冲层 fiber buffer
用来保护光纤以防物理损害的材料结构。

09.122 光纤接头 optical fiber splice，optical splice，splice
使两光纤之间的光功率耦合的永久接头。

09.123 光纤截止波长 fiber cut-off wavelength
光在单模光纤中传输时的一种波长。大于此波长时二阶 LP11 模中止传播。

09.124 光纤接续 optical fiber splicing
将两根光纤永久连接在一起，并使两光纤之间光功率耦合的操作。

09.125 光纤连接器 fiber-optic connector，FOC
将两根光纤连接在一起，光信号通过时只引入很低衰减的装置。

09.126 预制棒 preform
可以用来拉制光纤的材料预制件。

09.127 光纤尾纤 optical fiber pigtail
又称"尾纤"。永久附属在元件上，便于该元件与另一光纤连接的一段短光纤。

09.128 发射光纤 launching fiber
与光源连在一起的尾纤。

09.129 单模光纤 monomode fiber，single mode fiber
在所考虑的波长上只能传导一个束缚模的一类光纤。

09.130 多模光纤 multimode fiber
在所考虑的波长上能传导两个以上束缚模的一类光纤。

09.131 渐变折射率光纤 graded index fiber
又称"渐变型光纤"。具有渐变型折射率分布的一类光纤。

09.132 阶跃折射率光纤 step-index fiber
又称"阶跃型光纤"。具有阶跃型折射率分布的一类光纤。

09.133 色散补偿光纤 dispersion compensating fiber，DCF
又称"补偿光纤"。可补偿在常规光纤传输中产生之色散的一类光纤。

09.134 色散平坦光纤 dispersion-flattened fiber，DFF
在符合 ITU-T G.655 建议的光纤中，一类色散斜率较小的光纤。

09.135 色散移位光纤 dispersion-shifted fiber，DSF
在符合 ITU-T G.653 建议的光纤中，一类零色散波长移到 1550nm 附近的光纤。

09.136 非零色散光纤 non-zero dispersion fiber
在符合 ITU-T G.655 建议的光纤中，一类在 1550nm 附近的色散不为零的光纤。

09.137 全波光纤 all-wave fiber
符合 ITU-T G.656 建议的低水峰光纤。

09.138 暗光纤 dark fiber
在已经敷设的光缆中,暂时没有使用的光纤。

09.139 凹陷包层光纤 depressed cladding fiber, depressed clad fiber
包层为两重结构,邻近纤芯的包层较外侧包层的折射率低的一类光纤。

09.140 全石英光纤 all-silica fiber
纤芯和包层都用多组分石英制成的一类光纤。

09.141 全塑光纤 all-plastic fiber
纤芯和包层都用多组分塑料制成的一类光纤。

09.142 弱导光纤 weakly guiding fiber
纤芯中最大折射率和均匀包层最小折射率之差很小的一类光纤。

09.143 滤光器 optical filter
一种能限制光辐射通过,通常用来改变光谱的分布的器件。

09.144 剥模器 mode stripper
一种能促使包层模转换成辐射模,通常用折射率等于或大于光纤包层折射率的材料构成的器件。

09.145 数值孔径 numerical aperture, NA
临界光锥的一种数值表示,即临界光锥顶角的一半的正弦值。

09.146 搅模器 mode scrambler
一种用来促使光纤中诸模之间的功率转换,有效地搅乱模式的光器件。

09.147 熔接接头 fusion splice
一种利用局部加热到足以熔融或熔化两段光纤的端头来完成接续,形成一根连续光纤的永久性接头。

09.148 半导体光放大器 semiconductor optical amplifier, SOA
一种由半导体材料制造的光放大器。

09.149 半导体激光器 semiconductor laser
一种利用半导体材料 PN 结制造的激光器。

09.150 光纤放大器 fiber-optic amplifier
能将光信号进行功率放大的一种光器件。

09.151 拉曼光纤放大器 Raman fiber amplifier, RFA
一种基于光纤受激拉曼散射(SRS)效应的光放大器。

09.152 掺铒光纤放大器 erbium-doped fiber amplifier, EDFA
用在光纤中掺铒的方法制造的光放大器。

09.153 电荷耦合器件 charge-coupled device, CCD
能在不同的内部部件之间进行电荷的存储和移出的半导体器件。

09.154 多模激光器 multimode laser
同时产生两个或多个模发射光的激光器。

09.155 PIN 二极管 positive-intrinsic-negative diode, PIN diode
又称"正-本-负二极管"。在两种半导体之间的 PN 结,或者半导体与金属之间的结的邻近区域,吸收光辐射而产生光电流的一种光检测器。

09.156 光电检测器 optoelectronic detector
能将光能转换为电信号的一种光器件。

09.157 光纤开关 fiber-optic switch
能将一根光纤中运行的全部光能量转换到另一根光纤中的一种光器件。

09.158 光纤衰减器 fiber-optic attenuator
能降低光信号能量的一种光器件。

09.159 可调谐激光器 tunable laser
能以连续方式或同步增长方式改变光谱辐射波长的一种激光器。

09.160 雪崩光电二极管 avalanche photodiode, APD
一种半导体光器件。在加偏压作用下,初始光电流通过电荷载流子累积倍增而

得到放大。

09.161 光缆 optical [fiber] cable
一种由单根光纤、多根光纤或光纤束加上外护套制成,满足光学特性、机械特性和环境性能指标要求的缆结构实体。

09.162 带状光缆 ribbon cable
一种其中光纤编排成扁平带状的光纤束作为基本单元的光缆。

09.163 松管光缆 loose tube cable
一种将光纤装在一个或分装在多个管子里的光缆。

09.164 松结构光缆 loose cable structure
一种将只有一次涂覆的光纤松散放地在一槽子或一个管子里的结构的光缆。

09.165 骨架型光缆 grooved cable
又称"开槽光缆"。一种将光纤放入圆柱体的沟槽里的光缆。

10. 无线传输与接入

10.001 短波通信 shortwave communication
又称"高频通信"。利用波长为 100 ~ 10m(频率为 3 ~ 30MHz)的电磁波进行的无线电通信。

10.002 扩频通信 spread spectrum communication
传输信息使用的射频带宽是信息带宽的 10 至 100 倍以上的通信体制。传输带宽主要由发信机和对应收信机预先制定的扩频码序列确定。

10.003 微波通信 microwave communication
使用波长为 1 ~ 0.1m(频率为 0.3 ~

3GHz)的电磁波进行的通信。包括地面微波接力通信、对流层散射通信、卫星通信、空间通信及工作于微波频段的移动通信。

10.004 散射通信 scatter communication
利用对流层及电离层中的不均匀性对电磁波产生的散射作用进行的超视距通信。

10.005 红外线通信 infrared communication
利用红外线传输信息的方式。可用于沿海岛屿间的辅助通信、室内通信、近距离遥控、飞机内广播和航天飞机内宇航员间的通信等。

10.006 激光通信 laser communication
利用激光传输信息的通信方式。按传输媒介的不同,可分为大气激光通信和光纤通信。

10.007 空间通信 space communication
以航天器(或天体)为对象的无线电通信。包括地球站和航天器之间的通信、航天器互相之间的通信和通过航天器转发或反射电磁波进行的地球站之间的通信。

10.008 无线电台 radio station
装有无线电通信设备的中继或终端台(包括移动台)、站。

10.009 自由空间光通信 free-space optical, FSO
一种不以光纤作为传输媒介,而以激光在自由空间中传送光信号的新型宽带光通信技术。

10.010 电波传播 radio-wave propagation
电磁波在空间的传播。电波传播是无线电科学的重要分支,是研究电磁波与传播媒介的相互作用及其在有关领域应用的学科。

10.011 视距传播 line of sight propagation, LOS propagation
利用超短波、微波作地面通信和广播时,其空间波在所能直达的两点间的传播。其距离同在地面上人的视线能及的距离相仿,一般不超过50km。

10.012 非视距 non-line-of-sight, NLOS
发送端与接受端之间的无线电波直射路径受地面阻挡的情况。

10.013 超视距传播 transhorizon propagation
利用大气对流层内的湍流运动产生折射率不均匀性,通过电磁波在超过两点间直达距离的传播。

10.014 天线系统 antenna system
由发射天线和接收天线组成的系统。前者是将导行波模式的射频电流或电磁波变换成扩散波模式的空间电磁波的传输模式转换器;后者是其逆变换的传输模式转换器。

10.015 天线方向性 antenna directionality
天线系统集中电磁波能量的性能。即在作为发射天线时,向发射方向集中能量,同时减少其他方向的能量;作为接收天线时,则从接收方向的来波中截获更多的能量,而对其他方向的来波以相位抵消的方式减少输入能量。

10.016 天线极化 antenna polarization
通常以天线电磁波场矢量的空间指向作为极化方向的极化。

10.017 线极化 linear polarization
电场的水平分量与垂直分量的相位相同或相差180°时的正弦电磁波。

10.018 圆极化 circular polarization
电场的水平分量与垂直分量的振幅相等,但相位相差90°或270°时的正弦电磁波。

10.019 垂直极化 vertical polarization
电场水平分量为0时的线极化。

10.020 水平极化 horizontal polarization
电场垂直分量为0时的线极化。

10.021 天线馈源 antenna feed
又称"馈源"。激励面天线主、副反射面的初级辐射器(源喇叭或振子)。它是决定天线电特性和频段的重要器件。

10.022 馈线 feeder

在无线电发射机放大器输出端和发射天线输入端之间传送射频(RF)能量的线路。

10.023 天线馈电线 antenna feed line

连接天线与收发信机之间的电信号能量传输线。常用的馈电线有架空明线、同轴电缆、波导等。

10.024 波导元器件 waveguide component and device

利用波导构成的对电磁波进行控制或处理的元器件。可分别用作定向传输、匹配、衰减或吸收、功率分配、模式(波型)变换、隔离、滤波、移相和放大、混频、检波、倍频、振荡、开关等。

10.025 无线电定位系统 radio positioning system

利用无线电波直线恒速传播特性,通过测量固定或运动的物体的位置以进行定位的系统。无线电定位系统有雷达、无线电测向、无线电导航系统和全球定位等。

10.026 微波通信系统 microwave communication system

由微波发信机、收信机、天馈线系统、多路复用设备及用户终端设备等组成的通信系统。

10.027 微波接力通信系统 microwave relay system

又称"微波中继通信"。利用微波视距传播以接力站方式实现的远距离微波通信时,由两端的终端站及中间的若干接力站组成的系统。

10.028 数字微波接力通信系统 digital microwave relay system

又称"数字微波中继系统"。以微波接力方式进行数字信号远距离传输的多路通信系统。

10.029 微波视频分配 microwave video distribution

一种点到多点,可以在较近的距离范围内传输话音、数据、图像、视频和会议电视以及因特网业务等的微波传输系统。

10.030 微波站 microwave relay station

地面微波接力系统的终端站或接力站。接力站又可细分为分路站和中继站。

10.031 无线电导航 radio navigation

用于导航(包括障碍物告警)的无线电测定。

10.032 无线本地环路 wireless local loop

部分或全部采用无线方式的接入网技术。

10.033 数字无线链路 digital radio link

以无线电波为传输介质,由无线通信用设备和传输信道组成的数字通信链路。

10.034 数字无线通道 digital radio path

在无线网络中,两个或两个以上节点间的任何路由,或无线网络中一个源地址到一个目的地址的那个路由。

10.035 数字无线系统 digital radio system

以数字信号为载体,以无线电波为传输介质来传输信息的无线通信系统。

10.036 光纤无线混合系统 hybrid fiber wireless system

采用光纤传输系统与无线接入分配网相结合的宽带传输平台。

10.037 无线数字段 digital radio section

在规定数字接口速率之间的无线数字传

输通道。可以是一部分或一条完整的数字链路。

10.038 无线中继站 radio repeater station

对传输的无线电信号进行整形放大以增加无线传输距离的设备。

10.039 本地微波分配系统 local microwave distribution system

一种点到多点,通常用于电视节目本地传送的微波信号传输系统。

10.040 无线接入 wireless access

利用微波、卫星等无线传输技术将用户终端接入到业务节点,为用户提供各种业务的通信方式。

10.041 固定无线接入 fixed wireless access, FWA

采用无线技术,将固定位置的用户或仅在小范围内移动的用户群体接入到业务节点的通信方式。

10.042 固定无线接入网 fixed wireless access network

节点固定、主要用来在用户终端和核心网之间传送数据的无线通信网。

10.043 宽带无线接入 broadband wireless access, BWA

部分或全部采用无线方式提供宽带接入能力的技术。

10.044 宽带无线接入网 broadband radio access network

支持宽带业务的无线接入网络。

10.045 固定无线终端 fixed radio terminal

无线本地环路中应用,通常为固定或可在小范围内移动的终端。

10.046 本地多点分配业务 local multi-point distribution service, LMDS

一种点到多点的宽带固定无线接入技术。一般工作在 10~40GHz 频段上。

10.047 多路多点分配业务 multichannel multipoint distribution service, MMDS

一种网络结构呈点对多点分布,工作在较低频段(通常为 2~5GHz),提供宽带业务的无线系统。

10.048 ATM 无线接入 ATM wireless access

基于异步转移模式(ATM)的无线接入方式。

10.049 宽带无线本地环路 broadband wireless local loop

支持宽带业务的无线本地环路系统。

10.050 无线专用自动小交换机 wireless PABX

支持移动终端装置的专用自动小交换机。

10.051 无线接入单元 wireless access unit

用户与无线接入网之间的接入设备。

10.052 无线数据链路 wireless data link

连接一个或多个设备或通信控制器的无线物理链路。

10.053 无线虚拟局域网 wireless virtual LAN

在无线局域网的基础上,采用网络管理软件构建的可跨越不同网段、不同网络的端到端的逻辑网络。

10.054 无线电资源控制 radio resource control

完成无线资源的管理和分配的功能模型之一。

10.055　无线保真　wireless fidelity, Wi-Fi
符合美国电气电子工程师学会(IEEE)802.11b 标准、目前使用最广的一种无线局域网。

10.056　全球微波接入互操作性　World Interoperability for Microwave Access, WiMax
符合美国电气电子工程师学会(IEEE)802.16 标准的一种无线城域网。

11.　卫　星　通　信

11.001　卫星通信网　satellite communications network
由一个或数个通信卫星和指向卫星的若干个地球站组成的通信网。

11.002　多普勒效应　Doppler effect
相对运动体之间有电波传输时,其传输频率随瞬时相对距离的缩短和增大而相应增高和降低的现象。

11.003　能量扩散　energy dispersal
一种把射频载波能量扩散,减少其峰值功率及干扰力的技术措施。常用于卫星通信系统。

11.004　窄波束天线　narrow beam antenna
一种方向性增益高、旁瓣小、受干扰影响小的天线。

11.005　通信卫星　communication satellite
用于通信的人造地球卫星。

11.006　数字卫星　digital satellite
用于传送数字信号、数字数据信号的人造地球卫星。

11.007　广播卫星　broadcast satellite
用于转发电视和声音节目,向用户提供直接服务的人造地球卫星。

11.008　低轨道地球卫星　low earth orbit satellite, LEO
一般是指运行轨道在距离地面500 ~ 2 000km 之间的卫星。

11.009　中轨道地球卫星　middle earth orbit, MEO
运行轨道在 2 000km 以上同步轨道以下范围里的卫星。

11.010　对地静止卫星　geostationary satellite
圆形轨道与赤道面重合,与地球同步运转,对地相对静止的卫星。也即倾角为零的圆形同步地球轨道卫星。

11.011　同步地球轨道卫星　geosynchronous earth orbit satellite
运行轨道距地面约 36 000km,运转周期与地球自转周期相同的顺行的卫星。

11.012　同步通信卫星　synchronous communication satellite
用于通信的同步地球轨道卫星。

11.013　高轨道地球卫星通信　high elliptical orbit communication
利用高椭圆轨道卫星进行的通信。

11.014　高轨道地球卫星　high elliptical orbit satellite, HEO

卫星轨道呈椭圆形的非同步卫星,其轨道近地点跟低轨道卫星一样低,但远地点离地球很远。

11.015　多波束卫星　multi-beam satellite
星上天线能在其覆盖范围内产生多个相互隔离的波束的卫星。

11.016　国际电信卫星[网]　international telecommunication satellite
由国际通信卫星组织(INTELSAT)经营和管理的卫星通信网。

11.017　国内通信卫星[网]　domestic communication satellite
波束覆盖本国领土、以国内通信为主的通信卫星。

11.018　海上移动卫星系统　maritime mobile satellite system
利用卫星进行海上移动通信的卫星通信系统。如国际海事卫星组织(INMARSAT)所使用的同步卫星通信系统。

11.019　军事通信卫星系统　military communication satellite system
专门用于军事通信的人造地球卫星。

11.020　多卫星网　multi-satellite network
由多颗卫星组成的网络。在发送地球站和接收地球站之间的传输经过2个或更多卫星,不经过任何中间地球站。

11.021　全球多卫星网　global multi-satellite network
可以覆盖全球的多卫星网。

11.022　卫星广域网　satellite WAN
用甚小口径天线终端、卫星和地球站、数字蜂窝电话系统来实现的一种广域网(WAN)。

11.023　高空平台电信系统　high-altitude platform station, HAPS, stratospheric telecommunication system
又称"平流层通信系统"。一种位于平流层(20～50km高空),可以向地面用户提供固定和移动业务的无线通信平台。

11.024　流星余迹通信　meteor trail communication
又称"流星突发通信"。利用流星在大气层中燃烧形成的电离余迹对电波的散射作用构建的无线通信手段。

11.025　全球导航卫星系统　global navigation satellite system
前苏联从20世纪80年代初开始建设,与美国全球卫星定位系统(GPS)相类似的卫星定位系统。目前俄罗斯仍在部署并完善军民两用天基无线电全球导航定位卫星系统。

11.026　全球通信卫星系统　global communication satellite system
国际通信卫星组织在大西洋、太平洋、印度洋上空建立的商用同步卫星通信系统。其地面部分由各国的地球站组成。

11.027　全球定位系统　global positioning system, GPS
美国的军民两用天基无线电定位、导航和报时系统。该系统使用户能很精确地判定其位置。

11.028　数字视频广播　digital video broadcast, DVB
欧洲的数字视频广播标准。

11.029　直播卫星　direct broadcast satellite, DBS
直接向装有小型屋顶碟形天线的公众传送广播电视信号的同步地球卫星。

11.030　直播数字卫星　direct digital satellite

在国际电信联盟(ITU)专门划分的专用频段(BSS)上开展卫星直播数字化业务的广播卫星。

11.031 直播卫星系统 direct broadcast satellite system

卫星传送的广播电视节目不经差转台站转播,而由用户直接接收的卫星广播系统。

11.032 转发器 transponder

通信卫星中直接起中继作用的部分。

11.033 卫星控制中心 satellite control center

负责保持、监视和管理卫星轨道位置、姿态并控制卫星星历表等的机构。

11.034 地面交换中心 ground switching center

卫星通信中设在地面完成交换功能的场所。

11.035 地球站 earth station

设于地球表面或地球大气层主要部分以内,并与一个或多个空间电台通信的电台。

11.036 卫星通信地球站 earth station of satellite communications

在地球的陆上、水上、空中设置的能通过通信卫星传输信息的微波站。

11.037 移动地球站 mobile earth station

移动卫星通信中处于移动状态或非确定地点的地球站。

11.038 个人地球站 personal earth station

卫星移动通信系统中的用户设备。

11.039 甚小天线地球站 very small

aperture terminal, VSAT

又称"甚小口径地球站"。一种天线口径很小(一般为0.3~2.4m)的卫星通信地球站。

11.040 空间站 space station

设于地球大气层主要部分以外的物体上,或者设在准备超越或已经超越地球大气层主要部分的物体上的电台。

11.041 可搬移卫星终端 transportable satellite terminal

使用车辆或飞机运送,并可以在较短内时间内安装并使用的卫星终端。

11.042 陆地移动无线电设备 land mobile radio device

使用无线电方式进行陆上移动通信的无线电设备。

11.043 卫星接入节点 satellite access node

卫星通信中,用户进入和退出卫星通信网络的交换点。

11.044 单跳 single hop

由发站到收站的传输,通过一次卫星转发的方式。

11.045 多跳 multi-hop

由发站到收站的传输,需经过多次卫星转发的方式。

11.046 回退 back-off

降低行波管的功率电平(输入和输出)以获得更加线性工作的过程。

11.047 点波束 spot beam

波束半功率宽度只有几度或更小的波束。

11.048 卫星信道 satellite channel

地球站与通信卫星之间的通信路径。

11.049　卫星移动信道　satellite mobile channel
卫星移动业务使用的信道。

11.050　卫星交换多址　satellite-switched multiple access
允许若干个地球站在同一时间向同一卫星转发器发送其各自载波的方式。

11.051　星际链路　inter-satellite link
卫星与卫星间的传输通道。

11.052　星际通信　inter-satellite communication
卫星与卫星之间的通信。

11.053　星上交换　satellite switching
在多波束卫星上利用动态接续矩阵进行的波束交换。

11.054　地面电路　terrestrial circuit
位于地面的传输电路。包括微波链路和陆地电缆,不包括海底电缆。

11.055　地面系统　terrestrial system
卫星通信系统中的陆地通信部分。

11.056　多卫星链路　multi-satellite link
发送地球站和接收地球站间通过两个或多个卫星,不经过任何其他中间地球站所建立的无线电链路。

11.057　陆地移动卫星业务　land mobile satellite service, LMSS
移动地球站在地面上的卫星移动通信业务。

11.058　星座　constellation
低轨道卫星或中轨道卫星系统中卫星的集合。

11.059　全球卫星移动个人通信　global mobile personal communications by satellite, GMPCS
利用低轨道卫星移动通信系统实现的任何人在任何地点、任何时间与任何地点的另一个人的通信。

11.060　全球星系统　GlobalStar
由美国 Loral Qualcomm 卫星业务公司开发的低轨卫星移动通信系统。

11.061　铱系统　Iridium
由美国 MOTOROLA 公司 1991 年提出、设计、制造的由 77 颗卫星覆盖全球的低轨道卫星移动通信系统。

11.062　随机通信卫星系统　random communication satellite system
使用随机方式为终端提供卫星信道和时标信息的卫星通信系统。

11.063　直接入户　direct to home, DTH
用于描述将声音和视频直接传送到用户住所的术语。通常指有线电视(CATV)或直播卫星(DBS)方式。

11.064　随机分配多址　random assignment multiple access
网中各站随机占用卫星转发器信道的工作方式。

12. 移 动 通 信

12.001 蜂窝移动电话网 cellular mobile telephone network
按蜂窝结构组成的移动通信网,用户可以在移动中拨号进入电话网进行通信。

12.002 公共陆地移动网 public land mobile network, PLMN
可以向公众提供陆地移动通信业务的网络。

12.003 本地公用陆地移动网 home public land mobile network
移动用户注册登记的公众陆地移动网。

12.004 移动虚拟专用网 mobile virtual private network, MVPN
在移动网上利用公众电路连接节点建立的,为移动用户提供类似固定网中小交换机的专用网络业务的逻辑专用网。

12.005 移动因特网 mobile Internet
通过移动通信网提供互联网业务,也就是使人们可以在无线环境中或移动状态下接入互联网并享用互联网的服务。

12.006 移动智能网 mobile intelligent network, MIN
一种用来在移动网中快速、有效、经济和方便地生成和提供新业务的网络体系结构。

12.007 无线智能网 wireless intelligent network, WIN
智能网概念在移动网的延伸。使移动网很容易提供新业务,满足客户新需求。

12.008 无线城域网 wireless MAN, WMAN
以无线方式构成的城域网,提供面向互联网的高速连接。

12.009 无线局域网 wireless LAN, WLAN
工作于 2.5GHz 或 5GHz 频段,以无线方式构成的局域网。

12.010 无线个[人]域网 wireless PAN, WPAN
利用无线技术提供便携式消费电器和通信设备之间短距离通信连接的个人域网络。

12.011 无线电接入网 radio access network, RAN
部分或全部采用无线电波连接用户与交换中心的一种接入技术。

12.012 通用电信无线接入网 Universal Telecommunication Radio Access Network, UTRAN
通用移动通信业务(UMTS)系统中的无线接入部分。

12.013 多频网 multiple frequency network, MFN
其内可以有多个发射机,每个发射机采用不同发射频率的网络。

12.014 蜂窝移动电话系统 cellular mobile telephone system
构建蜂窝移动电话网的通信系统。

12.015 全接入通信系统 total access communication system, TACS

一种最先在英国使用的 900MHz 的模拟移动通信系统。

12.016 高级移动电话系统 advanced mobile phone system, AMPS
主要在美国使用的一种 800MHz 模拟蜂窝系统。

12.017 个人数字蜂窝电信系统 personal digital cellular telecommunication system
采用数字技术提供蜂窝移动通信的系统。

12.018 全球移动通信系统 global system for mobile communications, GSM
由欧洲电信标准化协会提出,后来成为全球性标准的蜂窝无线电通信系统。主要有 GSM、DCS1800、PCS1900 三种系统。

12.019 通用分组无线业务 general packet radio service, GPRS
一种由全球移动通信系统(GSM)提供,使移动用户能在端到端分组传输模式下发送和接收数据的无线分组业务。

12.020 GPRS 服务支持节点 serving GPRS support node, SGSN
为移动台(MS)提供业务的节点,其功能是记录移动台的当前位置信息,并完成与移动台之间移动分组数据的发送和接收。

12.021 GPRS 网关支持节点 gateway GPRS support node, GGSN
又称"GPRS 路由器"。一种与多种不同的数据网络连接,具有存储通用分组无线业务(GPRS)用户路由或地址信息、进行协议转换等功能的网关节点。

12.022 GPRS 无线资源业务接入点 GPRS radio resource service access point, GRRSAP
全球移动通信系统(GSM)中为提供通用分组无线业务(GPRS)而控制系统的数据传输速率和数据链路等的关键节点。

12.023 GPRS 移动性管理与会晤管理 GPRS mobility management and session management
对移动台的当前位置进行跟踪、对用户分组数据协议的上下文进行处理(激活、去激活、修改)的功能。

12.024 GPRS 移动性管理 GPRS mobility management
一种用于跟踪移动台的当前位置和状态的管理功能。

12.025 GPRS 支持节点 GPRS support node, GSN
在通用分组无线业务(GPRS)网络中,具有移动路由管理功能,可以连接各种类型的数据网络的最重要的网络节点。

12.026 EDGE 系统 enhanced data rates for global evolution of GSM and IS-136, EDGE
又称"2.75 代技术"。一种基于 GSM/GPRS 网络,其数据速率是原来的 4 倍的数据增强型移动通信技术。

12.027 cdmaOne 系统 cdmaOne
由 CDMA 发展组织(CDG)设计,以 IS-95 为基础的码分多址(CDMA)技术要求的统称。

12.028 cdma2000 系统 cdma2000
美国提出的第三代移动通信系统。采用宽带码分多址(CDMA)技术,是美国 IS-95 标准向第三代演进的技术体制方案。

12.029 cdma2000 1x 系统 cdma2000 1x
cdma2000 可支持 308kibit/s 的数据传输
的第一阶段。网络部分引入分组交换，
可支持移动 IP 业务。

12.030 cdma2000 1x EV-DO 系统 cd-
ma2000 1x EV-DO
cdma2000 1x 主要面向数据的增强型系
统。在 1.25 MHz 带宽内，前向链路达
2.4Mbit/s，后向链路达 153.6kbit/s。

12.031 cdma2000 1x EV-DV 系统 cd-
ma2000 1x EV-DV
cdma2000 1x 的一种扩展系统。在一个
载频可同时支持语音和高速分组数据业
务，而且前、后向完全兼容。

12.032 TD-SCDMA 系统 time-division
synchronous CDMA, TD-SCDMA
由中国提出的采用时分双工技术的同步
码分多址系统。第三代移动通信系统三
大国际标准之一。

12.033 第三代移动通信系统 third-gen-
eration mobile system, 3G
国际电信联盟 1985 年开展研究的移动
通信系统。主要技术标准有三种：欧洲
的 WCDMA 系统、美国的 CDMA2000 系
统和中国的 TD-SCDMA 系统。

12.034 IMT-2000 系统 IMT-2000
国际电信联盟 1996 年对第三代移动通
信系统更名后的正式叫法。

12.035 IP 多媒体子系统 IP multimedia
subsystem, IMS
一种基于 IP 基础结构，能够融合数据、
话音和移动等网络技术的系统。

12.036 增强型 3G 移动系统 enhanced
third-generation mobile system,
E3G

比第三代移动通信系统速率更高、功能
更强的移动通信系统。包括 WCDMA
的 R5／R6／R7 版本和 cdma2000 的
EV-D1541DO/DV 等。

12.037 高速下行链路分组接入 high-
speed downlink packet access,
HSDPA
第三代移动通信系统（3G）空中接口的
一个增强技术，它可以在不改变 WCD-
MA 网络结构的情况下，把下行数据业务
速率提高到 14.4 Mb/s。

12.038 未来公众陆地移动电信系统 fu-
ture public land mobile telecommu-
nications system, FPLMTS
国际电信联盟（ITU）1985 年提出的第三
代移动通信系统（现称"IMT-2000 系
统"）的最初名称。

12.039 后 3G beyond 3G, B3G
又称"超 3G"。第三代移动通信系统之
后的速率更高、功能更强的移动通信系
统。

12.040 蜂窝数字分组数据系统 cellular
digital packet data system, CDPD
利用原有模拟蜂窝电话网，将数据业务
按分组方式在空闲信道上进行传送的系
统。

12.041 个人接入通信系统 personal ac-
cess communication system, PACS
美国研发的一种数字无绳电话系统。

12.042 增强型数字无绳电信系统 digit-
ally enhanced cordless telecommu-
nications system, DECT
由欧洲标准化协会（ETSI）制定的第二代
数字无绳电话技术。

12.043 个人手持电话系统 personal

handy phone system, PHS

日本的数字无绳系统。采用时分多址（TDMA），时分双工（TDD）方式工作。

12.044 公用数字蜂窝 public digital cellular, PDC

按照日本标准建立，频率范围从800MHz～1499MHz的数字蜂窝移动电话系统。

12.045 蜂窝结构 cellular structure

在移动通信中类似蜂窝的组网结构。

12.046 蜂窝电话 cellular telephone

通过蜂窝移动电话网拨打的电话。

12.047 覆盖 coverage

移动通信系统为用户提供服务的范围。

12.048 覆盖区 covrrage area

一个蜂窝或者个人通信业务（PCS）电话系统所服务的地理范围。

12.049 服务区 service area

不需知道移动用户的实际位置，固定用户可建立与移动用户间通信的区域。

12.050 蜂窝地理服务区 cellular geographic service area, CGSA

获准提供蜂窝移动服务，由一组毗邻的蜂窝构成的地理区域。

12.051 小区 cell

一个卫星点波束或一个基站的无线覆盖区域。

12.052 扇区 fan sector

蜂窝小区以1∶3或1∶6分裂后，采用边角定向辐射所覆盖的扇形区域。

12.053 原点小区 cell of origin, COO

基于原始小区的定位技术。

12.054 宏小区 macrocell

半径较大的小区。典型半径为数十千米。

12.055 微小区 microcell

半径较小，有低天线场地，主要在城市区域的小区。典型的小区半径为一公里。

12.056 微微小区 picocell

半径非常小，主要用于室内环境，可提供非常高的业务容量的小区。典型的小区半径小于50m。

12.057 热点微蜂窝 hot spot microcell

业务量集中的小蜂窝区域。

12.058 候选小区 candidate cell

移动通信系统在切换之前，服务小区内信道的信号逐步减弱，某些临近小区内信道的信号增强至一定的门限值，以保持通信正常，称这些临近小区为候选小区。

12.059 小区分裂 cell splitting

为容纳更多的用户，将原来较大的小区分裂成几个较小的小区的方式或过程。

12.060 小区广播中心 cell broadcast center, CBC

与多个基站控制器和小区广播设备相连接，负责小区广播和小区短消息的管理工作的实体。

12.061 移动定位中心 mobile location center

提供移动用户位置信息的数据库。

12.062 鉴权中心 authentication center, AUC

为认证移动用户的身份、产生相应鉴权参数的功能实体。

12.063 移动交换中心 mobile switching center, MSC

移动网络完成呼叫连接、过区切换控制、

无线信道管理等功能的设备,同时也是移动网与公用电话交换网(PSTN)、综合业务数字网(ISDN)等固定网的接口设备。

12.064 归属移动交换中心 home MSC
移动用户开户登记时所归属的移动交换中心。

12.065 被访移动交换中心 visited MSC, VMSC
当移动用户离开归属移动交换中心到达另一个移动交换中心管辖区时,该中心称为该用户的被访移动交换中心。

12.066 关口移动交换中心 gateway MSC, GMSC
提供移动网络与有线网互联的实体,其作用是查询用户的位置信息,并把路由转到移动用户所要接入的交换机。

12.067 归属位置寄存器 home location register, HLR
用于移动用户管理的数据库。主要存储有关用户的参数和有关用户目前所处位置的信息。每个移动用户都应在其归属位置寄存器注册登记。

12.068 漫游位置寄存器 visitor location register, VLR
移动用户漫游到相关移动交换中心控制区域时的位置和管理数据库。

12.069 专用移动无线电系统 specialized mobile radio system
美国联邦通信委员会(FCC)定义的工作于800MHz、900MHz频带,为各类用户提供各种双向通信服务的集群系统。

12.070 陆地集群无线电 terrestrial trunked radio, TETRA
由欧洲电信标准化协会提出的一种专用移动无线电系统,具有切换、漫游、身份认证等功能。

12.071 数字集群无线电 digital trunked radio
采用数字通信技术的集群通信。

12.072 调度专用系统 private dispatch system
用于控制、调动和管理一组移动体(如飞机、车队)的无线通信系统。

12.073 集群调度系统 trunked dispatch system
简称"集群系统"。多个部门共用一组无线信道的专用调度系统。

12.074 集群调度移动通信 mobile trunked dispatch communication
利用集群移动通信系统进行的专用指挥、调度等功能的移动通信方式。

12.075 集群移动通信系统 trunked mobile communication system
多个用户(部门、群体)公用一组无线电通道,并动态的使用这些专用通道,主要用于指挥调度通信的移动通信系统。

12.076 船用电话 marine telephone
以特定工作频率在船上使用的无线电话。

12.077 寻呼 paging
把信号或信息从基站传送到移动或固定接收器的一种单向无线通信方式。

12.078 无线寻呼系统 radio paging system
一种没有话音的单向广播式无线通信系统。

12.079 双向式寻呼 two-way paging
寻呼机用户不仅可以被呼叫,而且还可

通过寻呼机向其他寻呼机用户发送信息的一种寻呼方式。

12.080 个人通信 personal communication

用户可以在任何时间、任何地点与任何人进行通信的方式或技术。

12.081 个人通信号码 personal telecommunication number, PTN

识别用户的唯一标识,不因用户的位置和所使用的终端而改变。

12.082 通用个人通信 universal personal telecommunications, UPT

任何人在任何地点、任何时间通过唯一识别号码直接连接到任何被叫个人,完成任何一种电信业务的通信方式。

12.083 通用移动通信业务 universal mobile telecommunications service, UMTS

欧洲的第三代移动通信系统。

12.084 通用个人号码 universal personal number, UPN

唯一识别一个 UPT 用户并用来到达该用户的逻辑号码。

12.085 UPT 接入号码 UPT access number

一种补充业务。它允许使用同一个电话号码在许多地方接通多个终端的预定用户。

12.086 UPT 接入码 UPT access code

通用个人通信系统的接入代码。

12.087 动态信道分配 dynamic channel allocation, DCA

系统根据当前的业务负载和干扰情况,动态地将信道(频率或时隙)分配给所需

用户的操作,以达到最大系统容量和最佳通信质量。

12.088 多径 multipath

在无线信道中,由于反射或者折射,在发射机和接收机之间形成的多种不同的传输路径。

12.089 多径衰落 multipath fading

由于多径传播引起的信号衰落。

12.090 功率控制 power control

为了使小区内所有移动台到达基站时的信号电平基本维持在相等水平、通信质量维持在一个可接收水平,对移动台功率进行的控制。

12.091 发射功率控制 transmit power control, TPC

通过评估移动台报告的基站下行功率,调整基站发射功率的技术。

12.092 控制信道 control channel, CCH

用于传输信令信息的逻辑信道。

12.093 广播信道 broadcast channel, BCH

从基站到移动台,用于向移动台广播各类信息(包括移动台在系统中登记所必需的信息)的点对多点的单向控制信道。

12.094 广播控制信道 broadcast control channel, BCCH

用于广播基于每个小区的通用信息的广播信道。

12.095 基站 base station, BS

移动通信系统中,连接固定部分与无线部分,并通过空中的无线传输与移动台相连的设备。

12.096 基站控制器 base station controller, BSC

控制基站,主要负责管理无线网络资源、小区资料管理、功率控制、定位和切换等的网络单元。

12.097　基站管理　BTS management, BTSM
基站控制器(BSC)对整个基站系统进行的管理。

12.098　基站收发信机　base station transceiver, BST
由基站控制器(BSC)控制的无线接入设备。

12.099　基站子系统　base station subsystem, BSS
由基站控制器和若干基站组成的子系统。

12.100　切换　handoff, handover
当移动台在通话期间从一个小区进入另一个小区时,将呼叫在其进程中从一个无线信道转换到另一个信道的过程。

12.101　接力切换　relay handoff
根据移动台的方位和距离信息来进行的接力方式的切换。

12.102　软切换　soft handoff
移动台在从一个小区进入另一个小区时,先建立与新基站的通信,直到接收到原基站信号低于一个门限值时再切断与原基站的通信的切换方式。

12.103　硬切换　hard handoff
移动台在从一个小区进入另一个小区时,先断掉与原基站的联系,然后再寻找新进入的小区基站进行联系的切换方式。

12.104　无缝切换　seamless handover
当呼叫正在进行期间,通过覆盖区时,系统提供不中断通话的能力。切换可在单个小区或在相邻小区间发生。

12.105　小区间切换　intercell handover
在不同小区无线信道之间交换一个正在进行中的通话,而不使其中断的操作。

12.106　小区内切换　intracell handover
在同一个小区的无线信道之间交换一个正在进行中的通话,而不使其中断的操作。

12.107　半速　half rate, HR
用户数据在相同的时隙上,以半速率在交替帧内发送的一种传送方式。

12.108　全速率业务信道　full rate TCH, TCH/F
采用全速率话音编码方式的业务信道。

12.109　半速率业务信道　half-rate traffic channel
采用半速率话音编码方式的业务信道。

12.110　短消息网关　short message service gateway MSC, SMS-GMSC
具有向移动终端所在被访移动交换中心转发短消息之功能的网关设备。

12.111　短消息业务互通　short message service interworking
不同运营商、不同网络之间实现短消息相互收发的功能。

12.112　短消息实体　short message entity, SME
可发送或接收点对点短消息的实体。

12.113　短消息中心　SMS center, SMSC
在短消息实体(SME)与移动台(MS)之间,负责中继、存储和前转短消息的实体。

12.114 移动数据通信 mobile data communication

利用移动通信系统进行的数据通信。

12.115 高速电路交换数据业务 high-speed circuit-switched data, HSCSD

将多个业务信道复用在一起供一次数据业务使用,以提高无线接口数据传输速率的一种方式。

12.116 高速分组交换数据 high-speed packet-switched data, HSPSD

采用分组方式实现高速数据交换的技术。

12.117 蓝牙[技术] bluetooth

一种工作于 2.4GHz 频段,传输距离在 10m 以内的无线通信方式。

12.118 WAP 网关 WAP gateway

用来连接无线网络和因特网,能够实现无线应用协议(WAP)堆栈的转换、内容格式转换(如无线置标语言(WML)到超文本置标语言(HTML))等功能的网关。

12.119 移动 IP mobile IP

建立在因特网协议(IP)上,使移动性对应用和上层协议透明的一个标准协议。

12.120 定标频率 beacon frequency

信标台的发射频率。定标频率区分不同的地区,主要用于定位。

12.121 定时提前[量] timing advance, TA

由基站向移动台发送,移动台据以确定其发往基站的定时超前量,以补偿传播时延的信号。

12.122 定向小区 directional cell

使用定向天线的小区。

12.123 定向增益 directive gain

使用定向天线产生的增益。

12.124 定向重试 directed retry

一个蜂窝将其试呼重新选路到相邻蜂窝或者其他邻近蜂窝处理的过程。

12.125 调谐室 doghouse

装有蜂窝/PCS 传输设备的小室。

12.126 超宽带 ultrawideband, UWB

一种不用载波,而采用时间间隔极小(纳秒级)的脉冲进行通信的方式。

12.127 用户识别模块 SIM card

又称"SIM 卡"。移动台中用来存储所有用户相关信息的部分。

12.128 待机时间 standby time

手机完全充满电后,插卡开机合上盖,不进行任何操作(即不打、不接电话、不玩游戏等),直至自动关机的时间。

12.129 单键拨号 one-touch dialing

把最常用电话号码与手机键盘的数字键相对应,可按一个键即可拨出的拨号方式。

12.130 电子序列号码 electronic serial number, ESN

唯一地识别一个移动台设备,由厂家编号和设备序号构成的 32 比特码。

12.131 个人识别号码 personal identification number, PIN

又称"个人标识号"。为确认用户的正确性,在用户标识模块(SIM)卡与用户间鉴权的私密信息。

12.132 个人识别模块 personal identifier module, PIM

检验个人身份的模块。

12.133 无绳电话 cordless telephone，CT
带有采用无线技术、可在小范围移动的
副机的电话机。

12.134 固定台 fixed station
进行固定通信业务的终端设备。

12.135 移动台 mobile station，MS
在移动网络中，作为用户终端设备（如手
机、车载台）的功能部件。

12.136 移动网增强逻辑的定制应用
customized application for mobile
network enhanced logic，CAMEL
在智能网和全球移动通信系统（GSM）集
成方面，由欧洲电信标准组织（ETSI）
1997 年提出的，以解决全球移动通信系
统（GSM）网和智能网互联问题，提供以
智能网为基础的增强服务的新概念。

12.137 移动用户 mobile subscriber
用车载、手持的话机或随身携带的通信
设备在移动中进行通信的用户。

12.138 移动性 mobility
指从任何地点用户都能进入一个或多个
通信网进行通信的特性。

12.139 全移动性 full mobility
在个人通信系统中，由于拥有唯一的个
人号码和或 IP 地址，用户可使用任何终
端完成通信或在网络可达的任何地点上
网的特性。

**12.140 移动性管理 mobile manage-
ment，MM**
无线接口三个功能层之一，其中定义了
移动用户位置更新、定期更新、鉴权、开
机接入、关机退出、临时移动台标识号重
新分配和设备识别等过程。

12.141 游牧性 nomadicity

用户或终端慢速移动，或无需跨区切换
的特性。

12.142 空中接口 air interface
又称"公共空中接口"。移动终端与基站
之间的接口。

12.143 空中通话时长 airtime
一个用户使用移动终端进行通信的时
长。

12.144 正在发射中 on the air
表示无线电波正在发射中。

12.145 块交织 block interleaving
以数据块为单位，对原有数据进行重新
组合排序的处理方法。

12.146 码片 chip
有用信号扩频后的最小单位。

12.147 码片速率 chip rate
在直接序列调制扩频系统中，信息比特
以伪随机序列码片传送的速率。

12.148 速率适配 rate adaptation，RA
将不同的已编码的用户比特率与最终系
统的基带传输速率相匹配的过程。

12.149 计费网关 charging gateway，CG
实时采集用户通话信息并进行记录、存
储、备份、合并话单、向计费中心传送话
单文件的设备。

12.150 漫游 roaming
用户离开其签约本地网络而进入其他网
络上仍可以享受通信服务的特性。

12.151 克隆欺诈 clone fraud
通过监视蜂窝传输找出蜂窝身份代码，
然后将代码复制到另一台手机上并使用
它打电话的一种犯罪行为。

12.152 国际移动设备标志 international

mobile equipment identity, IMEI
识别移动设备的标志。

12.153 国际移动用户标志 international mobile subscriber identity, IMSI
识别移动用户的标志。

12.154 国际移动组标志 international mobile group identity, IMGI
识别移动用户组的标志。

12.155 固定移动集成 fixed mobile integration, FMI
将固定和移动通信业务集成在一起的技术。

12.156 固定移动融合 fixed mobile convergence, FMC
将固定和移动通信业务融合在一起的技术。

12.157 黑名单 black list [of IMEI]
所有被禁止使用的终端设备号。

12.158 灰名单 gray list [of IMEI]
可疑的终端设备号。

12.159 激活 activation
令设备或系统从休眠状态进入运行状态的操作或过程。

12.160 去激活 deactivation
由业务提供者、用户或系统终止激活状态的操作。

12.161 话音激活检测 voice activity detection, VAD
用于识别话音数据比特是否出现的处理过程。

12.162 空间分集 space diversity
利用不同地点接收到的信号衰落相互独立这个特性来抵消衰落的功能。

12.163 频率分集 frequency diversity
将调制在不同载波频率上的同一路信号进行合并,从而带来信号增益的一种接收技术。

12.164 频率锁定 frequency lock
使射频设备的工作频率与给定频率保持一致的过程。

12.165 频率再用 frequency reuse
又称"频率复用"。在某个小区使用的频率在间隔一个或多个小区后被重新使用的一种蜂窝组网技术。

12.166 频率重定义 frequency redefinition
为了处理蜂窝系统中使用频率的变化,改变移动台使用调频信道频率特性的过程。

12.167 平滑调频 tamed frequency modulation, TFM
又称"软调"。调制信号的相位变化平滑连续的频率调制方式。

12.168 扩频调制 spread spectrum modulation, SSM
调制后的信号带宽远大于未调制的传输信号的调制方式。

12.169 扩频码序列 spread spectrum code-sequence
扩频码的二进制序列。

12.170 扩频因子 spreading factor
扩频调制后的信号与扩频调制前的信号带宽之比。

12.171 跳频码分多址 frequency hopping CDMA, FH-CDMA
一种随着每个时刻的伪随机序列不同,传输频率也不相同的码分多址方式。

12.172　直接序列码分多址　direct sequence CDMA, DS-CDMA
用扩频序列直接调制数据序列的码分多址(CDMA)系统。

12.173　宽带码分多址　wideband CDMA, WCDMA
由欧洲和日本提出的第三代移动通信标准。

12.174　软件定义的无线电　SDR
采用软件来实现同一无线电通信系统完成不同功能的技术。

12.175　全向覆盖　omnidirectional coverage
在水平面内能够覆盖各个方向的无线电传播方式。

12.176　全向天线　omni-antenna
在水平面内辐射性基本没有差异,而在垂直面内具有定向辐射性的天线。

12.177　扇形天线　fan-sectorized antenna
一种用从一点张开形成扇形的几根导线代替单根导线作为辐射体的单极子天线。

12.178　全频道天线　all-channel antenna
可以接收甚高频(VHF)、特高频(UHF)和调频(FM)频段全部82个频道的天线系统。

12.179　智能天线　smart antenna
采用天线阵列,根据信号的空间特性,能够自适应调整加权值,以调整其方向圆图,形成多个自适应波束,达到抑制干扰、提取信号目的的天线。

12.180　多进多出　multiple-in multiple-out, MIMO
为极大地提高信道容量,在发送端和接收端都使用多根天线,在收发之间构成多个信道的天线系统。

12.181　位置登记　location registration
公众陆地移动网(PLMN)保持跟踪移动台在系统区内位置信息的功能。

12.182　位置更新　location update
公众陆地移动网(PLMN)将移动台在系统区内位置信息进行更新的功能。

12.183　双模[的]　dual-mode
同一通信设备可以使用两种工作模式的特性。

12.184　多频段[的]　multi-band
使用多个频段的技术,如全球移动通信系统(GSM)中的双频段为900MHz和1800MHz。

12.185　双频段　dual band
同一通信设备可工作于两个频段的特性。

12.186　双频无缝切换　dual-band seamless handover
一种有效处理两种频段间切换的技术。该技术让用户感觉不到频段间的切换。

12.187　非占空呼叫建立　off-air call setup, OACSU
在被叫用户应答之后才为主叫用户分配语音信道的技术。

12.188　无线电资源　radio resources, RR
无线通信所需要的资源(包括频率、时隙、扩频码等)。

12.189　BREW 平台　binary runtime environment for wireless, BREW
一种码分多址(CDMA)移动台的软件开发平台。

12.190 单播接入终端标志 unicast access terminal identifier, UATI

CDMA2000 1x EV-DO 接入终端或空中接口会晤的标志。

12.191 导频信道 pilot channel

用于基站连续发射未调制载频信号的信道。

12.192 定位实体 position determining entity, PDE

码分多址(CDMA)系统中负责执行定位操作的功能实体,可在一定的地理范围内确定移动台的位置。

12.193 多媒体域 multimedia domain, MMD

一种独立于接入技术的基于 IP 的标准体系。

12.194 反向链路功率控制 reverse link power control

确保所有用户信号皆按其设定功率到达基站的一种程序。

12.195 反向业务信道 reverse traffic channel

从用户站到基站的业务信道。

12.196 高数据速率 high data rate, HDR

一种高速移动接入技术,可用于提供非对称的、非实时的、高速分组数据业务。

12.197 高速分组数据 high rate packet data, HRPD

在高数据速率(HDR)技术的基础上提出的一种空中接口标准。

12.198 空中激活 over the air, OTA

码分多址(CDMA)系统中通过空中接口将移动台正常工作所需要的信息输入到移动台中的技术。

12.199 前向业务信道 forward traffic channel

从基站到用户站的业务信道。

12.200 同步信道 sync channel

向用户传输同步信息的信道。

12.201 寻呼信道 paging channel

前向码分多址信道中的一种代码信道,用于从基站向用户站传输控制信息和寻呼信息。

12.202 业务信道 traffic channel

用户站和基站之间的通信通路,用于用户业务和信令信号传输。

12.203 移动标志号码 mobile identification number, MIN

用于识别移动用户的号码。

12.204 移动目录号码 mobile directory number, MDN

移动用户作被叫时,主叫用户所需拨的号码。

12.205 移动网络代码 mobile network code, MNC

用于识别不同移动网的代码。

12.206 [GSM]用户标志模块 subscriber identify module, SIM

用于 GSM 移动台存储用户安全相关信息和操作参数的 IC 卡。

12.207 [CDMA]用户标志模块 user identify module, UIM

用于 CDMA 移动台存储用户安全相关信息和操作参数的 IC 卡。

12.208 窄带 CDMA 标准 A IS-95A

是 1995 年美国 TIA 正式颁布的窄带

CDMA 标准。

12.209 窄带 CDMA 标准 B IS-95B
是窄带 CDMA 标准 A(IS-95A)的进一步

发展,于 1998 年制定的标准。支持更高的比特速率。

13. 服 务 与 应 用

13.001 电信业务 telecommunication services
电信运营商提供的所有服务。

13.002 服务类别 class of service, CoS
管理网络中业务的一种方法,它把类似的业务归成一类,并具有各自的服务优先等级。

13.003 服务等级 grade of service, GoS
根据呼叫被阻塞或延时超过特定时间的概率,对通信质量所作的划分。它是忙时是否为来话接入的判据。

13.004 服务质量 quality of service, QoS
表示电信服务性能之属性的任何组合。

13.005 服务类型 type of service, ToS
表示所需服务质量抽象参数的一个指标。

13.006 服务水平协议 service level agreement, SLA
一种由服务供应商与用户签署的法律文件,其中承诺只要用户向服务供应商支付相应费用,就应享受到服务供应商提供的相应服务质量。

13.007 服务可用性 service availability
在给定的时间段内,能够使用业务功能的时间所占百分比。

13.008 用户轮廓 user profile
用户特定数据的一个记录,它定义用户

的工作环境,描述用户是如何使用服务的,如每月的通话分钟数、每天的通话时间,目的地号码等。

13.009 业务轮廓 service profile
包含所有跟用户相关的信息的一个记录。也包含在给用户提供业务时所需的那些信息,如定购的基本业务和补充业务、呼叫路由参数等等。

13.010 业务点 point of service, POS
分布在各处的需要通过网络完成某种业务的接入点。

13.011 业务互通 service interworking
通过协议转换机制使不同技术或不同协议的网络表现为一个统一的实体,使不同网络之间的业务可以互通。

13.012 基础业务 basic service
电信网提供的表现为传输能力的最基本的业务。如固定电话业务、蜂窝移动电话业务、卫星通信业务、数据通信业务。

13.013 会话型业务 conversational service
以实时端到端的信息传送方式提供用户之间的双向通信。

13.014 分配型业务 distributed service
由网络中的一个给定点向其他多个位置传送单向信息流的业务。分为无需用户独立控制的和用户独立控制的两种。

13.015 交互型业务 interactive service

在用户间或用户和主机之间提供双向信息交换的业务。分为会话型业务、消息型业务和检索型业务三种。

13.016 消息型业务 messaging service

通过具有存储转发和消息处理功能的存储单元，提供用户对用户的非实时通信业务。可以是点到点或点到多点，也可以是双向对称或单向的通信。

13.017 多媒体业务 multimedia service

由一种以上的信息类型（例如文本、图形、语音、图像和视像）同步集成的一种交互型业务。

13.018 检索型业务 retrieval service

对存于数据库中心的信息具有访问能力的一种交互型业务。

13.019 声音检索型业务 sound retrieval service

按需求（由用户启动）检索音乐节目和其他音频信息的一种业务。

13.020 固定业务 fixed service

特定固定点之间的通信业务。

13.021 用户终端业务 teleservice

又称"电信服务"。为用户提供包括终端设备功能在内的完整通信能力的一种电信业务。

13.022 承载业务 bearer service

在用户–网络接口之间提供传输能力的一种电信业务。

13.023 补充业务 supplementary service

对基本电信业务进行修改或者补充的业务。补充业务必须与相应的基本电信业务一起提供。

13.024 虚拟专用网业务 virtual private network service

可使用户像使用专用网那样使用公用网的网络业务。

13.025 专线业务 private line service

在两点之间或在多点之间提供的专用信道，用来传输高业务量的话音、数据、音频或视频业务。

13.026 租用电路业务 leased circuit service

又称"电路出租业务"。向客户提供租用的点到点承载通信信号传输的媒介。

13.027 点到点业务 point-to-point service, PTP

特定两点之间的通信业务。

13.028 互连业务 interconnection service

把两个网络进行链接（通过物理、逻辑方式的直接或间接的链接），旨在两个系统之间传递信息的业务。互连业务还包括为提供和维护这种业务所必须的辅助业务。

13.029 差异化服务 differentiated services

运营商为吸引用户而推出的具有自己特色的不同于其他运营商的服务。

13.030 预约电路业务 reserved circuit service

借助于用户–网络信令，响应用户的请求，在用户事先指定的某一时刻建立通信通路的一种电信业务。

13.031 捆绑式服务 bundled services

把市话、长话、无线、800号、因特网接入以及专用网服务等捆绑在一起，以打包形式提供的服务方式。

13.032 一站购齐 one-stop shopping

一种服务方式。用户只要在一个地方使用当地语言与电信运营者联系,即可办妥业务定购、计费付费等所有问题。

13.033 点到多点群呼业务 point-to-multipoint group call, PTM-G
一种向分布在一个区域中的特定一组用户提供的点对多点业务。该业务可以是单向、双向或多向。

13.034 替代记账业务 alternate billing service, ABS
一种可以提供多种记账方式选择的智能业务。如主叫付费、用户叫卡或信息卡记账付费、第三方付费、主叫被叫分摊付费、被叫付费。

13.035 客户服务中心 customer care center
可利用电话、手机、传真、WEB 等多种方式接入,以人工、自动语音、WEB 等多种方式为客户提供各类售前、售后服务,为企业建立与客户沟通的畅通渠道的呼叫中心。

13.036 先来先服务 first come first service, FCFS
先给排在最前面的服务请求提供服务的一种安排。

13.037 业务捆绑 bundling
将一项业务连同其他业务合并在一起的销售方式。

13.038 闭合用户群 closed user group, CUG
为一组特定用户提供内部通信的一种补充业务。

13.039 公用管理信息服务 common management information service, CMIS

在公用管理信息协议(CMIP)环境下共享管理信息的一种服务。

13.040 全天候服务 all-weather service
每天 24 小时,每周 7 天的不间断服务。

13.041 电信港 teleport
互连卫星、光纤、微波的枢纽,并提供托管功能。

13.042 随用随付 pay-as-you-go, pay as usage
随使用而随时付费的一种服务方式。

13.043 三重业务 triple play service
又称"三重播放业务"。同一运营商通过宽带接入向用户提供话音、数据和视频业务的一种服务方式。

13.044 通用接入号码 universal access number, UAN
智能网的一种业务。可以供在不同地点、具有多个终端的用户使用同一个通用的电话号码来接收打来的电话。

13.045 通用个人电信号码 universal personal telecommunications number
在通用个人通信(UPT)业务中,实现完全个人移动性的一个特定号码。用这个号码,呼叫可以接到或者转接到此用户。

13.046 个人通信业务号码 personal communication service number, PCS number
又称"PCS 号码"。标识个人通信业务(PCS)或者通用个人通信业务(UPT)用户的独特号码。用这个号码可以呼出或转接。

13.047 普通传统电话业务 plain old telephone service, POTS

只需要基本呼叫处理的电话业务。

13.048 本地电话业务 local telephone service

在同一个本地网(同一长途区号)范围内,供用户相互通话和传递信息的电话业务。

13.049 长途电话业务 long distance telephone service

不同长途编号区间的电话业务。用户通过拨长途电话号码可以呼叫另一个长途编号区的电话用户。

13.050 电话卡业务 calling card service

一种凭电话卡自动记账的电话业务。客户可在任一双音频话机(IC 卡需在专用话机)上拨打国内、国际、港澳台及本地电话,话费自动从电话卡中扣减。

13.051 集中小交换业务 central office exchange service, Centrex

又称"虚拟用户交换机"。将市话交换机的部分用户定义为一个基本用户群,使其具有普通用户、小交换机所有功能的电信业务。

13.052 被叫集中付费业务 800 service

一种由 800 业务号码拥有者付费,主叫用户不付费的业务。

13.053 被叫方付费呼叫 collect call

由被呼叫方支付费用的业务。与 800 号业务不同的是被叫方是个人。

13.054 公用电话 payphone

装设在城市街道及其他公共场所供公众使用并按规定收取通信费用的电话。

13.055 国际直拨 international direct dialing, IDD

由具有国际直拨功能的电话用户直接拨

叫世界上各开放此项业务国家或地区的用户进行通话的业务。

13.056 国际简单转售 international simple resale

某一运营商租用其他运营商的国际通信设施向用户提供的一项国际业务。它旁路了结算体系。

13.057 有线电视电话 cable telephone

通过有线电视网提供的电话业务。

13.058 话音信箱 voice mailbox

将语音信息处理成数字信息后存入服务器中,用户可通过电话随时随地提取信息的业务。

13.059 预付费电话卡 prepaid phone card

用户交钱买卡后即可打电话业务。

13.060 预约呼叫 booked call, reserved call

用户可以要求网络在指定时间内呼叫其终端设备的一种业务。

13.061 电话间 telephone booth

专门放置公共电话的场所。

13.062 电话亭 telephone stall

专门放置公共电话的场所。

13.063 快速拨号 speed dialling

通过设置,按几个键就能将一组号码拨出的模式。

13.064 找我/跟我 find me/follow me

用户指定的位于其他位置的电话号码,以对来话同步进行定位。

13.065 继续呼叫 follow-on call

又称"随后呼叫"。通话结束后,可不挂机,按一下"继续呼叫"(FOLLOW ON

CALL)键,重新拨号。

13.066 主叫号码显示 calling line iden-
tification, caller display
简称"主叫显示"。在被叫用户终端设备
上显示主叫号码的业务,为用户查阅提
供方便。

13.067 号码簿信息服务 directory infor-
mation service
号码信息和在线号码查询业务。

13.068 号码携带 number portability, NP
用户更换本地或者移动运营商时保留现
有号码的一种功能。

13.069 半电路[式] half-circuit
网间每一条电路,互联一方只有一半电
路使用权,一方每多用一条电路就要向
对方付一半的租费。

13.070 全电路[式] whole-circuit
拥有网间电路的全部使用权。

13.071 呼叫筛选 call screening
找我/跟我功能的补充,允许用户在对转
发来的呼叫进行回应之前查看呼叫方。

13.072 多方电信 multi-party telecommu-
nication, MPTY
指通过通信网络实现多点之间实时的交
互式或点播式的话音、图像通信服务。

13.073 电话会议 teleconference
一种利用电话网进行的节资、省时、方
便、高效的会议方式的多方通信。

13.074 电视会议 video conference
一种以传送视觉信息为主的会议方式的
多方通信。

13.075 交互式话音应答 interactive
voice response, IVR
用户通过双音频电话输入信息后,能向
用户播放预先录制好的语音,提供相应
信息的一种业务。它具有语音信箱、传
真收发等功能。

13.076 话音广播业务 voice broadcast
service, VBS
能把用户话音传送给一个地理区域内所
有或一组用户的业务。

13.077 话音群呼业务 voice group call
service, VGCS
移动或固定用户拨打群呼号码后,可与
指定区域内的小组成员通话的业务。该
组内所有成员均可通过同一业务信道进
行接听;该小组的成员也可通过按键讲
话(PTT)方式发出通话请求,系统依据
"先请求先服务"的原则建立一个上行链
路来提供通话服务。

13.078 呼叫中心 call center
一种基于计算机电话集成(CTI)技术、与
企业连为一体的一个完整的综合信息服
务系统。

13.079 电话投票 vote over telephony
又称"电子投票"。提供特定电话号码,
供大众打电话投票,以进行大规模意见
调查的业务。

13.080 号码查询业务 directory enquiry
service, DQ
又称"电子号簿"。接线员通过语音提供
的电话号码查询业务。包括通过 Inter-
net 的查询业务。

13.081 传真业务 fax service, facsimile
service
图像被扫描、转换成电信号,然后通过电
信系统传到接受端,并在接受端产生原
件副本的通信。

13.082 用户电报 telex

简称"电传"。用户可以在自己的办公地点安装电传打字机,与国内、外任何装有电传设备的用户直接通报的一种电报业务。

13.083 智能用户电报 teletex

在综合业务数字网(ISDN)B信道(64kbit/s)上传输的用户电报。

13.084 数据业务 data service

根据传输协议,在不同的功能单元之间进行数据传输的业务。

13.085 数字数据[网]业务 digital data network service, DDN

利用数字信道提供永久或半永久性电路,以传输数据信号为主的数字传输网络服务。

13.086 增值业务 value-added service, VAS, enhanced service

又称"增值网业务","增强型业务"。凭借公用电信网的资源和其他通信设备而开发的附加通信业务,其实现的价值使原有网路的经济效益或功能价值增高。

13.087 公用数据传输业务 public data transmission service

由电信运营者经营,通过公用数据网提供的数据传输业务。目前规定电路交换、分组交换、帧中继和租用电路4种数据传输业务。

13.088 以太网业务 Ethernet service

采用部分以太网信号结构和接口标准的分组数据业务。

13.089 异步转移模式业务 ATM service

采用部分异步转移模式(ATM)信号结构和接口标准的分组数据业务。

13.090 可视图文 videotext, videography

利用分组交换数据网,向电话网用户提供的交互式信息服务新业务。

13.091 图文电视 teletext

用户可以在视频显示器上接收数据的一种单向信息业务。

13.092 电路仿真业务 circuit emulation service, CES

允许用户将多个话音和视频电路仿真流与分组数据复用在一个高速异步转移模式(ATM)链路上传输的业务。

13.093 分组交换数据传输业务 packet-switched data transmission service

又称"分组交换业务"。以分组方式传输数据和在必要时以分组方式装配和拆卸数据的一种业务。

13.094 X.25分组业务 X.25 service

采用X.25规程的分组数据业务。

13.095 增强型消息业务 enhanced message service, EMS

具有空中数据同步功能,为文本信息增加了图像、乐曲和动画片等功能的消息业务。

13.096 帧中继业务 frame relay service, FRS

在用户–网络接口之间以帧为单位提供用户信息流的双向传送,并保持顺序不变的一种承载业务,流量控制、纠错等功能都由智能终端设备处理。

13.097 多媒体消息业务 multimedia messaging service, MMS

一项存储和转发多媒体短信的服务。

13.098 恒定比特率业务 constant bit rate service, CBR

业务比特率规定为恒定值的一种电信业务。

13.099 可变比特率业务 variable bit rate service, VBR
业务比特速率允许在限定范围内变化的,以统计表达参数为特征的一种电信业务。

13.100 即时消息 instant message, IM
通过因特网为用户提供的一种方便快捷的交流方式,通过它人们可以在线交谈、互传文件、语音对话及进行视频会议,甚至用手机双向交流。

13.101 远程信息处理 telematics
通信、信息获取、因特网等技术的综合性系统。电信与信息学的合成词。现在,这个词汇逐渐用于汽车上使用的包含了无线通信和卫星定位的信息服务系统。

13.102 统一消息业务 unified message services
将目前各种通信服务和即时消息等集成在一起的消息系统。

13.103 存储业务 storage service
根据不同的应用环境,运营商或业务提供商通过采取合理、安全、有效的方式将数据保存到某些介质上并能保证有效访问的业务。

13.104 无连接网络业务 connectionless-mode network service, CLNS
网络层采用无连接网络协议和 IP 协议支持的业务。

13.105 面向连接网络业务 connection-mode network service, CONS
由面向连接网络协议支持的业务。

13.106 数据报业务 datagram service

以独立数据包形式传输的一种数据业务。

13.107 消息处理型业务 message handling service
计算机技术和通信技术相结合的电子消息业务系统,包括信函、电报、传真、语音、图像函件在内的以存储 – 转发方式进行工作的综合业务系统。

13.108 电子数据交换 electronic data interchange, EDI
将商业或行政事务处理按照一个公认的标准,形成结构化的事务处理或报文数据格式,从计算机到计算机的电子传输方法。

13.109 交互式视像数据业务 interactive video data service, IVDS
能实现双向响应、获取视频内容的一种业务。

13.110 视频点播 video-on-demand, VOD
又称"按需收视"。在用户需要时向用户传送其点播的高质量、简便、快捷的视频服务业务。

13.111 视频消息 video messaging
传送携带或不携带其他信息的活动图片的消息型业务。

13.112 流媒体 streaming media
采用流式传输的方式在因特网与内联网播放的媒体格式。

13.113 可视电话 video phone, visual telephone
一种专门设计的可以让呼叫双方在通话期间相互看到对方的电话。

13.114 有线电视 cable television,

CATV

通过宽带同轴电缆将多个频道的视频信号传送到各个家庭用户的单向通信系统。

13.115 每收视一次付费 pay-per-view
按次付费。通常是指在销售和购买一个单一事件(如看电影或一场比赛)时的付费方式。

13.116 IP传真 fax over IP, FoIP
基于 TCP/IP 协议,在 IP 网上提供的一种传真业务。

13.117 IP电话 voice over internet protocol, VoIP, IP telephony
基于 TCP/IP 协议,在 IP 网上提供的一种电话业务。

13.118 宽带电话 voice over broadband
又称"网络电话"。用户使用连接在宽带接入网上的 IP 语音终端通过现有因特网等 IP 网络,以多种组网方式和设备来完成的点到点 IP 语音业务。

13.119 尽力而为服务 best effort
标准的因特网服务模式。在网络接口发生拥塞时,不顾及用户或应用,马上丢弃数据包,直到业务量有所减少为止。

13.120 查询 query
为了在数据库中寻找某一特定文件、网站、记录或一系列记录,由搜索引擎或数据库送出的消息。

13.121 提取 pull
描述因特网内容提供者和因特网用户之间工作方式的术语。"提取"指用户从网站上"拖下"数据。

13.122 推送 push
描述因特网内容提供者和因特网用户之

间工作方式的术语。"推送"指因特网内容提供者定期向预订用户"提供"数据。

13.123 门户 portal
通常指一个起始点或一个网站,用户通过它们可在 Web 上航行,获得各种信息资源和服务。

13.124 外包 outsourcing
把一个机构的内部 IT 基础设施、工作、进程或应用转包给一个拥有资源的外部机构。

13.125 托管 hosting
以外包方式包揽企业和消费者的信息技术应用、相关的硬件系统、网络服务等。

13.126 场地出租 collocation
独立设置的场地。专门出租给 ISP、本地通信公司、长途通信公司、内容提供者、数据存储公司、内容配送服务商、应用服务提供商共同存放设备。或者指在同一地址放置不同运营商的设备。

13.127 数据中心 data center
以外包方式让许多网上公司存放它们设备(主要是网站)或数据的地方,是场地出租概念在因特网领域的延伸。

13.128 服务器－客户机 server/client
客户机是因特网上访问别人信息的机器,服务器则是提供信息供人访问的计算机。

13.129 浏览器 browser
万维网(Web)服务的客户端浏览程序。可向万维网(Web)服务器发送各种请求,并对从服务器发来的超文本信息和各种多媒体数据格式进行解释、显示和播放。

13.130 统一资源定位系统 uniform re-

source locator, URL
因特网的万维网服务程序上用于指定信息位置的表示方法。

13.131　电子公告板　electronic bulletin board
又称"公告板系统"。因特网提供的一种信息服务,为用户提供一个公用环境,以寄存函件、读取通告、参与讨论和交流信息。

13.132　[因特网中继]聊天　Internet relay chat, IRC
一种可以让多人在因特网上交谈的系统。

13.133　新闻组　newsgroup
个人向新闻服务器所投递邮件的集合。这些邮件大多具有共同主题,比如体育新闻组、幽默笑话新闻组。

13.134　远程登录　telnet
因特网上较早提供的服务。用户通过该命令使自己的计算机暂时成为远地计算机的终端,直接调用远地计算机的资源和服务。

13.135　广域信息服务　wide area information service, WAIS
因特网提供的快速信息查询服务工具。

13.136　网吧　Internet café
向公众提供因特网接入的场所。

13.137　网站　website
因特网上一块固定的面向全世界发布消息的地方,由域名(也就是网站地址)和网站空间构成,通常包括主页和其他具有超链接文件的页面。

13.138　主页　homepage
又称"首页"。网页集合的初始网页。

13.139　页旗　banner
在一个网页页面上建立的文本滚动超文本标记语言(HTML)标志。页旗是网络广告的主要形式,通常放在页面的顶部,比如页面标题。

13.140　广播　broadcast
(1)信息发送到网上所有的节点。
(2)通过无线或有线方式传送信息的大众传播媒介。

13.141　单播　unicast
单一的源头发送到单一的目的接收者的一种网络服务。

13.142　任播　anycast
允许一个发送者访问一组接收者中最近的一个的一种网络服务。

13.143　多播　multicast
同时向一组选定的目的地传输数据的一种网络服务。

13.144　网播　webcast
利用因特网向用户递送内容的新兴业务,有时与广播非常相似。

13.145　点击次数　hit count
访问者访问站点上特定资源的次数。

13.146　拨号上网　dial-up access
借助于调制解调器,用拨号的方式上网。

13.147　点击拨号　click to dial-up
点击计算机上的相应链接,激活到给定号码的电话拨号。

13.148　内容配送网　content distribution network, CDN
建立并覆盖在因特网之上的一层特殊网络,专门用于通过因特网高效传递丰富的多媒体内容。

13.149 内容配送 content delivery

把因特网的内容分别送到最合适的相应服务节点上。

13.150 内容过滤 content filtering

对经过防火墙的信息进行监视,按照用户需求,滤除垃圾、带有色情、反动或任何用户希望禁止的信息。

13.151 内容分发 content distribution

针对各类门户网站而提供的因特网服务。使各地用户在访问这些网站时,可以访问最接近本地的缓存服务器,以节省时间和减轻网站服务器的负载。

13.152 电子邮件 E-mail

一种通过网络实现相互传送和接收信息的现代化通信方式。

13.153 电子号码 ENUM

把 E.164 电话号码映射为域名的一种标准。

13.154 电子贸易 teletrade

用电子方式取代纸张来进行贸易的一种形式。如用电子方式处理发票。

13.155 电子商业 e-Business

在因特网上通过电子商务数字媒体进行买卖交易的商业活动。包括前台处理、后台处理以及提供服务支持和结算的集成。

13.156 电子商务 e-Commerce

在因特网上通过数字媒体进行买卖交易的商业活动。

13.157 企业对企业 business-to-business, B2B

企业与企业之间通过因特网进行产品、服务及信息的交换。

13.158 企业对政府 business-to-govern-ment, B2G

企业与政府部门之间通过因特网进行服务及信息的交换。

13.159 企业对消费者 business-to-con-sumer, B2C

企业与客户之间通过因特网进行产品、服务及信息的交换。

13.160 企业对雇员 business-to-employ-ee, B2E

企业与员工之间通过因特网进行服务及信息的交换。

13.161 应用 application

一种技术、系统或产品的使用。

13.162 应用程序 application program

直接为用户完成某特定功能所设计的程序。

13.163 应用向导服务 application couri-er service

一种通用的智能通信软件,能使不同的应用以可靠、及时和成本有效的方式交互作用。

13.164 应用中间件 application middle-ware

在应用与数据库之外,使应用能共享跨网的功能与数据的软件。

13.165 数据挖掘 data mining

一种透过数理模式来分析企业内储存的大量资料,以找出不同的客户或市场划分,分析出消费者喜好和行为的方法。

13.166 应用程序接口 application pro-gram interface, API

实现应用程序与计算机操作系统之间通信,告诉操作系统要执行的任务的接口。

13.167 对等计算 peer-to-peer computing

一种允许瘦客户机直接与其他瘦客户机进行通信的分布式计算结构。

13.168 遥测业务 telemetry service
一种利用通信系统在离测量仪器有一定距离的地方自动地显示或记录测量结果的业务。

13.169 遥信业务 teleaction service
一种对远距离的被测对象的工作极限状态进行测定,主要为用户提供低数据量事务处理能力的通信业务。

13.170 遥现 telepresence
虚拟现实的一种,当进行远地协同工作时,能在浏览器上以电视质量现场显示一台科学仪器或设备,并能对它进行遥控操作。

13.171 射频识别 radio frequency identification, RFID
利用射频来阅读一个小器件(称作标记)上的信息的技术。

13.172 企业要害应用 business-critical application
一个企业所需的极重要的软件或应用(不管是专门编写的还是商用化打包的)。

13.173 企业资源规划 enterprise resource planning, ERP
美国提出的下一代的制造业系统和资源计划软件。

13.174 关系数据库 relational database
按照关系模型建立的数据库。

13.175 虚拟现实 virtual reality
利用计算机发展中的高科技手段构造的,使参与者获得与现实一样的感觉的一个虚拟的境界。

13.176 虚拟家庭环境 virtual home environment, VHE
使移动通信用户在漫游的环境中,不会因为不同的地区、不同的运营商等客观情况,而使享受的服务受到影响,却可以享受到和在本地网环境完全一样的服务而虚拟的环境。

13.177 寻呼业务 paging service
从基站到移动或固定接收器的单向通信业务:进行信号或者信息传递,并通过铃声、震动、光信号等方式告知用户。

13.178 个人空间通信业务 personal space communication service
用户能在任何时间、任何地点与任何另一地点的另一个人进行各种通信的一种新的通信方式。每一用户有一个属于个人的唯一通信号码。

13.179 个人通信业务 personal communications service, PCS
综合了终端移动性、个人移动性和业务轮廓管理的一系列功能的业务。

13.180 专用移动无线电业务 specialized mobile radio service, SMR, private mobile radio service, PMR
向专门用户提供的专用、双向无线商用业务。如向交通公司提供的调度通信业务。

13.181 即按即通 push to talk, PTT
又称"一键通"。一种半双工移动通信业务:需要人为控制说与听,发话者在说话时需要按键,在讲完后放开按键;接听者也需要按键进行回应。

13.182 移动业务 mobile service
移动台与固定电话或移动台之间的无线通信。

13.183 短消息业务 short message service, SMS

在移动台(MS)和短消息实体(SME)之间,通过短消息中心(SMSC)传送的短消息业务。

13.184 短消息小区广播 SMS cell broadcast, SMSCB

由运营商按一定方式采集信息内容,再对特定区域的所有接收者按照服务范围和次数发送短消息的一种业务。

13.185 移动商务 mobile commerce

利用移动通信手机进行的商务活动。

13.186 移动号码携带 mobile number portability, MNP

当移动用户在同一国家内改变签约网络时保持用户原有号码的能力。

13.187 定位业务 localization service, LCS

使用上行时差、增强观察时差和全球定位系统三种方式对移动台进行定位,提供与位置相关的信息的服务。

13.188 无线虚拟专用网 wireless virtual private network, WVPN

利用移动网网络资源向集团用户提供的一个逻辑上的专用网。

13.189 固定卫星业务 fixed satellite service

在固定电台之间进行卫星通信的业务。

13.190 广播卫星业务 broadcast satellite service

利用卫星发送,为公众提供的广播业务。

13.191 海上移动电话业务 maritime mobile phone

船上台站与岸上台站之间,船上台站之间,或相应的岸上台站(有时也包括救生站)之间的移动通信业务。

13.192 海事卫星业务 maritime satellite service

通过海事卫星接通的船与岸、船与船之间来往的通信业务。

13.193 卫星数字业务 satellite digital service

通过卫星通信提供的数字化业务。

13.194 卫星数字音频广播业务 satellite digital audio radio service, SDARS

静止轨道通信卫星向全球或某一地区无线电用户广播数字化音乐、新闻和体育节目的业务。

13.195 卫星导航定位业务 satellite navigation service

利用卫星提供的定位业务。

13.196 移动卫星业务 mobile satellite service

利用中继卫星实现移动终端之间通信的无线通信业务。

14. 通 信 终 端

14.001 终端 termination

网络与最终用户接触用以实现网络应用的各种设备。

14.002 终端设备 terminal equipment, TE

用于信道两端收发信号的通信设备。

14.003 电话机 telephone set

一些电话部件的组合体,其中至少要包括送话器、受话器和连接器以及与送、受话器密切相关的部件。

14.004 旋转号盘电话机 rotary dial telephone set

带有旋转号盘的自动电话机。

14.005 按键电话机 keypad telephone set

带有按键号盘的自动电话机。

14.006 投币式电话机 coin-box set

装有收集硬币或代币器件的电话机。

14.007 扬声电话机 loudspeaking telephone set

用带有放大器的扬声器作为受话器的电话机。

14.008 免提式电话机 hand-free telephone set

不摘手柄即可使用的扬声电话机。

14.009 防爆电话机 explosion-proof telephone set

在有可能发生爆炸的环境中使用的电话机。

14.010 集团电话机 key telephone set

构成内部电话系统的电话机。

14.011 分机 extension

与用户主机或用户交换机相连的电话装置。

14.012 录音电话机 recording telephone set

一种把电话技术与语音录放技术结合起来,具有自动应答和录音功能的电话机。

14.013 电话送话器 telephone transmitter

电话机上把声音信号转化成话音电流的声电转换器。

14.014 电话受话器 telephone receiver

电话机上把话音电流转化成声音信号的声电转换器。

14.015 电话耳机 telephone earphone

在声学上对耳紧耦合的受话器。

14.016 电话听筒 telephone earcap

电话手柄放在用户耳部的部分。

14.017 电话扬声器 telephone loudspeaker

在空气中传播声音能量的受话器。

14.018 手柄 handset

由受话器、送话器和可能有的其他部件组成的便于握持并同时贴近耳和嘴的联合体。

14.019 拨号盘 dial

在自动电话机上,由人工加以操作,发出电话号码的每位数字的部件。

14.020 多频按键式号盘 multifrequency keypad

产生的信号具有若干规定频率的按键式号盘。

14.021 脉冲按键号盘 decadic keypad

产生的信号与旋转式拨号盘一样的按键式号盘。

14.022 [电话机的]蜂鸣器 buzzer [in a telephone set]

靠衔铁断续震动产生蜂音的呼叫指示器。

14.023 自动呼叫器 call maker

与电话机一起使用,能自动地发出预先

录下的电话号码的呼叫器。

14.024 电话应答器 telephone answering set

与电话机组合在一起,可以用于先录制的语句自动应答呼叫的器件。

14.025 电话应答记录器 telephone answering and recording set

带有信息记录器件的电话应答器。

14.026 可视电话机 viewphone set

带有视频摄像头和显示单元,使用户在打电话的同时看到对方的头像和表情的电话机。

14.027 传真机 facsimile apparatus

应用扫描技术,把固定的图像(包括相片、文字、图表等)转换成电信号再进行收发的终端设备。

14.028 彩色传真机 color facsimile apparatus

传送并复制彩色图像的传真机。

14.029 气象图传真机 weather-chart facsimile apparatus

传送气象图用的传真机。

14.030 数字终端 digital terminal

采用数字信号与局端设备或网络设备互连互通的终端设备。

14.031 数据终端设备 data terminal equipment, DTE

在数据站中,可以作为数据源、数据宿或者两者兼备,并按照某一链路协议来完成数据传送控制的功能单元。

14.032 分组型终端 packet-mode terminal

直接支持分组传输协议(如 X.25 协议)的终端。

14.033 多媒体终端 multimedia terminal

具有综合性、交互性、同步性的多媒体通信终端。

14.034 网络终端 network terminal, NT

用户—网络接口的网络侧的功能组。

14.035 电子付款机 point of sale, POS

又称"POS 机"。一种通过网络与远程的银行相连,实现远程网上支付,广泛用于超市、商场、酒店等消费场所的小型的台式读卡装置。

14.036 机顶盒 set-top box, STB

一种依托电视终端提供综合信息业务的家电设备。使用户能在现有电视机上观看数字电视节目,并可通过网络进行交互式数字化娱乐、教育和商业化活动。

14.037 移动终端 mobile terminal, MT

在移动通信设备中,终止来自或送至网络的无线传输,并将终端设备的能力适配到无线传输的部分。

14.038 寻呼机 pager, beeper

接收单工消息的小型便携装置。

14.039 手机 handset

又称"移动电话机"。可以握在手上的移动电话机。

14.040 双频终端 dual-band terminal

能够在两种不同的频段(例如可以同时在 800MHz 系统或者 1900MHz 系统)之下使用的手机。

14.041 多模手机 multimode terminal

可以在不同技术标准的移动网络使用的手机。

14.042 多频终端 multi-band terminal

能够在多种不同的频段之下使用的手机。

14.043　无绳终端　cordless terminal
又称"无绳电话机"。以无线方式接入固定电话网,可以在有限范围内移动使用的电话。

14.044　便携式终端　portable terminal
小型轻便,可以随身携带的通信终端设备。

14.045　个人数字助理　personal digital assistant，PDA
又称"掌上电脑"。集中了计算、电话、传真、和网络等多种功能的一种手持设备。

15. 通 信 电 源

15.001　基础电源　fundamental power supply
直接向通信设备供电,同时可对换流设备供电的直流电源或交流电源。它是各种通信设备和不同换流装置使用的标准电源。

15.002　交流配电设备　AC distribution equipment
用于连接电源、变压器、换流设备和其他负载,并对供电系统进行监控和保护,具有在电源和各种负载之间进行接通、断开、转换、实现规定的运行方式等控制功能的设备。

15.003　直流配电设备　DC distribution equipment
在直流供电系统中,处于整流器、蓄电池和直流负载之间,具有电路转换、保护、控制、测量和发出告警信号等功能的中间装置。

15.004　电池　cell
将辐射能或化学能直接转变成电能的直流电压源。

15.005　蓄电池　storage battery
放电到一定程度后,经过充电又能复原续用的电池。

15.006　不间断供电系统　uninterruptible power system
由整流器、逆变器、蓄电池组及静态开关等组成,保证不间断、不受外部干扰地供给 380V/220V、交流、50Hz、正弦波、稳压、稳频电源的供电系统。

15.007　远距离供电系统　remote power system
在长途有线通信中,利用电缆或光缆把电能从端站或有人中继站输送到无人站,为无人中继站供电的系统。

15.008　架装电源　rack-mounted power unit
安装在通信设备机架内或电路板上的换流装置。主要指直流换流器,或小型开关型整流器和逆变器。

15.009　接地系统　grounding system
为了实现各种电气设备的零电位点与大地作良性电气连接,由金属接地体引至各种电气设备零电位部位的一切装置的总称。

15.010　太阳能电池供电系统　solar cell power system
由太阳能电池组件、蓄电池组、监控设备组成的供电系统。

15.011 风力发电机 wind-generator set
利用风车从风的减速中得到能量以驱动发电机，配置相应的整流器和蓄电池组，变动能为电能的设备。

15.012 燃气涡轮发电机 gas turbogenerator
作为通信电源的备用电源，用燃气涡轮机驱动交流发电机的发电装置。

15.013 柴油发电机组 diesel generator set
用柴油机驱动发电机产生电能的设备。按通信电源的用途可分为固定式、移动式、自启动、无人值守四类。

15.014 温差发电器 thermoelectric generator
利用热电效应制成的直流发电装置。

15.015 换流设备 converter
整流设备、逆变设备和直流变换设备的总称。

15.016 整流器 rectifier
将交流电变换为直流电的设备。

15.017 逆变器 inverter
将直流电变为交流电的电源设备。

15.018 直流变换器 DC converter
将一种电压的直流电变换为另一种或几种电压的直流电的设备。

15.019 晶闸管整流设备 thyristor rectifier
用晶闸管作整流器件组成的将交流电变为直流电的电源设备。可为通信设备提供电压稳定的大功率直流电，并对蓄电池充电。

15.020 初充电 initial charge
使新蓄电池达到完全充电状态所进行的第一次充电。

15.021 均衡充电 equalizing charge
为确保蓄电池组中所有单体电池的电压、比重达到均匀一致而采用恒压充电方式进行的一种延续充电。

15.022 浮充电压 floating charge voltage
为补充自放电，使蓄电池保持完全充电状态的连续小电流充电的电压。

15.023 限流特性 current-limiting characteristic
工作在稳压状态下的换流设备，当输出电流增大到某规定值以上时，控制电路转入限流状态下工作的性能。

15.024 软起动性能 soft-starting characteristic
换流设备开机时，输出电压及电流逐渐增大到稳态值的性能。可避免初期输出电压和输出电流突然增大超过正常值，导致过流继电器跳闸而开机失败。

15.025 音响噪声 audible noise
换流设备运行时，工频或音频电流通过变压器和电感线圈，使硅钢片受磁场力的作用而振动发出的噪声。

15.026 波形失真率 waveform distortion factor
由交流电源滤除基波后的各次谐波组成的电压的有效值同原波形有效值之比。

15.027 并联冗余系统 parallel redundant system
为提高可靠性和便于检修维护，由一台或多台主用电源设备与一台备用电源设备并联而成的供电系统。

16. 通 信 计 量

16.001　电信计量　telecommunication metrology

以各类电信系统为测量对象,研究其测量方法,保证测量准确和统一的技术。

16.002　功率标准　power standard

为了计量发送设备的输出功率和接收设备的灵敏度,通过不同等级的精密功率计来计量功率的仪器。

16.003　时间频率标准　time and frequency standard

可从时间标准导出的频率标准。包括精密钟、音叉、高稳定石英晶体振荡器和各种原子频率标准。

16.004　阻抗标准　impedance standard

根据阻抗的无源定义建立起来的计量阻抗的标准。

16.005　噪声标准　noise standard

能产生一定频率范围内的随机噪声信号,并能给出精确功率谱密度的设备。

16.006　脉冲参数标准　pulse-parameters standard

表征脉冲参数(如脉冲幅度和时间间隔)的标准。

16.007　光波长标准　optical wavelength standard

国际计量局依据几条激光谱线的波长制定的标准。利用高分辨率的干涉仪与已定的波长标准相比对,可以实现光波长的精密测量。

16.008　测量误差　measurement error

测量所得的值与被测事物的真实值之间的差异。

16.009　测量不确定性　uncertainty of measurement

对被测量的真实值在某量值范围的评定。测量不确定性是误差可能值(或量值可能范围)的测度,表征所引用的测量结果代表被测量真实值的程度。

16.010　非线性失真测量　nonlinear distortion measurement

对输出信号中产生了输入信号所没有的频率成分的测量。

16.011　相位测量　phase measurement

又称"相移测量"。对多相系统中信号之间相位关系的测量。

16.012　数字传输测量　digital transmission measurement

显示与记录数字传输性能参数的过程。主要测量项目有误码、抖动和漂移。

16.013　数字接口特性测量　digital interface characteristic measurement

通过仪表以定量结果显示与记录数字系统输入输出口的性能(包括物理–电特性和功能特性两类)参数的过程。

16.014　眼图测量　eye diagram measurement

对符号波形序列所显示的眼图性能参数进行度量的过程。

16.015　脉码调制通路特性测量　PCM channel characteristic measurement

对脉码调制(PCM)系统提供的音频通路性能进行测量的过程。

16.016　噪声测量　noise measurement
对噪声统计特性的测量或利用噪声作为测试信号的测量。

16.017　噪声计　noise meter, psophometer
测量音频电路噪声的仪器。

16.018　信号发生器　signal generator
一种能提供各种频率、波形和输出电平电信号,常用作测试的信号源或激励源的设备。

16.019　频率时间计数器　frequency-time counter
用来实现频率或时间数字化测量的仪

器。

16.020　频谱分析仪　spectrum analyzer
简称"频谱仪"。以模拟或数字方式显示信号频谱的仪器。它能够从频域来观察电信号的特性,分析的频率范围最低可到1Hz以下,最高可达亚毫米波段。

16.021　光功率计　optical power meter
用于测量绝对光功率或通过一段光纤的光功率相对损耗的仪器。

16.022　光时域反射仪　optical time-domain reflectometer, OTDR
通过对测量曲线的分析,了解光纤的均匀性、缺陷、断裂、接头耦合等若干性能的仪器。

17. 政策、法规与管理

17.001　管制　regulation
又称"监管"。由政府机构制定并执行,直接干预市场配置机制,或间接改变企业和消费者的供需决策的一般规则或特殊行为。

17.002　放松管制　deregulation
比较宽松的管制办法。如降低市场门槛,准许与鼓励有条件的自然人与法人参与竞争、政府不干预企业经营权限内的事务。

17.003　不对称管制　asymmetrical regulation
政府管制部门对处于不同市场条件下的通信经营者予以区别对待,制定有利于新通信经营者的倾斜政策和法规,以达到充分、有效竞争的目的。

17.004　电信管制　telecommunications regulation
为达到一定目标,规范电信运营者在提供电信业务、终端和无线设备中的市场行为而采取的各项措施。

17.005　电信法　telecommunications law, telecommunications act
国家管理电信的法律。通过规定电信通信的管理、建设、使用以及电信的标准、安全保护准则等,以建立正常的通信秩序,保证电信的发展和通畅,保护通信部门、使用部门和其他用户的合法权益。

17.006　电信管理条例　telecommunication supervising statute
用于规范电信市场秩序,维护电信用户和电信业务经营者的合法权益,保障电信网络和信息的安全,促进电信业健康发展的条例。

17.007　电信业务分类　telecommunication operation classification
为便于管理而对电信业务所作的分类。一般把电信业务分为基础电信业务和增值电信业务。

17.008　电话普及率　penetration
按行政区划全部人口计算,平均每百人拥有的话机数。计量单位为:部每百人。

17.009　电话主线普及率　teledensity
每100人拥有的电话主线数。

17.010　家庭电话普及率　household telephone penetration
拥有电话服务的家庭所占的百分比。是普遍服务水平的基本度量。

17.011　有效电话普及率　effective penetration
固定电话普及率及移动电话普及率中的较高者。即每100人所拥有的固定电话或移动电话的较高值。

17.012　普遍服务　universal service
电信产业政策的重要组成部分,遵循可获性、非歧视的可接入性和广泛的可购性三大原则的电信服务。

17.013　普遍服务义务　universal service obligation, USO
以适当的价格向全国或全地区民众提供基本通用电话或其他电信业务的职责。

17.014　普遍服务基金　universal service fund
通常由各电信运营公司出资,为在近期无利可图地区提供电信服务的基金。

17.015　普遍接入　universal access
向所有人提供的价格合理的电信接入。包括向用得起私人电话服务的人提供的普遍服务和向其他人在合理距离内广泛提供的公用电话服务。

17.016　市场准入　market entry, market admittance
准许申请者进入市场、参与竞争的管理办法。

17.017　许可证　license
电信业务经营者经营电信业务的法定凭证。分为电信业务经营许可证和电信设备进网许可证两种。

17.018　许可证发放　licensing
选择运营商并给予特定电信业务经营权的管理程序,以及准许特定电信设备进入我国电信市场的管理程序。

17.019　平等接入　equal access
长途业务、国际业务或需要接入本地网的任何其他服务的非主导提供商,在连接本地网方面不受歧视的政策。

17.020　互联互通　interconnection and interworking
在不同电信网络之间建立有效连接,使不同网络的用户之间可以通信,或一个网络的用户可使用另一个网络的服务。

17.021　资源规划　resource planning
确定开展项目活动需要何种资源(人力、设备、材料、资金)以及所需数量的规划。

17.022　网络融合　network convergence
不同网络(如电信网、因特网和有线电视网)通过各种方式进行渗透和整合的一种趋势。网络融合带动了业务、市场和产业的融合。

17.023　网络共享　network sharing
对网络上的资源,包括硬件和软件,授权的任何网络用户都可以使用的特征。

17.024　绑定　bundling
描述本地电信公司向竞争性运营者或业务提供商提供接入的术语。绑定意味着不允许后者根据自己的需要向前者购买或租用其部分网元。

17.025　非绑定　unbundling
描述本地电信公司向竞争性运营者或业务提供商提供接入的术语。非绑定意味着允许后者根据自己的需要向前者购买或租用其部分网元。

17.026　码号管理　code-number management
对电信网码号资源的申请、分配、使用及调整的管理,以保证有效利用电信网码号资源,保障公平竞争,促进电信事业的健康发展。

17.027　资费政策　price policy
在国家价格政策指导下,利用电信资费调整电信与国民经济其他部门之间、电信与人民群众之间以及电信产业内部各种比例关系的一项经济政策。

17.028　资费调整　tariff rebalancing
重新调整电信业务资费,使其更接近提供这些服务的成本的过程。

17.029　交叉补贴　cross subsidy
同一电信经营者用赢利业务的收入来补偿非盈利业务产生的亏损的一种手段。

17.030　结算　settling
一个运营商由于其客户使用了其他运营商的通信资源,而向其他运营商支付费用的操作。

17.031　结算率　accounting rate
两个不同电信公司的用户之间相互连接的业务量占用双方资源产生的费用比率。它是基于双向产生的业务量来计算的。

17.032　结算费　settlement payments
因处理国际电信话务,而由终接公众电信运营商向始发公众电信运营商收取的费用。

17.033　接入费　access charge
因使用本地电话运营公司交换机设施或与电信网络相连接,而由本地电话运营公司收取的费用。

17.034　互联费　interconnection charge
一个公众电信运营商因互联而向另一个公众电信运营商支付的费用。

17.035　使用费　usage charge
根据用户对具体业务的使用来计算的费用。

17.036　固定费　fixed charge, standing charge
由用户支付的安装费和定期租用费。

17.037　固定费率　flat rate
通信服务提供者为用户制定的包时收费标准。如包月费。

17.038　忙时费率　peak rate
电信业务经营者规定的一天中业务繁忙时间段的资费费率。

17.039　主叫方付费　calling party pays, CPP
通信系统中的一种付费方式,由发起呼叫的主叫方支付相关的通信费用。

17.040　被叫方付费　receiving party pays, RPP
通信系统中的一种付费方式,由终接呼叫的被叫方支付相关的通信费用。

17.041　鉴权、授权和结算　authentica-

tion, authorization and accounting, AAA

智能控制资源接入、执行政策、审核使用和提供服务计费所需信息的一种框架。

17.042 每用户平均收入 average revenue per user, ARPU

又称"ARPU 值"。运营商用来测定其取自每个最终用户的收入的一个指标。但并不反映最终的利润率。

17.043 公众电信运营商 public telecommunications operator, PTO

向一般公众提供电信基础设施和业务的公司。

17.044 传统运营商 Incumbent

各国在电信垄断时期就存在的运营商。

17.045 电信设施提供商 telecommunications facility provider

电信设施的生产及销售厂商。

17.046 业务提供商 service provider, SP

为用户提供电话、移动电话和因特网服务等业务的公司。

17.047 网络业务提供商 network service provider, NSP

为公众提供网络服务的公司。

17.048 批发业务提供商 wholesale service provider

向其他经营业务的公司而非最终消费者提供服务的运营商。

17.049 零售业务提供商 retail service provider

向最终用户提供服务的运营商。

17.050 业务转售商 resale carrier, reseller

购买交换业务(主要是长途和国际业

务),并以零售价提供服务的企业。

17.051 增强业务提供商 enhanced service provider, ESP

为用户提供增强型业务或增值业务的电信运营商。

17.052 移动虚拟网络运营商 mobile virtual network operator, MVNO

自己不需申请频谱或建网,而是从移动网络运营商批发网络容量,再用自己的品牌向最终用户提供移动业务的运营商。

17.053 主导运营商 dominant operator

拥有基础电信设施,在电信业务市场中占有较大份额,能够对其他电信运营商进入市场构成实质性影响的运营商。

17.054 竞争接入提供商 competitive access provider, CAP

具有运营许可证,提供本地电信业务,并与公众电信运营商竞争的新加入运营商。

17.055 本地电话公司 local exchange carrier, LEC

提供本地电话业务的公司。

17.056 长途电话公司 inter-exchange carrier, IEC, IXC

提供长途电话业务的公司。

17.057 因特网服务提供者 Internet service provider, ISP

为企业用户和个人用户提供因特网服务的运营商。主要包括因特网接入服务、服务器托管、提供外包资源等。

17.058 因特网内容提供者 Internet content provider, ICP

因特网上以网站形式提供文字、音频或

视频内容及信息的机构或者企业。

17.059 应用服务提供者 application service provider, ASP

通过因特网为企业、个人提供应用服务的专业化公司。

17.060 在线服务提供者 on-line service provider, OSP

通过调制解调器或网络提供在线链接服务的运营商。

17.061 第三方服务提供商 third party service provider

除使用方和销售方之外的第三方,以出售服务为主营业务的专业化公司。

17.062 公共电话营业所 public call office, PCO

一般由国有电信运营者提供,用于公用电话服务的场所。

17.063 电信服务中心 telecenter

为用户提供一站式电信业务服务的运营机构。

17.064 设备入网检测 equipment admittance testing

对电信设备,为决定是否允许入网而对其电气安全指标、电磁兼容性指标以及设备的通信性能指标等进行的检测。

17.065 机型批准 type approval

又称"设备认证"。电信设备在可以销售或与公众网互连之前,对其进行的技术测试和检查。

17.066 无线电管理 regulation and administration of radio services

通过规划、控制、协调和监督等手段对开发、使用、研究无线电波和卫星轨道的各种活动所实施的行政管理。

17.067 无线电频率管理 radio frequency supervising

对无线电频率的划分、分配及指配。

17.068 频率划分 frequency allocation

把某个特定的频带列入频率划分表,规定该频带可在指定的条件下供一种或多种地面或空间无线电通信业务或射电天文业务使用的过程。

17.069 频率分配 frequency allotment

把无线电频率或频道规定由一个或多个部门,或在指定的区域内供地面或空间无线电通信业务在指定的条件下使用的过程。

17.070 频率指配 frequency assignment

把无线电频率或频道核准给无线电台在规定的条件下使用的过程。

17.071 卫星轨道管理 satellite orbit supervising

对卫星轨道的规划、配置、使用及协调。

17.072 域名管理 domain-name supervising

对因特网域名的管理。包括规章及政策制定、顶级域名体系制定、域名注册机构管理、域名根服务器运行机构管理、域名注册服务管理、域名有关事宜的国际协调。

17.073 可接入性 accessibility

普遍服务的原则。电话用户在价格、服务和质量方面受同等对待,而与地理位置、种族、性别、宗教等无关。

17.074 可购性 affordability

普遍服务的原则。电话业务定价应使大多数公民用得起。

17.075 可获性 availability

普遍服务的原则。无论何时何地需要，实现全国范围内的电话服务覆盖。

17.076 待装名单 waiting list
已经登记需要服务但还未得到服务的用户名单。

17.077 用户流失 churn
一个网络中原有用户数量的减少。

17.078 质量认证 quality authentication, quality certification
又称"合格评定"。国际上通行的管理产品质量的有效方法。分为产品质量认证和质量体系认证两类。

17.079 全面质量管理 total quality management, TQM
对一个组织，以质量为中心，全员参与为基础的管理方法。

17.080 风险管理 risk management
决定如何对待并规划项目风险的管理活动。

17.081 定量风险分析 quantitative risk analysis
一种量度风险概率和后果，并估算它们对项目目标的影响的分析方法。

17.082 定性风险分析 qualitative risk analysis
一种对风险和条件进行定性分析，并按影响大小排列它们对项目目标的影响顺序的分析方法。

17.083 费用预算 cost budgeting
把费用估算分摊到各项活动上的操作。

17.084 甘特图 Gantt chart
一种按照时间进度标出工作活动，常用于项目管理的图表。

17.085 PERT 图 program evaluation and review techniques chart, PERT chart
一种进行计划安排和成本控制，把活动时间和成本方面的不确定性结合起来，统筹考虑进行项目管理的方法。

17.086 购买力平价 purchasing power parity
两国货币的汇率主要由两国货币的购买力决定的机制。

17.087 按股权比例摊分的用户 proportionate subscribers
运营商根据其股权比例而拥有的用户数量。

17.088 国际电信联盟 International Telecommunications Union, ITU
联合国于 1865 年成立的制定国际电信标准的专门机构。

17.089 世界无线电通信大会 World Radiocommunications Conference, WRC
国际电信联盟涉及无线电频率、卫星轨道资源的划分、分配、指配、规划及管理的全球盛会。每两年召开一次。

17.090 电气电子工程师学会 Institute of Electrical and Electronics Engineers, IEEE
美国最大的国际性学术团体兼出版机构。成立于 1963 年，下设 33 个专业学会。

17.091 欧洲电信标准组织 European Telecommunications Standards Institute, ETSI
由欧共体委员会 1988 年批准建立的一个非赢利性的电信标准化组织。

17.092 **因特网工程任务组** Internet Engineering Task Force, IETF

因特网体系结构研究会下属的一个开发性技术团体。由志愿人员组成,主要是制定有关因特网的标准。

17.093 **国际卫星组织** International Satellite Organization, ISO

通过卫星提供国际通信服务的组织。例如国际通信卫星组织(INTELSAT)、国际移动卫星组织(INMARSAT)、欧洲通信卫星组织(EUTELSAT)。

17.094 **[美国]联邦通信委员会** Federal Communications Commission, FCC

美国专门负责管理国内及对外有线电报电话、无线电和电视通信业务,直接对国会负责的行政和决策机构。

英汉索引

A

AAA 鉴权、授权和结算 17.041

AAL ATM适配层 02.116

ABR 可用比特率 04.072

ABS 替代记账业务 13.034

abstract syntax notation 抽象句法记法 05.050

access 接入 01.367

access charge 接入费 17.033

access code 接入码 04.119

access contention 接入争用 04.096

access delay 接入时延 04.095

accessibility 可达性，*可访问性 07.011，可接入性 17.073

access line 接入线 08.064

access network 接入网 02.129

access protocol 接入协议 05.017

access rate 接入速率 02.057

accountability 可审核性 07.009

accounting management 计费管理 06.054

accounting rate 结算率 17.031

accreditation 认可 07.006

AC distribution equipment 交流配电设备 15.002

ACOM 天线合路器 01.596

acquisition 捕获 01.599

ACR 衰减串话比 01.145，允许信元速率 04.069

activation 激活 12.159

active antenna 有源天线 01.598

active network 有源网络 01.025

active optical network 有源光网络 09.109

adaptive 自适应[的] 01.020

adaptive communication 自适应通信 01.021

adaptive differential pulse-code modulation 自适应差分脉码调制 01.498

add-drop multiplex 分插复用 08.004

additive white Gaussian noise 加性白高斯噪声

01.110

address 地址 04.092

addressing 寻址 01.381

address resolution protocol 地址解析协议 05.031

ad hoc networking 特别联网，*自组织联网 02.064

adjacent channel 邻信道 01.049

adjacent channel interference 邻信道干扰 01.125

ADM 分插复用 08.004

ADPCM 自适应差分脉码调制 01.498

ADSL 不对称数字用户线，*非对称数字用户线 08.055

advanced intelligent network 高级智能网 02.147

advanced mobile phone system 高级移动电话系统 12.016

AF 音频 01.285

affordability 可购性 17.074

AGC 自动增益控制 01.319

aggregate bandwidth 聚合带宽 01.260

aggregate bit rate 群路比特率 08.014

aggregator 聚合器 04.027

AIN 高级智能网 02.147

air interface 空中接口，*公共空中接口 12.142

airtime 空中通话时长 12.143

alarm 告警 06.039

alarm status 告警状态 06.040

alarm surveillance 告警监视 06.041

A-law A律 01.444

all-channel antenna 全频道天线 12.178

all-optical network 全光网 09.059

allowed cell rate 允许信元速率 04.069

all-plastic fiber 全塑光纤 09.141

all-silica fiber 全石英光纤 09.140

all-wave fiber 全波光纤 09.137

all-weather service 全天候服务 13.040

alternate billing service　替代记账业务　13.034

alternative routing　迂回选路　04.059

AM　调幅　01.490

amplifier　放大器　01.535

amplitude discriminator　鉴幅器　01.567

amplitude modulation　调幅　01.490

amplitude-shift keying　幅移键控　01.515

amplitude-shift modulation　幅移调制　01.494

AMPS　高级移动电话系统　12.016

AN　接入网　02.129

analog communication　模拟通信　01.006

analog signal　模拟信号　01.053

analog switching　模拟交换　04.002

analog-to-digital conversion　模数转换　01.244

antenna　天线　01.593

antenna combiner　天线合路器　01.596

antenna directionality　天线方向性　10.015

antenna feed　天线馈源，＊馈源　10.021

antenna feeder　天馈线　01.594

antenna feed line　天线馈电线　10.023

antenna pattern　天线方向图　01.595

antenna polarization　天线极化　10.016

antenna system　天线系统　10.014

antivirus　防病毒　07.029

anycast　任播　13.142

AON　全光网　09.059，有源光网络　09.109

APD　雪崩光电二极管　09.160

API　应用程序接口　13.166

APON　ATM 无源光网络　09.111

application　应用　13.161

application courier service　应用向导服务　13.163

application layer　应用层　05.008

application middleware　应用中间件　13.164

application program　应用程序　13.162

application program interface　应用程序接口　13.166

application protocol　应用协议　05.015

application proxy　应用代理　07.053

application service provider　应用服务提供者　17.059

application transparency　应用透明性　01.345

AR　接入速率　02.057

ARP　地址解析协议　05.031

ARPU　每用户平均收入，＊ARPU 值　17.042

AS　自治系统　02.098

ASK　幅移键控　01.515

ASN　抽象句法记法　05.050

ASON　自动交换光网络，＊智能光网　09.117

ASP　应用服务提供者　17.059

associated signaling　直联信令［方式］　03.008

ASTN　自动交换传送网　09.116

asymmetrical channel　不对称信道　01.044

asymmetrical regulation　不对称管制　17.003

asymmetric digital subscriber line　不对称数字用户线，＊非对称数字用户线　08.055

asynchronous data switch　异步数据交换机　04.016

asynchronous interface　异步接口　09.092

asynchronous multiplexer　异步复用器　01.571

asynchronous transfer mode　异步转移模式，＊异步传送模式　01.232

asynchronous transfer mode network　异步转移模式网　02.113

ATM　异步转移模式，＊异步传送模式　01.232

ATM adaptation layer　ATM 适配层　02.116

ATM cell　ATM 信元　02.115

ATM network　异步转移模式网　02.113

atmospheric noise　大气噪声　01.107

ATM passive optical network　ATM 无源光网络　09.111

ATM service　异步转移模式业务　13.089

ATM wireless access　ATM 无线接入　10.048

attenuation　衰减　01.351

attenuation coefficient　衰减系数　01.352

attenuation-to-crosstalk ratio　衰减串话比　01.145

attenuator　衰减器　01.583

AUC　鉴权中心　12.062

audible noise　音响噪声　15.025

audio frequency　音频　01.285

authentication, authorization and accounting　鉴权、授权和结算　17.041

authentication center　鉴权中心　12.062

authorization　授权　07.004

automatic gain control　自动增益控制　01.319

automatic switched optical network　自动交换光网络，＊智能光网　09.117

automatic switched transport network　自动交换传送

125

网 09.116

automatic switching equipment 自动交换设备 04.030

autonomous system 自治系统 02.098

availability 可用性 01.307, 可获性 17.075

available bit rate 可用比特率 04.072

avalanche photodiode 雪崩光电二极管 09.160

average revenue per user 每用户平均收入，*ARPU 值 17.042

B

backbone network 主干网，*骨干网 02.017

backbone router 主干路由器 04.038

background noise 背景噪声，*嘘声 01.106

backhaul 回程，*回传 01.366

back-off 回退 11.046

backplate 背板 01.584

backward channel 反向信道，*后向信道 01.047

balanced circuit 平衡电路，*对称电路 01.553

balanced code 平衡码 01.480

BAN 人体域网 02.062

band 波段 01.296

band-limiting filtering 限带滤波 01.267

bandpass filter 带通滤波器 01.540

bandstop filter 带阻滤波器 01.541

bandwidth 带宽 01.335

bandwidth-distance product 带宽距离积 01.316

bandwidth on demand 按需分配带宽 01.336

banner 页旗 13.139

baseband 基带 01.095

baseband processing 基带处理 01.097

baseband signal 基带信号 01.096

baseband transmission 基带传输 01.094

base station 基站 12.095

base station controller 基站控制器 12.096

base station subsystem 基站子系统 12.099

base station transceiver 基站收发信机 12.098

basic rate interface 基本速率接口 02.108

basic service 基础业务 13.012

baud 波特 01.172

B2B 企业对企业 13.157

BC 承诺突发量 02.059

B2C 企业对消费者 13.159

BCCH 广播控制信道 12.094

BCD 二进制编码的十进制 01.471

BCH 广播信道 12.093

B-channel B信道 02.110

BCH code BCH码 01.465

BE 超额突发量 02.060

B2E 企业对雇员 13.160

beacon frequency 定标频率 12.120

beam 射束 01.589

bearer channel 承载信道 01.042

bearer service 承载业务 13.022

beeper 寻呼机 14.038

behavior test 行为测试 06.018

best effort 尽力而为服务 13.119

beyond 3G 后3G，*超3G 12.039

B2G 企业对政府 13.158

B3G 后3G，*超3G 12.039

BGP 边界网关协议 05.040

BHCA 忙时试呼 04.099

bidirectional 双方向 01.407

bidirectional ring 双向环 09.049

binary 二进制[的] 01.167

binary channel 二进制信道 01.169

binary code 二进制码 01.470

binary coded decimal 二进制编码的十进制 01.471

binary digitt 二进制数字，*比特 01.168

binary runtime environment for wireless BREW平台 12.189

binding 捆绑 09.024

biphase coding 双相编码 01.461

bipolar coding 双极性编码 01.460

bipolar signal 双极性信号 01.061

B-ISDN 宽带综合业务数字网 02.112

bit 二进制数字，*比特 01.168

bit error 比特差错，*误码 01.177

bit error ratio 比特差错率，*误码率，*误比特率 01.178

bit interleaving　比特交织　01.182

bit interval　比特间隔　01.181

bit pattern　比特图案，*位模式　01.186

bit rate　比特率　01.174

bit robbing　比特劫取　01.183

BITS　大楼综合定时供给　03.028

bit slip　比特滑动，*滑码　01.180

bit stream　比特流　01.173

bit stuffing　比特填充，*比特填塞　01.184

bit synchronization　比特同步　01.185

black list [of IMEI]　黑名单　12.157

block　码块　01.436

block code　块码　01.479

block error probability　块差错概率　01.179

blocking　闭塞　04.109

block interleaving　块交织　12.145

bluetooth　蓝牙[技术]　12.117

body area network　人体域网　02.062

booked call　预约呼叫　13.060

border gateway protocol　边界网关协议　05.040

border router　边界路由器　02.089

botnet　僵尸网络　07.036

BREW　BREW平台　12.189

BRI　基本速率接口　02.108

bridge　网桥　02.085

bridging　桥接　01.370

broadband　宽带　01.155

broadband access　宽带接入　08.065

broadband ISDN　宽带综合业务数字网　02.112

broadband network　宽带网　02.009

broadband radio access network　宽带无线接入网 10.044

broadband wireless access　宽带无线接入　10.043

broadband wireless local loop　宽带无线本地环路 10.049

broadcast　广播　13.140

broadcast channel　广播信道　12.093

broadcast control channel　广播控制信道　12.094

broadcast satellite　广播卫星　11.007

broadcast satellite service　广播卫星业务　13.190

brouter　网桥路由器，*桥路器　04.037

browser　浏览器　13.129

BS　基站　12.095

BSC　基站控制器　12.096

BSS　基站子系统　12.099

BST　基站收发信机　12.098

BTSM　基站管理　12.097

BTS management　基站管理　12.097

buffer memory　缓冲存储器，*缓存器　01.557

building-integrated timing supply　大楼综合定时供给 03.028

bundled services　捆绑式服务　13.031

bundling　业务捆绑　13.037，绑定　17.024

burst　突发信号　01.059

burst error　突发差错　01.191

burst transmission　突发传输　01.089

business-critical application　企业要害应用　13.172

business management　事务管理　03.041

business-to-business　企业对企业　13.157

business-to-consumer　企业对消费者　13.159

business-to-employee　企业对雇员　13.160

business-to-government　企业对政府　13.158

busy hour　忙时　04.098

busy hour call attempts　忙时试呼　04.099

buzzer [in a telephone set]　[电话机的]蜂鸣器 14.022

BW　带宽　01.335

BWA　宽带无线接入　10.043

C

CA　证书[代理]机构　07.023

cable　电缆　08.072

cable modem　电缆调制解调器，*线缆调制解调器 08.067

cable telephone　有线电视电话　13.057

cable television　有线电视　13.114

cable television network　有线电视网　02.123

cache　高速缓冲存储器，*高速缓存器　01.559

call　呼叫　01.375

call attempt　试呼　04.097

call center　呼叫中心　13.078

called party　被叫方　01.378

caller display 主叫号码显示，＊主叫显示 13.066

calling card service 电话卡业务 13.050

calling line identification 主叫号码显示，＊主叫显示 13.066

calling party 主叫方 01.377

calling party pays 主叫方付费 17.039

calling tone 呼叫单音 04.085

call maker 自动呼叫器 14.023

call screening 呼叫筛选 13.071

call set-up 呼叫建立 01.376

call tracing 呼叫跟踪 04.084

CAMEL 移动网增强逻辑的定制应用 12.136

candidate cell 候选小区 12.058

CAP 竞争接入提供商 17.054

capability set 能力集 02.149

capability test 能力测试 06.017

CAPM 无载波幅相调制 01.499

carrier 载波 01.067

carrierless amplitude-and-phase modulation 无载波幅相调制 01.499

carrier recovery 载波恢复，＊载频恢复 01.333

carrier-to-interference ratio 载波干扰比 01.132

CAS 随路信令 03.006

cascading 级联 01.369

CATV 有线电视 13.114

CATV network 有线电视网 02.123

CBC 小区广播中心 12.060

CBR 恒定比特率 04.070，恒定比特率业务 13.098

CCD 电荷耦合器件 09.153

CCH 控制信道 12.092

CCS 共路信令 03.007

CDM 码分复用 01.426

CDMA 码分多址 01.419

cdma2000 cdma2000 系统 12.028

cdma2000 1x cdma2000 1x 系统 12.029

cdma2000 1x EV-DO cdma2000 1x EV‑DO 系统 12.030

cdma2000 1x EV-DV cdma2000 1x EV‑DV 系统 12.031

cdmaOne cdmaOne 系统 12.027

CDN 内容配送网 13.148

CDPD 蜂窝数字分组数据系统 12.040

CDV 信元时延变化 04.074

cell 信元 04.064，小区 12.051，电池 15.004

cell broadcast center 小区广播中心 12.060

cell delay variation 信元时延变化 04.074

cell error ratio 信元差错比 04.075

cell header 信元头 04.078

cell loss ratio 信元丢失比 04.076

cell misinsertion rate 信元误插率 04.077

cell of origin 原点小区 12.053

cell splitting 小区分裂 12.059

cell switching 信元交换 04.065

cellular digital packet data system 蜂窝数字分组数据系统 12.040

cellular geographic service area 蜂窝地理服务区 12.050

cellular mobile telephone network 蜂窝移动电话网 12.001

cellular mobile telephone system 蜂窝移动电话系统 12.014

cellular structure 蜂窝结构 12.045

cellular telephone 蜂窝电话 12.046

centralized control 集中控制 04.023

central office exchange service 集中小交换业务，＊虚拟用户交换机 13.051

central office terminal 局端机 02.141

central processor 中央处理机 04.046

Centrex 集中小交换业务，＊虚拟用户交换机 13.051

cepstrum 倒谱 01.246

CER 信元差错比 04.075

certificate agency 证书[代理]机构 07.023

certification authority 认证机构 07.005

CES 电路仿真业务 13.092

CG 计费网关 12.149

CGSA 蜂窝地理服务区 12.050

changeback 倒回 04.113

changeover 倒换 04.112

channel 信道，＊通路 01.037，波道 01.039

channel-associated signaling 随路信令 03.006

channel capacity 信道容量 01.051

channel coding 信道编码 01.449

channel spacing 信道间隔 01.050

charge-coupled device 电荷耦合器件 09.153

charging gateway 计费网关 12.149

chip 码片 12.146

chip rate 码片速率 12.147

churn 用户流失 17.077

C/I 载波干扰比 01.132

CIR 承诺信息速率 02.058

circuit 电路 01.545

circuit emulation service 电路仿真业务 13.092

circuit-switched data network 电路交换数据网 02.045

circuit-switched network 电路交换网 02.023

circuit switching 电路交换 04.004

circular polarization 圆极化 10.018

circulator 环行器 01.581

CK 时钟 03.024

cladding 包层 09.029

cladding mode 包层模 09.030

clamping 钳位 01.348

class of service 服务类别 13.002

click to dial-up 点击拨号 13.147

CL network 无连接网 02.079

CLNP 无连接网络协议 05.054

CLNS 无连接网络业务 13.104

clock 时钟 03.024

clock control signal 时钟控制信号 03.029

clock extraction 时钟提取 01.215

clock frequency 时钟频率 03.030

clock recovery 时钟恢复 01.214

clone fraud 克隆欺诈 12.151

closed user group 闭合用户群 13.038

CLR 信元丢失比 04.076

CM 电缆调制解调器，*线缆调制解调器 08.067

CMIP 公共管理信息协议 05.037

CMIS 公用管理信息服务 13.039

CMR 信元误插率 04.077

CMRR 共模抑制比 08.089

CNM 用户网络管理 03.039

coarse wavelength division multiplexer 稀疏波分复用 09.016

coax 同轴电缆 08.081

coaxial cable 同轴电缆 08.081

co-channel 同信道 01.048

co-channel interference 同信道干扰 01.124

code 代码 01.434

codec 编解码器 01.576

code-division multiple access 码分多址 01.419

code-division multiplexing 码分复用 01.426

coded violation 编码违例 09.095

code-number management 码号管理 17.026

coder 编码器 01.574

code word 码字 01.435

coding 编码 01.441

coding gain 编码增益 01.447

coding transform 编码变换 01.446

coherence 相干 01.354

coherent demodulation 相干解调 01.525

coherent modulation 相干调制 01.503

coin-box set 投币式电话机 14.006

collect call 被叫方付费呼叫 13.053

collocation 场地出租 13.126

color facsimile apparatus 彩色传真机 14.028

committed burst size 承诺突发量 02.059

committed information rate 承诺信息速率 02.058

common channel signaling 共路信令 03.007

common management information protocol 公共管理信息协议 05.037

common management information service 公用管理信息服务 13.039

common-mode interference 共模干扰 08.088

common-mode rejection ratio 共模抑制比 08.089

common object request broker architecture 公共对象请求代理体系结构 03.046

communication 通信，*通讯 01.001

communication satellite 通信卫星 11.005

communication system 通信系统 01.033

companding 压扩 01.255

competitive access provider 竞争接入提供商 17.054

complex spectrum 复频谱 01.290

compression 压缩 01.254

compression ratio 压缩比 01.257

computer communication network 计算机通信网，*计算机网 02.061

computer-telephony integration 计算机电话集成 02.102

concentrator 集中器 04.048

conduit 管道 08.071

CO network 面向连接网 02.078

configuration management 配置管理 06.058

conformance test 一致性测试 06.019

congestion 拥塞 04.117

congestion control 拥塞控制 01.384

connection 连接 01.359

connectionless 无连接 01.360

connectionless-mode network service 无连接网络业务 13.104

connectionless network 无连接网 02.079

connectionless network protocol 无连接网络协议 05.054

connection-mode network service 面向连接网络业务 13.105

connection-oriented 面向连接 01.361

connection-oriented network 面向连接网 02.078

connection-oriented network-layer protocol 面向连接的网络层协议 05.053

connectivity transparency 连通[性]透明性 01.343

CONP 面向连接的网络层协议 05.053

CONS 面向连接网络业务 13.105

constant bit rate 恒定比特率 04.070

constant bit rate service 恒定比特率业务 13.098

constant ratio code 定比码 01.469

constellation 星座 11.058

container 容器 09.088

content delivery 内容配送 13.149

content distribution 内容分发 13.151

content distribution network 内容配送网 13.148

content filtering 内容过滤 13.150

contention 争用 01.357

contiguous concatenation 相邻拼接 09.091

continuity check 连续性检查 06.023

control channel 控制信道 12.092

convergence protocol 汇聚协议 05.046

conversational service 会话型业务 13.013

converter 混频器 01.565，换流设备 15.015

COO 原点小区 12.053

CORBA 公共对象请求代理体系结构 03.046

cordless terminal 无绳终端，*无绳电话机

14.043

core 纤芯 08.086

core network 核心网 02.016

core router 核心路由器 02.087

correlative coding 相关编码 01.450

CoS 服务类别 13.002

cost budgeting 费用预算 17.083

COT 局端机 02.141

coupler 耦合器 01.580

coupling 耦合 01.350

coverage 覆盖 12.047

coverage area 覆盖区 12.048

CPE 用户驻地设备 02.126

CPN 用户驻地网 02.125

CPP 主叫方付费 17.039

CRC 循环冗余检验 08.029

cross-connect 交叉连接 01.368

cross modulation 交叉调制 01.524

cross subsidy 交叉补贴 17.029

crosstalk 串扰，*串话 01.143

cryptology 密码学 07.018

CS 能力集 02.149

CSDN 电路交换数据网 02.045

CT 无绳电话 12.133

CTI 计算机电话集成 02.102

CUG 闭合用户群 13.038

current-limiting characteristic 限流特性 15.023

customer care center 客户服务中心 13.035

customer network management 用户网络管理 03.039

customer premises equipment 用户驻地设备 02.126

customer premises network 用户驻地网 02.125

customer relationship management 客户联系管理 06.064

customized application for mobile network enhanced logic 移动网增强逻辑的定制应用 12.136

CV 编码违例 09.095

CWDM 稀疏波分复用 09.016

cyclic code 循环码 01.483

cyclic redundancy check 循环冗余检验 08.029

D

dark fiber　暗光纤　09.138

data center　数据中心　13.127

data circuit terminal equipment　数据电路终端设备　02.052

data communication　数据通信　01.012

data encryption standard　数据加密标准　07.019

data exchange interface　数据交换接口　02.119

datagram service　数据报业务　13.106

data link layer　数据链路层　05.013

data mining　数据挖掘　13.165

data network　数据网　02.042

data service　数据业务　13.084

data service unit　数据业务单元　02.055

data station　数据站　02.051

data terminal equipment　数据终端设备　14.031

data transmission　数据传输　01.088

dB　分贝　01.321

dBm　毫瓦分贝　01.322

DBS　直播卫星　11.029

DCA　动态信道分配　12.087

DC converter　直流变换器　15.018

DC distribution equipment　直流配电设备　15.003

DCE　数据电路终端设备　02.052

DCF　色散补偿光纤，＊补偿光纤　09.133

D-channel　D 信道　02.111

DCM　数字电路倍增　01.554

DCS　数字交叉连接系统　04.028

DDF　数字配线架　01.582

DDN　数字数据网　02.054，数字数据[网]业务　13.085

deactivation　去激活　12.160

decadic keypad　脉冲按键号盘　14.021

decibel　分贝　01.321

decision circuit　判决电路　01.551

decoder　解码器　01.575

decoding　解码　01.442

DECT　增强型数字无绳电信系统　12.042

defect　缺陷　06.030

delay　时延　01.150

delay line　延迟线　08.090

delta modulation　增量调制　01.504

demodulation　解调　01.485

demodulator　解调器　01.532

demultiplexer　分用器　01.572

demultiplexing　分用　01.423

deMUX　分用器　01.572

denial of service　拒绝服务　07.042

dense wavelength-division multiplexing　密集波分复用　09.014

depressed cladding fiber　凹陷包层光纤　09.139

depressed clad fiber　凹陷包层光纤　09.139

deregulation　放松管制　17.002

DES　数据加密标准　07.019

descrambler　解扰码器　01.577

descrambling　解扰　01.250

deserialization　串并变换　01.243

desired signal　有用信号　01.063

detection　检测　01.251

detector　检波器　01.566

DFF　色散平坦光纤　09.134

DHCP　动态主机配置协议　05.041

diagnostic test　诊断测试　06.021

dial　拨号盘　14.019

dialing　拨号　04.086

dial-up access　拨号上网　13.146

dial-up connection　拨号连接　04.087

dial-up Internet access　拨号因特网接入　04.088

diesel generator set　柴油发电机组　15.013

differential encoding　差分编码　01.454

differential modulation　差分调制　01.496

differential pulse-code modulation　差分脉码调制　01.497

differentiated services　差异化服务　13.029

DiffServ　区分服务　05.043

digital certificate　数字证书，＊数字标志　07.008

digital circuit multiplication　数字电路倍增　01.554

digital communication　数字通信　01.007

digital cross-connected system　数字交叉连接系统

04.028

digital data network 数字数据网 02.054

digital data network service 数字数据[网]业务 13.085

digital distribution frame 数字配线架 01.582

digital error 数字差错 01.189

digital exchange 数字交换机 04.032,数字交换局 04.043

digital filter 数字滤波器 01.544

digital interface characteristic measurement 数字接口特性测量 16.013

digital line section 数字线路段 08.020

digital line system 数字线路系统 08.021

digital loop carrier 数字环路载波 08.051

digitally enhanced cordless telecommunications system 增强型数字无绳电信系统 12.042

digital microwave relay system 数字微波接力通信系统,*数字微波中继系统 10.028

digital modulation 数字调制 01.493

digital multiplex hierarchy 数字复用体系 01.433,复用体系 08.006

digital pair gain 数字线对增益 01.258

digital radio link 数字无线链路 10.033

digital radio path 数字无线通道 10.034

digital radio section 无线数字段 10.037

digital radio system 数字无线系统 10.035

digital satellite 数字卫星 11.006

digital section 数字段 08.046

digital signal 数字信号 01.054

digital signature 数字签名,*电子签名 07.007

digital-speech interpolation 数字语音内插 01.431

digital subscriber line 数字用户线 08.053

digital switch 数字交换机 04.032

digital switching 数字交换 04.003

digital terminal 数字终端 14.030

digital-to-analog conversion 数模转换 01.245

digital transmission measurement 数字传输测量 16.012

digital trunked radio 数字集群无线电 12.071

digital video broadcast 数字视频广播 11.028

digital video interactive 数字视频交互 04.021

digitization 数字化 01.164

direct broadcast satellite 直播卫星 11.029

direct broadcast satellite system 直播卫星系统 11.031

direct digital satellite 直播数字卫星 11.030

directed retry 定向重试 12.124

directional cell 定向小区 12.122

directive gain 定向增益 12.123

directory access protocol 目录访问协议 05.047

directory enquiry service 号码查询业务,*电子号簿 13.080

directory information service 号码簿信息服务 13.067

direct route 直达路由 04.055

direct sequence CDMA 直接序列码分多址 12.172

direct to home 直接入户 11.063

disabled state 不能工作状态 01.313

discrete multitone 离散多载波 08.044

dispersion 色散 09.036

dispersion compensating fiber 色散补偿光纤,*补偿光纤 09.133

dispersion compensator 色散补偿器 09.042

dispersion-flattened fiber 色散平坦光纤 09.134

dispersion-shifted fiber 色散移位光纤 09.135

distortion 失真,*畸变 01.135

distributed control 分布[式]控制 04.024

distributed denial of service 分布式拒绝服务 07.043

distributed queue dual bus 分布队列双重总线 02.082

distributed service 分配型业务 13.014

distribution network 分配网 02.018

diversity 分集 01.590

DLC 数字环路载波 08.051

DM 增量调制 01.504

DMT 离散多载波 08.044

DNS 域名系统 02.097

doghouse 调谐室 12.125

domain 域 02.096

domain-name supervising 域名管理 17.072

domain-name system 域名系统 02.097

domestic communication satellite 国内通信卫星[网] 11.017

dominant operator 主导运营商 17.053

Doppler effect 多普勒效应 11.002

DoS 拒绝服务 07.042

double sideband 双边带 01.159

down conversion 下变频 01.241

downlink 下行链路 01.387

down state 不可用状态 01.312

DPCM 差分脉码调制 01.497

DPG 数字线对增益 01.258

DQ 号码查询业务，*电子号簿 13.080

DQDB 分布队列双重总线 02.082

drop-and-continue 下路并继续 08.023

drop and insert 分出并插入 08.005

drop cable 入户电缆 08.066

DRP 动态选路协议 05.061

DS 数字段 08.046

DSB 双边带 01.159

DS-CDMA 直接序列码分多址 12.172

DSF 色散移位光纤 09.135

DSI 数字语音内插 01.431

DSL 数字用户线 08.053

DSU 数据业务单元 02.055

DTE 数据终端设备 14.031

DTH 直接入户 11.063

DTM 动态同步转移模式，*动态同步传送模式

01.234

DTMF 双音多频 04.093

dual band 双频段 12.185

dual-band seamless handover 双频无缝切换
12.186

dual-band terminal 双频终端 14.040

dual hubbed 双枢纽 09.087

dual-mode 双模[的] 12.183

dual-node interconnection 双节点互连 09.086

dual-tone multi-frequency 双音多频 04.093

duobinary code 双二进码 01.472

duplex 双工 01.101

DVB 数字视频广播 11.028

DVI 数字视频交互 04.021

DWDM 密集波分复用 09.014

DXI 数据交换接口 02.119

dynamic channel allocation 动态信道分配 12.087

dynamic host configuration protocol 动态主机配置协
议 05.041

dynamic routing 动态选路 01.383

dynamic routing protocol 动态选路协议 05.061

dynamic synchronous transfer mode 动态同步转移模
式，*动态同步传送模式 01.234

E

earth station 地球站 11.035

earth station of satellite communications 卫星通信地
球站 11.036

EB 误块 08.022

e-Business 电子商业 13.155

ECC 差错控制编码 01.453

echo 回波 01.148

echo canceller 回波抵消器 01.560

echo suppressor 回波抑制器 01.561

e-Commerce 电子商务 13.156

EDFA 掺铒光纤放大器 09.152

EDGE EDGE 系统，*2.75 代技术 12.026

edge router 边缘路由器 02.088

EDI 电子数据交换 13.108

EDSL 扩展的数字用户线 08.063

effectiveness 有效性 07.016

effective penetration 有效电话普及率 17.011

effective radiated power 有效辐射功率 01.600

E3G 增强型 3G 移动系统 12.036

ELAN 仿真局域网 02.121

elastic buffer 弹性缓冲器 01.558

electromagnetic compatibility 电磁兼容性 01.130

electromagnetic interference 电磁干扰 01.129

electronic bulletin board 电子公告板，*公告板系
统 13.131

electronic data interchange 电子数据交换 13.108

electronic payment 电子支付 07.054

electronic serial number 电子序列号码 12.130

electro-optical switching 光电交换 09.065

elementary cable section 单元电(光)缆段 08.009

E-mail 电子邮件 13.152

E-mail bomb 邮件炸弹 07.040

embedded test 嵌套测试 06.020

EMC 电磁兼容性 01.130

emergency communication　应急通信　07.002

EMI　电磁干扰　01.129

emission　发射　01.323

EMS　增强型消息业务　13.095

emulated LAN　仿真局域网　02.121

encapsulation　封装　09.028

encoder　编码器　01.574

encoding　编码　01.441

encoding law　编码律　01.443

end office　端局　02.040

end-to-end communication　端对端通信　01.405

end-to-end performance　端到端性能　01.404

end user　最终用户　01.379

energy dispersal　能量扩散　11.003

engineering orderwire　工程联络线　08.008

enhanced data rates for global evolution of GSM and IS-136　EDGE 系统，*2.75 代技术　12.026

enhanced message service　增强型消息业务　13.095

enhanced service　增值业务，*增值网业务，*增强型业务　13.086

enhanced service provider　增强业务提供商　17.051

enhanced third-generation mobile system　增强型3G移动系统　12.036

enterprise network　企业网　02.022

enterprise resource planning　企业资源规划　13.173

ENUM　电子号码　13.153

envelope delay　包络时延　01.152

envelope demodulation　包络解调，*线性解调，*线性检波　01.526

envelope detection　包络检波　01.527

EOW　工程联络线　08.008

EPON　以太网无源光网络　09.112

equal access　平等接入　17.019

equalization　均衡　01.261

equalizer　均衡器　01.579

equalizing charge　均衡充电　15.021

equipment admittance testing　设备入网检测　17.064

equivalent bit rate　等效比特率　01.175

erbium-doped fiber amplifier　掺铒光纤放大器　09.152

Erlang　厄兰　04.121

ERP　企业资源规划　13.173

error bit　差错比特，*误码　01.190

error control coding　差错控制编码　01.453

error correcting　纠错　01.253

error-correcting code　纠错码　01.478

error detection　检错　01.252

error-detection code　检错码　01.476

errored block　误块　08.022

error-protection code　防错码　01.477

ESN　电子序列号码　12.130

ESP　增强业务提供商　17.051

Ethernet　以太网　02.076

Ethernet passive optical network　以太网无源光网络　09.112

Ethernet service　以太网业务　13.088

ETSI　欧洲电信标准组织　17.091

European Telecommunications Standards Institute　欧洲电信标准组织　17.091

EX　消光比　09.026

excess burst size　超额突发量　02.060

exchange　交换局　04.041

expansion　扩充　01.256

explosion-proof telephone set　防爆电话机　14.009

extended digital subscriber line　扩展的数字用户线　08.063

extensible markup language　可扩展置标语言　05.070

extension　分机　14.011

extinction ratio　消光比　09.026

extranet　外联网　02.073

eye diagram　眼图　01.340

eye diagram measurement　眼图测量　16.014

eye pattern　眼图　01.340

F

facsimile apparatus　传真机　14.027

facsimile communication　传真通信　01.016

facsimile service　传真业务　13.081

facsimile storage and forwarding　传真存储转发　01.017

failure　失效　06.031

failure rate　故障率　06.033

false address attack　地址欺骗攻击　07.039

fan sector　扇区　12.052

fan-sectorized antenna　扇形天线　12.177

far-end crosstalk　远端串音，*远端串扰　08.042

fault　故障　06.025

fault correction　故障纠正　06.026

fault diagnosis　故障诊断　06.037

fault localization　故障定位　06.027

fault management　故障管理　06.055

fault masking　故障遮掩，*故障屏蔽　06.036

fault point　故障点　06.032

fault rate　故障率　06.033

fault tolerance　容错　01.341，故障容限　06.034

fault-tree analysis　故障树分析　06.035

fax communication　传真通信　01.016

fax over IP　IP传真　13.116

fax service　传真业务　13.081

FC　光纤信道　09.047

FCC　[美国]联邦通信委员会　17.094

FCFS　先来先服务　13.036

FDD　频分双工　01.103

FDDI　光纤分布式数据接口　02.084

FDM　频分复用　01.424

FDMA　频分多址　01.416

FE　功能实体　02.158

Federal Communications Commission　[美国]联邦通信委员会　17.094

feedback　反馈　01.326

feeder　馈线　10.022

feeder line　馈线线路　08.043

feedforward　前馈　01.325

FEST　远端串音，*远端串扰　08.042

FH　跳频　01.237

FH-CDMA　跳频码分多址　12.171

fiber-access network　光纤接入网　02.130

fiber bandwidth　光纤带宽　09.119

fiber buffer　光纤缓冲层　09.121

fiber channel　光纤信道　09.047

fiber cut-off wavelength　光纤截止波长　09.123

fiber-distributed data interface　光纤分布式数据接口　02.084

fiber in the loop　光纤环路　09.108

fiber-optic amplifier　光纤放大器　09.150

fiber-optic attenuator　光纤衰减器　09.158

fiber-optic communications　光纤通信　09.001

fiber-optic connector　光纤连接器　09.125

fiber-optic switch　光纤开关　09.157

fiber to office　光纤到办公室　09.102

fiber to the building　光纤到大楼　09.103

fiber to the curb　光纤到路边　09.105

fiber to the home　光纤到户，*光纤到家　09.104

fiber to the LAN　光纤到局域网　09.107

fiber to the premises　光纤到驻地　09.106

file transfer access and management　文件传送接入与管理　05.044

file transfer protocol　文件传送协议　05.026

filtering　滤波　01.266

find me/follow me　找我/跟我　13.064

firewall　防火墙　07.058

first come first service　先来先服务　13.036

FITL　光纤环路　09.108

fixed charge　固定费　17.036

fixed mobile convergence　固定移动融合　12.156

fixed mobile integration　固定移动集成　12.155

fixed radio terminal　固定无线终端　10.045

fixed satellite service　固定卫星业务　13.189

fixed service　固定业务　13.020

fixed station　固定台　12.134

fixed wireless access　固定无线接入　10.041

fixed wireless access network　固定无线接入网　10.042

flat rate　固定费率　17.037

flicker noise　闪烁噪声　01.117

floating charge voltage　浮充电压　15.022

flow control　流量控制　01.400

FM　调频　01.489

FMC　固定移动融合　12.156

FMI　固定移动集成　12.155

FOC　光纤连接器　09.125

FoIP　IP传真　13.116

follow-on call　继续呼叫，＊随后呼叫　13.065

fortuitous distortion　不规则畸变　01.142

forward channel　正向信道，＊前向信道　01.046

forward scatter　前向散射　09.046

forward traffic channel　前向业务信道　12.199

four-terminal network　四端网络　01.398

four-wire circuit　四线电路　01.547

FPLMTS　未来公众陆地移动电信系统　12.038

frame　帧　01.216

frame alignment　帧定位　01.218

frame format　帧格式　01.219

frame relay　帧中继　04.022

frame relay network　帧中继网　02.056

frame relay service　帧中继业务　13.096

frame slip　帧滑动，＊滑帧　01.220

frame structure　帧结构　01.217

frame synchronization　帧同步　01.221

framing　成帧　01.226

framing pattern　成帧图案　01.227

free　空闲　04.107，闲置　04.108

free-space optical　自由空间光通信　10.009

frequency　频率　01.280

frequency allocation　频率划分　17.068

frequency allotment　频率分配　17.069

frequency assignment　频率指配　17.070

frequency band　频段　01.279

frequency conversion　变频，＊频率变换　01.239

frequency deviation　频偏　01.334

frequency discriminator　鉴频器　01.568

frequency diversity　频率分集　12.163

frequency divider　分频器　01.534

frequency-division duplex　频分双工　01.103

frequency-division multiple access　频分多址　01.416

frequency-division multiplexing　频分复用　01.424

frequency-division switching　频分交换　04.009

frequency domain　频域　01.291

frequency-exchange modulation　换频调制　01.502

frequency hopping　跳频　01.237

frequency hopping CDMA　跳频码分多址　12.171

frequency lock　频率锁定　12.164

frequency modulation　调频　01.489

frequency multiplier　倍频器　01.533

frequency redefinition　频率重定义　12.166

frequency response　频率响应　01.288

frequency reuse　频率再用，＊频率复用　12.165

frequency-selective amplifier　选频放大器　01.539

frequency-shift keying　频移键控　01.514

frequency spectrum　频谱　01.289

frequency spread　扩频　01.238

frequency-time counter　频率时间计数器　16.019

FRS　帧中继业务　13.096

FSK　频移键控　01.514

FSN　全业务网　02.144

FSO　自由空间光通信　10.009

FTA　故障树分析　06.035

FTAM　文件传送接入与管理　05.044

FTP　文件传送协议　05.026

FTTB　光纤到大楼　09.103

FTTC　光纤到路边　09.105

FTTH　光纤到户，＊光纤到家　09.104

FTTLAN　光纤到局域网　09.107

FTTO　光纤到办公室　09.102

FTTP　光纤到驻地　09.106

full mobility　全移动性　12.139

full-motion video　全活动视频　01.015

full rate TCH　全速率业务信道　12.108

full-service network　全业务网　02.144

functional entity　功能实体　02.158

functional test　功能测试　06.015

function-permitting maintenance　不影响功能性维护　06.042

fundamental power supply　基础电源　15.001

fusion splice　熔接接头　09.147

future public land mobile telecommunications system　未来公众陆地移动电信系统　12.038

FWA　固定无线接入　10.041

G

3G 第三代移动通信系统 12.033

gain 增益 01.318

gain-bandwidth product 增益带宽积 01.317

Gantt chart 甘特图 17.084

gas turbogenerator 燃气涡轮发电机 15.012

gatekeeper 网守 02.090

gateway 网关 02.086

gateway GPRS support node GPRS 网关支持节点，
*GPRS 路由器 12.021

gateway MSC 关口移动交换中心 12.066

gating 选通 01.355

Gaussian frequency-shift keying 高斯频移键控 01.519

Gaussian minimum frequency-shift keying 高斯最小
频移键控 01.520

Gaussian noise 高斯噪声 01.108

GE 吉比特以太网，*千兆比以太网 02.077

general multi-protocol label switching 通用多协议标
签交换 04.018

general packet radio service 通用分组无线业务 12.019

generic framing procedure 通用成帧协议 05.059

generic route encapsulation 通用路由封装 05.025

geostationary satellite 对地静止卫星 11.010

geosynchronous earth orbit satellite 同步地球轨道卫
星 11.011

GFP 通用成帧协议 05.059

GFSK 高斯频移键控 01.519

GGSN GPRS 网关支持节点，*GPRS 路由器 12.021

gigabit Ethernet 吉比特以太网，*千兆比以太网 02.077

gigabit passive optical network 吉比特无源光网络 09.113

GK 网守 02.090

global communication satellite system 全球通信卫星
系统 11.026

global mobile personal communications by satellite 全
球卫星移动个人通信 11.059

global multi-satellite network 全球多卫星网 11.021

global navigation satellite system 全球导航卫星系统 11.025

global positioning system 全球定位系统 11.027

GlobalStar 全球星系统 11.060

global system for mobile communications 全球移动通
信系统 12.018

GMPCS 全球卫星移动个人通信 11.059

GMPLS 通用多协议标签交换 04.018

GMSC 关口移动交换中心 12.066

GMSK 高斯最小频移键控 01.520

GoS 服务等级 13.003

GPON 吉比特无源光网络 09.113

GPRS 通用分组无线业务 12.019

GPRS mobility management GPRS 移动性管理 12.024

GPRS mobility management and session management
GPRS 移动性管理与会晤管理 12.023

GPRS radio resource service access point GPRS 无线
资源业务接入点 12.022

GPRS support node GPRS 支持节点 12.025

GPRS tunnel protocol GPRS 隧道协议 05.079

GPS 全球定位系统 11.027

graded index fiber 渐变折射率光纤 09.131

grade of service 服务等级 13.003

gray list [of IMEI] 灰名单 12.158

GRE 通用路由封装 05.025

grid 网格 02.095

grooming 疏导 09.085

grooved cable 骨架型光缆，*开槽光缆 09.165

grounding system 接地系统 15.009

ground switching center 地面交换中心 11.034

group coding 群编码 01.458

group delay 群时延 01.151

GRRSAP GPRS 无线资源业务接入点 12.022

GSM 全球移动通信系统 12.018

GSN GPRS 支持节点 12.025

GTP GPRS 隧道协议 05.079

guard band　保护［频］带　01.161

GW　网关　02.086

H

hacker　黑客　07.025

hacker attack　黑客攻击　07.026

half-circuit　半电路［式］　13.069

half duplex　半双工　01.102

half-power point　半功率点　01.295

half rate　半速　12.107

half-rate traffic channel　半速率业务信道　12.109

Hamming code　汉明码　01.473

hand-free telephone set　免提式电话机　14.008

handoff　切换　12.100

handover　切换　12.100

handset　手柄　14.018，手机，＊移动电话机　14.039

hanging up　挂断　04.115

HAPS　高空平台电信系统，＊平流层通信系统　11.023

hard handoff　硬切换　12.103

harmonic　谐波　01.069

harness　线束　08.084

HDLC　高级数据链路控制　05.052

HDR　高数据速率　12.196

HDSL　高比特率数字用户线，＊高速率数字用户线　08.057

head-end　头端，＊前端　02.124

HEO　高轨道地球卫星　11.014

heterogeneous multiplex　异类复用　01.428

HF　高频　01.281

HFC　混合光纤同轴电缆　08.068

HFC access network　混合光纤同轴电缆接入网　02.131

hierarchical network　分级网［络］　01.023

hierarchical routing network　分级选路网　02.025

high-altitude platform station　高空平台电信系统，＊平流层通信系统　11.023

high-bit-rate digital subscriber line　高比特率数字用户线，＊高速率数字用户线　08.057

high data rate　高数据速率　12.196

high elliptical orbit communication　高轨道地球卫星通信　11.013

high elliptical orbit satellite　高轨道地球卫星　11.014

high frequency　高频　01.281

high-level data link control　高级数据链路控制　05.052

high-pass filter　高通滤波器　01.542

high rate packet data　高速分组数据　12.197

high-speed circuit-switched data　高速电路交换数据业务　12.115

high-speed downlink packet access　高速下行链路分组接入　12.037

high-speed packet-switched data　高速分组交换数据　12.116

hit count　点击次数　13.145

HLR　归属位置寄存器　12.067

hole　漏洞　07.027

home location register　归属位置寄存器　12.067

home MSC　归属移动交换中心　12.064

home network　家庭网　02.127

home networking　家庭联网　02.128

homepage　主页，＊首页　13.138

home public land mobile network　本地公用陆地移动网　12.003

hop-by-hop route　逐段路由　04.057

horizontal polarization　水平极化　10.020

hosting　托管　13.125

hot spot microcell　热点微蜂窝　12.057

hot standby　热备用　01.413

household telephone penetration　家庭电话普及率　17.010

housekeeping information　内务信息　01.210

H.323 protocol　H.323 协议　05.063

HR　半速　12.107

HRPD　高速分组数据　12.197

HSCSD　高速电路交换数据业务　12.115

HSDPA　高速下行链路分组接入　12.037

HSPSD　高速分组交换数据　12.116

HTTP　超文本传送协议　05.027

hub　集线器　04.049

Huffman coding 赫夫曼编码,＊最佳不等长度编码 01.457

hybrid coil 混合线圈 01.563

hybrid coupler 混合耦合器 01.562

hybrid fiber/coax 混合光纤同轴电缆 08.068

hybrid fiber/coax access network 混合光纤同轴电缆接入网 02.131

hybrid fiber wireless system 光纤无线混合系统 10.036

hybrid network 混合网络 01.564

hybrid synchronization network 混合同步网 03.019

hybrid transformer 混合线圈 01.563

hypertext transport protocol 超文本传送协议 05.027

hypothetical reference circuit 假设参考电路 08.010

hypothetical reference connection 假设参考连接 08.011

I

IAD 综合接入设备 02.143

ICMP 因特网控制消息协议 05.035

ICP 因特网内容提供者 17.058

IDD 国际直拨 13.055

identity verification 身份验证 07.003

IDLC 综合数字环路载波 08.052

idle 空闲 04.107,闲置 04.108

IDN 综合数字网 02.104

IEC 长途电话公司 17.056

IEEE 电气电子工程师学会 17.090

IETF 因特网工程任务组 17.092

IM 互调 01.523,即时消息 13.100

image coding 图像编码,＊图像数据压缩 01.451

image communication 图像通信 01.013

IMEI 国际移动设备标志 12.152

IMGI 国际移动组标志 12.154

immunity 抗干扰性 01.131

IMN 互调噪声 01.111

impedance standard 阻抗标准 16.004

impulse 冲激,＊冲击脉冲 01.314

impulse response 冲激响应 01.315

IMS IP多媒体子系统 12.035

IMSI 国际移动用户标志 12.153

IMT-2000 IMT-2000系统 12.034

IN 智能网 02.146

in band 带内[的] 01.162

incoming 入[局] 04.102

Incumbent 传统运营商 17.044

information 信息 01.003

information content audit 信息内容审计 07.050

information infrastructure 信息基础设施 02.003

information network 信息网 02.002

information superhighway 信息高速公路 02.004

information technology 信息技术 01.004

infrared communication 红外线通信 10.005

initial charge 初充电 15.020

insertion loss 插入损耗 01.147

in-service monitoring 带业务监测 06.048

instant message 即时消息 13.100

Institute of Electrical and Electronics Engineers 电气电子工程师学会 17.090

integrated access device 综合接入设备 02.143

integrated digital loop carrier 综合数字环路载波 08.052

integrated digital network 综合数字网 02.104

integrated optical circuit 集成光路 09.023

integrated services digital network 综合业务数字网 02.103

integrity 完整性 07.010

intelligent network 智能网 02.146

intelligent peripheral 智能外设 02.157

intelligible crosstalk 可懂串扰,＊可懂串话 08.013

interactive service 交互型业务 13.015

interactive video data service 交互式视像数据业务 13.109

interactive voice response 交互式话音应答 13.075

interband transmission 带间传输 01.092

intercell handover 小区间切换 12.105

interchannel interference 信道间干扰 01.126

interconnection 互连 01.371,互联 01.372

interconnection and interworking 互联互通 17.020

interconnection charge 互联费 17.034

interconnection service 互连业务 13.028

inter-exchange carrier 长途电话公司 17.056

interface 接口 01.394

interface rate 接口速率 01.396

interference 干扰 01.121

interference pattern 干涉图样 01.123

interfering signal 干扰信号 01.122

interleaved code 交织码 01.475

interleaving 交织 01.259

intermittent fault 间歇故障 06.029

intermodal dispersion 模间色散 09.039

intermodulation 互调 01.523

intermodulation distortion 互调失真 01.140

intermodulation noise 互调噪声 01.111

intermodulation product 互调产物 01.141

international direct dialing 国际直拨 13.055

international mobile equipment identity 国际移动设备标志 12.152

international mobile group identity 国际移动组标志 12.154

international mobile subscriber identity 国际移动用户标志 12.153

international number 国际号码 04.090

international prefix 国际前缀 04.089

International Satellite Organization 国际卫星组织 17.093

international simple resale 国际简单转售 13.056

international telecommunication satellite 国际电信卫星[网] 11.016

International Telecommunications Union 国际电信联盟 17.088

Internet 因特网 02.071

internet 互联网 02.069

Internet café 网吧 13.136

Internet content provider 因特网内容提供者 17.058

Internet control message protocol 因特网控制消息协议 05.035

Internet Engineering Task Force 因特网工程任务组 17.092

Internet Protocol 因特网协议 05.019

Internet relay chat [因特网中继]聊天 13.132

Internet service provider 因特网服务提供者 17.057

internetworking 网间互通 02.081

interoperability 互操作性 01.374

inter-satellite communication 星际通信 11.052

inter-satellite link 星际链路 11.051

intersymbol interference 符号间干扰，*码间干扰 01.127

interworking 互通 01.373

Interworking Protocol 互通协议 05.051

intraband transmission 带内传输 01.093

intracell handover 小区内切换 12.106

intramodal dispersion 模内色散 09.038

intramodal distortion 模内畸变，*色度畸变 09.035

Intranet 内联网 02.072

intrinsic joint loss 本征连接损耗 09.031

intrusion 入侵 07.044

intrusion detection 入侵监测 07.045

inverse multiplexing 逆复用，*反向复用 01.432

inverter 逆变器 15.017

invulnerability 抗毁性 07.014

IOC 集成光路 09.023

IP 智能外设 02.157，因特网协议 05.019，互通协议 05.051

IP multimedia subsystem IP多媒体子系统 12.035

IP network IP网 02.070

IP oA ATM上的IP协议 05.055

IP over ATM ATM上的IP协议 05.055

IP over SDH/SONET SDH/SONET上的IP协议 05.056

IPSec IP安全协议 05.066

IP technology IP技术 01.228

IP telephony IP电话 13.117

IP version 4 IPv4协议 05.020

IP version 6 IPv6协议 05.021

IRC [因特网中继]聊天 13.132

Iridium 铱系统 11.061

IS-95A 窄带CDMA标准A 12.208

IS-95B 窄带CDMA标准B 12.209

ISDN 综合业务数字网 02.103

ISI 符号间干扰，*码间干扰 01.127

ISM 带业务监测 06.048

ISO 国际卫星组织 17.093

ISP 因特网服务提供者 17.057

IT 信息技术 01.004

ITU 国际电信联盟 17.088

IVDS 交互式视像数据业务 13.109

IVR 交互式话音应答 13.075

IXC 长途电话公司 17.056

J

Jipp curve 吉普曲线 01.005

jitter 抖动 01.202

jitter accumulation 抖动积累 01.203

jitter limit 抖动限值 01.204

jumper wire 跳线 08.080

justification 码速调整 01.262

K

keypad telephone set 按键电话机 14.005

key telephone set 集团电话机 14.010

L

label distribution protocol 标签分发协议 05.062

LAN 局域网 02.065

landline 陆地线 08.078

land mobile radio device 陆地移动无线电设备 11.042

land mobile satellite service 陆地移动卫星业务 11.057

LANE 局域网仿真 02.120

LAN emulation 局域网仿真 02.120

LAN switch 局域网交换机 04.035

LAPS 链路接入规程 – SDH 05.058

laser communication 激光通信 10.006

launching fiber 发射光纤 09.128

μ-law μ 律 01.445

LCO 本地交换局 04.044

LCS 定位业务 13.187

LDP 标签分发协议 05.062

LE 本地交换局 04.044

leaky cable 泄漏电缆 08.085

leased circuit service 租用电路业务，＊电路出租业务 13.026

LEC 本地电话公司 17.055

LEO 低轨道地球卫星 11.008

level 电平 01.320

license 许可证 17.017

licensing 许可证发放 17.018

light acceptance cone 接收光锥区 09.012

light frequency 光频 09.004

light intensity 光强 09.003

light wave 光波 09.002

limiting 限幅 01.268

limit test 限值测试 06.016

linear distortion 线性失真 01.136

linearity 线性 01.331

linear polarization 线极化 10.017

linear prediction coding 线性预测编码 01.464

line code 线路码 08.027

line conditioning 线路调节 08.026

line digit rate 线路数字[速]率 08.028

line encoding 线路编码 08.024

line of sight propagation 视距传播 10.011

line section 线路段 01.389

line switching 线路倒换 08.025

line termination 线路终端 08.049

link 链路 01.385

link access procedure-SDH 链路接入规程 – SDH 05.058

link protocol 链路协议 05.018

LMDS 本地多点分配业务 10.046

LMSS 陆地移动卫星业务 11.057

load 负荷，＊负载 01.337

loading 加感 08.074

local area network 局域网 02.065

local central office 本地交换局 04.044

local clock　本地时钟　03.027

local exchange　本地交换局　04.044

local exchange carrier　本地电话公司　17.055

localization of faults　故障定位　06.027

localization service　定位业务　13.187

local loop　本地环路　04.083

local microwave distribution system　本地微波分配系统　10.039

local multipoint distribution service　本地多点分配业务　10.046

local telephone exchange　本地电话交换局　02.037

local telephone network　本地电话网　02.029

local telephone service　本地电话业务　13.048

location registration　位置登记　12.181

location update　位置更新　12.182

logical channel　逻辑信道　01.041

logical data link　逻辑数据链路　04.079

logical node　逻辑节点　04.080

long distance line　长途线路　01.388

long distance telephone service　长途电话业务　13.049

long wave　长波　01.298，09.032

loose cable structure　松结构光缆　09.164

loose tube cable　松管光缆　09.163

LOS propagation　视距传播　10.011

loss-of-frame　帧丢失　01.223

lost call　呼损　06.043

loudspeaking telephone set　扬声电话机　14.007

low earth orbit satellite　低轨道地球卫星　11.008

low-noise amplifier　低噪声放大器　01.537

low-pass filter　低通滤波器　01.543

LPC　线性预测编码　01.464

LT　线路终端　08.049

LW　长波　01.298

M

MAC Layer　媒体接入控制层　05.045

macrobending　宏弯[曲]　09.010

macrocell　宏小区　12.054

MAF　管理应用功能　03.044

main distribution frame　总配线架　04.053

main line　主线　04.116

main lobe　主瓣　01.591

maintainability　可维护性　06.012

maintenance　维护　06.003

maintenance echelon　维护等级　06.008

maintenance philosophy　维护准则　06.004

maintenance policy　维护方针　06.005

maintenance strategy　维护策略　06.006

maintenance tree　维护树　06.009

MAN　城域网　02.066

managed entity　被管实体　06.060

managed object　管理对象，＊被管对象　03.043

managed object class　管理对象类　06.063

management application function　管理应用功能　03.044

management domain　管理域　06.061

management entity　管理实体　06.059

management information　管理信息　06.066

management layer　管理层　06.062

management tree　管理树　03.042

Manchester code　曼彻斯特码　01.474

MAPOS　SONET/SDH 上的多路接入协议　05.057

marine telephone　船用电话　12.076

maritime mobile phone　海上移动电话业务　13.191

maritime mobile satellite system　海上移动卫星系统　11.018

maritime satellite service　海事卫星业务　13.192

mark　传号　01.439

market admittance　市场准入　17.016

market entry　市场准入　17.016

master clock　主时钟　03.026

master-slave　主从同步　03.022

material dispersion　材料色散　09.041

MCU　多点控制单元　02.091

MDN　移动目录号码　12.204

MDSL　中比特率数字用户线　08.062

mean time between failures　平均故障间隔时间，＊平均无故障工作时间　06.044

mean time to failure　平均失效时间　06.045

mean time to repair　平均修复时间　06.046

measurement　测量　06.022

measurement error 测量误差 16.008

media access control layer 媒体接入控制层 05.045

media gateway 媒体网关 04.051

media gateway controller 媒体网关控制器 04.052

media gateway control protocol 媒体网关控制协议，
*H.248 协议 05.064

mediation function 调解功能，*中介功能 01.403

medium bit rate digital subscriber line 中比特率数字
用户线 08.062

medium wave 中波 01.299

MEO 中轨道地球卫星 11.009

mesh network 网状网 01.030

message handling service 消息处理型业务 13.107

message switching 报文交换；*消息交换 04.006

messaging service 消息型业务 13.016

meteor trail communication 流星余迹通信，*流星
突发通信 11.024

metropolitan area network 城域网 02.066

metropolitan broadband network 城市宽带网
02.010

metropolitan transmission network 城市传输网
02.007

MFN 多频网 12.013

MGCP 媒体网关控制协议，*H.248 协议
05.064

MI 管理信息 06.066

microbending 微弯[曲] 09.011

microcell 微小区 12.055

microwave 微波 01.302

microwave communication 微波通信 10.003

microwave communication system 微波通信系统
10.026

microwave relay station 微波站 10.030

microwave relay system 微波接力通信系统，*微波
中继通信 10.027

microwave video distribution 微波视频分配 10.029

middle earth orbit 中轨道地球卫星 11.009

mid-fiber meet 光路中间衔接，*光口横向兼容
09.080

military communication satellite system 军事通信卫
星系统 11.019

MIMO 多进多出 12.180

MIN 移动智能网 12.006，移动标志号码

12.203

minimum frequency-shift keying 最小相位频移键控
01.518

mirror site 镜像站点 02.101

mixer 混频器 01.565

MM 移动性管理 12.140

MMD 多媒体域 12.193

MMDS 多路多点分配业务 10.047

MMS 多媒体消息业务 13.097

MNC 移动网络代码 12.205

MNP 移动号码携带 13.186

MO 管理对象，*被管对象 03.043

mobile commerce 移动商务 13.185

mobile data communication 移动数据通信 12.114

mobile directory number 移动目录号码 12.204

mobile earth station 移动地球站 11.037

mobile identification number 移动标志号码 12.203

mobile intelligent network 移动智能网 12.006

mobile Internet 移动因特网 12.005

mobile IP 移动 IP 12.119

mobile location center 移动定位中心 12.061

mobile management 移动性管理 12.140

mobile network code 移动网络代码 12.205

mobile number portability 移动号码携带 13.186

mobile satellite service 移动卫星业务 13.196

mobile service 移动业务 13.182

mobile station 移动台 12.135

mobile subscriber 移动用户 12.137

mobile switching center 移动交换中心 12.063

mobile telephone network 移动电话网 02.035

mobile terminal 移动终端 14.037

mobile trunked dispatch communication 集群调度移
动通信 12.074

mobile virtual network operator 移动虚拟网络运营商
17.052

mobile virtual private network 移动虚拟专用网
12.004

mobility 移动性 12.138

MOC 管理对象类 06.063

mode 模 01.274

mode coupling 模耦合 09.045

mode scrambler 搅模器 09.146

mode stripper 剥模器 09.144

modulation 调制 01.484

modulation factor 调制因数 01.486

modulation index 调制指数 01.488

modulation rate 调制速率 01.487

modulator 调制器 01.531

monomode fiber 单模光纤 09.129

monostable circuit 单稳态电路 01.550

MPLS 多协议标签交换 04.017

MPTY 多方电信 13.072

MS 复用段 09.063, 移动台 12.135

MSC 移动交换中心 12.063

MSDSL 多速率单线对数字用户线 08.061

MSI 多址干扰 01.128

MSK 最小相位频移键控 01.518

MSP 复用段保护 09.064

MSTP 多业务传送平台 09.114

MT 移动终端 14.037

MTBF 平均故障间隔时间, ＊平均无故障工作时间 06.044

MTTF 平均失效时间 06.045

MTTR 平均修复时间 06.046

muldex 复用分用器 01.573

multi-band 多频段[的] 12.184

multi-band terminal 多频终端 14.042

multi-beam satellite 多波束卫星 11.015

multicast 多播 13.143

multichannel carrier transmission 多路载波传输 08.002

multichannel multipoint distribution service 多路多点分配业务 10.047

multiframe 复帧 01.224

multifrequency keypad 多频按键式号盘 14.020

multi-hop 多跳 11.045

multimedia communication 多媒体通信 01.019

multimedia domain 多媒体域 12.193

multimedia messaging service 多媒体消息业务 13.097

multimedia service 多媒体业务 13.017

multimedia terminal 多媒体终端 14.033

multimode distortion 多模畸变 09.034

multimode fiber 多模光纤 09.130

multimode laser 多模激光器 09.154

multimode terminal 多模手机 14.041

multimode transmission 多模传输 09.033

multi-party telecommunication 多方电信 13.072

multipath 多径 12.088

multipath fading 多径衰落 12.089

multiple access 多址接入 01.415

multiple access protocol over SONET/SDH SONET/SDH 上的多路接入协议 05.057

multiple frequency network 多频网 12.013

multiple-in multiple-out 多进多出 12.180

multiplexer 复用器 01.570

multiplexing 复用 01.422

multiplex section 复用段 09.063

multiplex section protection 复用段保护 09.064

multipoint access 多点接入 04.060

multipoint control unit 多点控制单元 02.091

multipoint-to-multipoint connection 多点到多点连接 01.362

multipoint-to-point connection 多点到点连接 01.363

multi-protocol label switching 多协议标签交换 04.017

multirate single pair digital subscriber loop 多速率单线对数字用户线 08.061

multi-satellite link 多卫星链路 11.056

multi-satellite network 多卫星网 11.020

multi-service transport platform 多业务传送平台 09.114

multi-site interference 多址干扰 01.128

multiuser channel 多用户信道 01.045

multivibrator 多谐振荡器 01.555

mutually synchronized network 互同步网 03.021

MUX 复用器 01.570

MVNO 移动虚拟网络运营商 17.052

MVPN 移动虚拟专用网 12.004

MW 中波 01.299, 微波 01.302

N

NA 网络适配器，*网络接口适配器 02.145,
数值孔径 09.145

NAP 网络接入点 02.100

narrowband 窄带 01.153

narrow beam antenna 窄波束天线 11.004

n-ary code n元码 01.466

n-ary signal n值信号 01.055

NAT 网络地址转换 05.032

near-end crosstalk 近端串音，*近端串扰 08.041

near-end echo 近端回声 08.012

negative feedback 负反馈 01.328

NEST 近端串音，*近端串扰 08.041

network 网[络] 01.022

network access point 网络接入点 02.100

network adapter 网络适配器，*网络接口适配器
02.145

network address translation 网络地址转换 05.032

network attack 网络攻击 07.024

network cheating 网络欺骗 07.047

network convergence 网络融合 17.022

network element management 网元管理 03.038

network information center 网络信息中心 02.093

network layer 网络层 05.012

network management 网络管理 03.036

network management center 网管中心 06.053

network news transfer protocol 网络新闻传送协议
05.036

network operation center 网络运行中心 02.092

network paralysis 网络瘫痪 07.035

network security 网络安全 07.001

network service access point 网络服务接入点
02.080

network service provider 网络业务提供商 17.047

network sharing 网络共享 17.023

network terminal 网络终端 14.034

network time protocol 网络时间协议 05.048

network topology 网络拓扑 01.027

newsgroup 新闻组 13.133

next-generation Internet 下一代因特网 02.094

next-generation network 下一代网络 02.027

NGI 下一代因特网 02.094

NGN 下一代网络 02.027

NIC 网络信息中心 02.093

NLOS 非视距 10.012

NNTP 网络新闻传送协议 05.036

NOC 网络运行中心 02.092

node 节点 01.392

noise bandwidth 噪声带宽 01.120

noise measurement 噪声测量 16.016

noise meter 噪声计 16.017

noise standard 噪声标准 16.005

noise weighting 噪声加权 08.036

nomadicity 游牧性 12.141

non-associated signaling 非直联信令[方式]
03.009

nonhierarchical routing network 无级选路网
02.026

nonlinear distortion 非线性失真 01.137

nonlinear distortion measurement 非线性失真测量
16.010

nonlinearity 非线性 01.332

non-line-of-sight 非视距 10.012

non-repudiation 不可抵赖性 07.012，不可否认
性 07.013

non-return to zero 不归零 01.438

non-synchronized network 非同步网 03.020

non-synchronous 不同步[的] 01.188

non-synchronous network 非同步网 03.020

non-uniform encoding 非均匀编码 01.456

non-uniform quantization 非均匀量化 01.207

non-uniform quantizing 非均匀量化 01.207

non-zero dispersion fiber 非零色散光纤 09.136

NP 号码携带 13.068

NRZ 不归零 01.438

NSAP 网络服务接入点 02.080

NSP 网络业务提供商 17.047

NT 网络终端 14.034

NTP 网络时间协议 05.048

numbering 编号 01.380

number portability 号码携带 13.068

numerical aperture 数值孔径 09.145

Nyquist theorem 奈奎斯特定理 01.166

O

OA 光放大器 09.074

OACSU 非占空呼叫建立 12.187

OADM 光分插复用器 09.075

OAMC 运行、管理与维护中心 06.001

OAN 光接入网 09.099

OBS 光突发交换 04.015

OC 光载波 09.022

occupation 占线 04.094

OCDMA 光码分多址 09.097

octal 八进制[的] 01.171

octet 八比特组 01.170

ODN 光分配网 09.100

OFDM 正交频分复用 01.508

off-air call setup 非占空呼叫建立 12.187

offhooking 摘机 04.114

off-site maintenance 非现场维护 06.010

OLT 光线路终端 09.062

omni-antenna 全向天线 12.176

omnidirectional coverage 全向覆盖 12.175

OMS 光复用段 09.069

OMU 光复用单元 09.079

one-stop shopping 一站购齐 13.032

one-touch dialing 单键拨号 12.129

one-way 单向式 01.408

on-line service provider 在线服务提供者 17.060

on the air 正在发射中 12.144

ONU 光网络单元 09.101

OOF 帧失步 01.222

open shortest path first 开放最短路径优先 05.060

open systems interconnection 开放系统互连 05.006

open systems interconnection reference model 开放系统互连参考模型 05.007

open wire 明线 08.079

operation, administration and maintenance center 运行、管理与维护中心 06.001

operational support system 运行支撑系统 06.002

OPS 光分组交换 04.014

optical access network 光接入网 09.099

optical add-drop multiplexer 光分插复用器 09.075

optical amplifier 光放大器 09.074

optical budget 光预算 09.021

optical burst switching 光突发交换 04.015

optical carrier 光载波 09.022

optical code-division multiple access 光码分多址 09.097

optical cross-connect 光交叉连接 09.078

optical distribution network 光分配网 09.100

optical [fiber] cable 光缆 09.161

optical fiber pigtail 光纤尾纤，*尾纤 09.127

optical fiber splice 光纤接头 09.122

optical fiber splicing 光纤接续 09.124

optical fiber splitter 光纤分路器 09.120

optical filter 滤光器 09.143

optical internetworking 光网间互连 09.096

optical line terminal 光线路终端 09.062

optical multiplex section 光复用段 09.069

optical multiplex unit 光复用单元 09.079

optical network unit 光网络单元 09.101

optical packet switching 光分组交换 04.014

optical power meter 光功率计 16.021

optical receiver 光接收机 09.073

optical regenerative repeater 光再生中继器 09.077

optical repeater 光中继器 09.076

optical section 光段 09.067

optical soliton 光孤子，*孤立子，*孤立波 09.005

optical spectrum 光谱 09.006

optical splice 光纤接头 09.122

optical synchronous transport network 光同步传送网 02.012

optical time-division multiplexing 光时分复用 09.013

optical time-domain reflectometer 光时域反射仪 16.022

optical transmission section 光传输段 09.068

optical transmitter　光发送机　09.072

optical transport hierarchy　光传送体系　09.060

optical transport module　光传送模块　09.070

optical transport network　光传送网络　09.058

optical waveguide　光波导　09.009

optical wavelength standard　光波长标准　16.007

optoelectronic detector　光电检测器　09.156

optoelectronic receiver　光电[子]接收机　09.066

optoelectronic transmitter　光电[子]发送机　09.071

order wire　联络线，＊公务线　06.049

originating　始发　04.103

orthogonal frequency-division multiplexing　正交频分复用　01.508

orthogonal signal　正交信号　01.060

OS　光段　09.067

oscillator　振荡器　01.556

OSI　开放系统互连　05.006

OSI-RM　开放系统互连参考模型　05.007

OSP　在线服务提供者　17.060

OSPF　开放最短路径优先　05.060

OSS　运行支撑系统　06.002

OTA　空中激活　12.198

OTDM　光时分复用　09.013

OTDR　光时域反射仪　16.022

OTH　光传送体系　09.060

OTM　光传送模块　09.070

OTN　光传送网络　09.058

OTS　光传输段　09.068

outgoing　出[局]　04.101

out of band　带外[的]　01.163

out-of-frame　帧失步　01.222

outsourcing　外包　13.124

overflow route　溢呼路由　04.056

overhead　开销　01.209

overlay network　重叠网　01.032

overload distortion　过负荷失真　01.139

overload point　过载点　01.347

over modulation　过调制　01.522

overshoot　过冲　01.346

over the air　空中激活　12.198

OW　联络线，＊公务线　06.049

OXC　光交叉连接　09.078

P

packet　分组，＊包　01.229

packet assembler/disassembler　分组装拆器　04.026

packet assembly　分组装配　01.231

packet data protocol　分组数据协议　05.024

packet disassembly　分组拆卸　01.230

packet filtering　分组过滤，＊包过滤　07.048

packet-mode terminal　分组型终端　14.032

packet-switched data network　分组交换数据网　02.046

packet-switched data transmission service　分组交换数据传输业务，＊分组交换业务　13.093

packet-switched network　分组交换网　02.024

packet switching　分组交换　04.005

PACS　个人接入通信系统　12.041

PAD　分组装拆器　04.026

pager　寻呼机　14.038

paging　寻呼　12.077

paging channel　寻呼信道　12.201

paging service　寻呼业务　13.177

paired cable　对绞电缆　08.070

paired-disparity code　成对不等性码　01.468

pair gain　线对增容　08.048

PAM　脉幅调制　01.510

PAN　个人域网　02.063

parallel redundant system　并联冗余系统　15.027

parallel-to-serial conversion　并串变换　01.242

parallel transmission　并行传输　01.090

parametric amplifier　参量放大器　01.536

parity check　奇偶检验　01.265

partial response coding　部分响应编码　01.467

passive antenna　无源天线　01.597

passive network　无源网络　01.026

passive optical network　无源光网络　09.110

path　通道，＊路径　01.038

path monitoring　通道监视　06.050

pay as usage　随用随付　13.042

pay-as-you-go　随用随付　13.042

payload　净荷　01.338

pay-per-view 每收视一次付费 13.115

payphone 公用电话 13.054

PBX 专用小交换机，＊用户小交换机 04.031

PBX firewall 用户交换机防火墙 07.061

PCM 脉冲编码调制，＊脉码调制 01.495

PCM channel characteristic measurement 脉码调制通路特性测量 16.015

PCO 公共电话营业所 17.062

PCR 峰值信元速率 04.067

PCS 个人通信业务 13.179

PCS number 个人通信业务号码，＊PCS 号码 13.046

PDA 个人数字助理，＊掌上电脑 14.045

PDC 公用数字蜂窝 12.044

PDE 定位实体 12.192

PDH 准同步数字系列 08.039

PDM 脉宽调制 01.511

PDP 分组数据协议 05.024

PDR 保护检测响应 07.052

PDU 协议数据单元 05.049

peak cell rate 峰值信元速率 04.067

peak rate 忙时费率 17.038

peering 对等操作 01.235

peer-to-peer computing 对等计算 13.167

peer-to-peer network 对等网络 01.024

penetration 电话普及率 17.008

performance management 性能管理 06.057

performance monitoring 性能监视 06.024

periodic testing 例行测试 06.014

permanent virtual circuit 永久虚电路 02.049

persistent fault 持久故障 06.028

personal access communication system 个人接入通信系统 12.041

personal area network 个人域网 02.063

personal communication 个人通信 12.080

personal communication service number 个人通信业务号码，＊PCS 号码 13.046

personal communications service 个人通信业务 13.179

personal digital assistant 个人数字助理，＊掌上电脑 14.045

personal digital cellular telecommunication system 个人数字蜂窝电信系统 12.017

personal earth station 个人地球站 11.038

personal handy phone system 个人手持电话系统 12.043

personal identification number 个人身份号 07.017，个人识别号码，＊个人标识号 12.131

personal identifier module 个人识别模块 12.132

personal number 个人号码 04.091

personal space communication service 个人空间通信业务 13.178

personal telecommunication number 个人通信号码 12.081

PERT chart PERT 图 17.085

PG 指针发生器 09.094

phase 相位 01.278

phase detector 检相器，＊鉴相器 01.569

phase discrimination 鉴相 01.492

phase inversion 倒相 01.247

phase-inversion modulation 倒相调制 01.505

phase locking 锁相 01.353

phase measurement 相位测量，＊相移测量 16.011

phase modulation 调相 01.491

phase-shift keying 相移键控 01.516

phishing 网络仿冒，＊网络欺诈，＊网络钓鱼 07.034

photonic switching 光交换 04.012

PHS 个人手持电话系统 12.043

physical channel 物理信道 01.040

physical interface 物理接口 01.395

physical layer 物理层 05.014

picocell 微微小区 12.056

pigtail 尾线，＊引出线 08.083

pilot channel 导频信道 12.191

pilot signal 导频信号 01.303

PIM 个人识别模块 12.132

PIN 个人身份号 07.017，个人识别号码，＊个人标识号 12.131

PIN diode PIN 二极管，＊正－本－负二极管 09.155

PKI 公钥基础设施 07.022

plain old telephone service 普通传统电话业务 13.047

PLC 电力线通信，＊宽带电力线通信 08.050

plesiochronous digital hierarchy 准同步数字系列 08.039

plesiochronous network 准同步网 03.018

PLMN 公共陆地移动网 12.002

PM 调相 01.491，脉冲调制 01.509，通道监视 06.050

PMD 极化模色散 09.037

PMR 专用移动无线电业务 13.180

PNNI 专用的网间接口 02.122

pointer 指针 09.093

pointer generator 指针发生器 09.094

point of presence 因特网接入点 02.099

point of sale 电子付款机，*POS机 14.035

point of service 业务点 13.010

point-to-multipoint connection 点到多点连接 01.364

point-to-multipoint group call 点到多点群呼业务 13.033

point-to-point connection 点到点连接 01.365

point-to-point protocol 点到点协议 05.028

point-to-point service 点到点业务 13.027

point-to-point tunneling protocol 点到点隧道协议 05.030

polar code 极性码 01.459

polarization 极化 01.248

polarization mode dispersion 极化模色散 09.037

PON 无源光网络 09.110

POP 因特网接入点 02.099

port 端口 01.393

portable terminal 便携式终端 14.044

portal 门户 13.123

POS 业务点 13.010，电子付款机，*POS机 14.035

position determining entity 定位实体 12.192

positive feedback 正反馈 01.327

positive-intrinsic-negative diode PIN二极管，*正－本－负二极管 09.155

POTS 普通传统电话业务 13.047

power amplifier 功率放大器 01.538

power control 功率控制 12.090

power-line communication 电力线通信，*宽带电力线通信 08.050

power spectral density 功率谱密度 01.294

power spectrum 功率谱 01.293

power standard 功率标准 16.002

PPM 脉冲位置调制，*脉位调制 01.512，脉冲相位调制 01.513

PPP 点到点协议 05.028

PPTP 点到点隧道协议 05.030

precorrection 预校正 01.273

predictive coding 预测编码 01.463

pre-emphasis 预加重 01.271

pre-equalization 预均衡 01.272

preform 预制棒 09.126

prepaid phone card 预付费电话卡 13.059

presentation layer 表示层 05.009

preventive maintenance 预防性维护 06.007

PRI 基群速率接口 02.109

price policy 资费政策 17.027

primary digital group ［数字］基群 08.015

primary rate interface 基群速率接口 02.109

private branch exchange 专用小交换机，*用户小交换机 04.031

private data network 专用数据网 02.044

private dispatch system 调度专用系统 12.072

private line service 专线业务 13.025

private mobile radio service 专用移动无线电业务 13.180

private network 专用网 02.020

private network-to-network interface 专用的网间接口 02.122

private telephone network 专用电话网 02.034

program evaluation and review techniques chart PERT图 17.085

propagation 传播 01.075

propagation constant 传播常数，*传播系数 01.076

propagation delay 传播时延 01.078

propagation medium 传播媒介 01.077

propagation velocity 传播速度 01.079

proportionate subscribers 按股权比例摊分的用户 17.087

1+1 protection 1+1保护 07.057

$1:n$ protection $1:n$保护（$n>1$） 07.056

protection channel 保护信道 06.051

protection detection response 保护检测响应

07.052

protection switching 保护倒换 06.052

protocol 协议 05.001

protocol control information 协议控制信息 05.003

protocol conversion 协议转换 05.004

protocol converter 协议转换器 05.005

protocol data unit 协议数据单元 05.049

protocol reference model 协议参考模型 05.002

proxy attack 代理攻击 07.038

PS 保护倒换 06.052

PSDN 分组交换数据网 02.046

pseudo-random signal 伪随机信号 01.057

PSK 相移键控 01.516

psophometer 噪声计 16.017

psophometric weighting 噪声计加权 08.035

PSTN 公用电话交换网 02.033

PSTN firewall 电话网防火墙，＊固定电话网防火墙 07.059

PTM-G 点到多点群呼业务 13.033

PTN 个人通信号码 12.081

PTO 公众电信运营商 17.043

PTP 点到点业务 13.027

PTT 即按即通，＊一键通 13.181

public call office 公共电话营业所 17.062

public data network 公用数据网 02.043

public data transmission service 公用数据传输业务 13.087

public digital cellular 公用数字蜂窝 12.044

public key encryption 公钥加密 07.021

public key infrastructure 公钥基础设施 07.022

public land mobile network 公共陆地移动网 12.002

public network 公用网 02.019

public switched telephone network 公用电话交换网 02.033

public telecommunications operator 公众电信运营商 17.043

pull 提取 13.121

pulse-amplitude modulation 脉幅调制 01.510

pulse-code modulation 脉冲编码调制，＊脉码调制 01.495

pulse-duration modulation 脉宽调制 01.511

pulse modulation 脉冲调制 01.509

pulse-parameters standard 脉冲参数标准 16.006

pulse-phase modulation 脉冲相位调制 01.513

pulse-position modulation 脉冲位置调制，＊脉位调制 01.512

pulse regeneration 脉冲再生 01.263

pulse shaping 脉冲整型 01.264

pulse-width modulation 脉宽调制 01.511

purchasing power parity 购买力平价 17.086

push 推送 13.122

push to talk 即按即通，＊一键通 13.181

PVC 永久虚电路 02.049

PWM 脉宽调制 01.511

Q

QA Q适配器 06.067

Q-adapter Q适配器 06.067

QAM 正交调幅 01.507

Q-interface Q接口 06.068

QoS 服务质量 13.004

Q3 Protocol Q3协议 03.047

QPSK 四相移相键控 01.517

quad 四芯组 08.082

quadrature amplitude modulation 正交调幅 01.507

quadrature modulation 正交调制 01.506

qualitative risk analysis 定性风险分析 17.082

quality authentication 质量认证，＊合格评定

17.078

quality certification 质量认证，＊合格评定 17.078

quality of service 服务质量 13.004

quantitative risk analysis 定量风险分析 17.081

quantization 量化 01.205

quantization distortion 量化失真 01.138

quantization error 量化误差 01.208

quantization noise 量化噪声 01.114

quantizing distortion 量化失真 01.138

quasi-associated signaling 准直联信令[方式] 03.010

quaternary digital group　[数字]四次群　08.018

quaternary PSK　四相移相键控　01.517

query　查询　13.120

R

RA　速率适配　12.148

rack-mounted power unit　架装电源　15.008

radiation　辐射　01.324

radio access network　无线电接入网　12.011

radio communication　无线电通信　01.010

radio frequency　射频　01.286

radio frequency identification　射频识别　13.171

radio frequency supervising　无线电频率管理　17.067

radio link control　无线链路控制协议　05.078

radio navigation　无线电导航　10.031

radio OSI protocol　无线 OSI 协议　05.072

radio paging system　无线寻呼系统　12.078

radio positioning system　无线电定位系统　10.025

radio repeater station　无线中继站　10.038

radio resources　无线电资源　12.188

radio resource control　无线电资源控制　10.054

radio station　无线电台　10.008

radio-wave propagation　电波传播　10.010

RADSL　速率自适应数字用户线　08.059

Raman effect　拉曼效应　09.018

Raman fiber amplifier　拉曼光纤放大器　09.151

Raman scattering　拉曼散射　09.017

RAN　无线电接入网　12.011

random assignment multiple access　随机分配多址　11.064

random communication satellite system　随机通信卫星系统　11.062

random noise　随机噪声　01.118

rate adaptation　速率适配　12.148

rate-adaptive digital subscriber line　速率自适应数字用户线　08.059

rate distortion theory　率失真理论，*限失真信源编码理论　01.134

Rayleigh scattering　瑞利散射　01.588

real-time control　实时控制　01.402

real-time streaming protocol　实时流送协议　05.069

real-time transport protocol　实时传送协议　05.039

receive　接收　01.072

receiver　接收机　01.530

receiver sensitivity　接收[机]灵敏度　01.339

receiving party pays　被叫方付费　17.040

reconfigurable OADM　可重新配置的光分插复用器　09.098

recording telephone set　录音电话机　14.012

recovery　恢复　06.038

rectifier　整流器　15.016

redundant code　冗余码　01.482

Reed-Solomon code　里德－所罗门码　09.019

reference clock　基准时钟　03.025

reference configuration　参考配置　02.107

reference model　参考模型　01.098

reference noise　参考噪声，*基准噪声　01.112

reference pilot　参考导频　01.304

reference point　参考点　02.106

reference system　参考系统　01.099

reflected wave　反射波　01.329

reflection coefficient　反射系数　01.330

regeneration [of a digital signal]　[数字信号的]再生　08.032

regenerator　再生器　08.034

regenerator section　再生段　08.033

regulation　管制，*监管　17.001

regulation and administration of radio services　无线电管理　17.066

relational database　关系数据库　13.174

relay handoff　接力切换　12.101

release　释放　04.111

reliability　可靠性　01.306

remote access　远程接入　02.142

remote alarm　远端告警　08.031

remote maintenance　远程维护　06.047

remote power-feeding　远程供电　01.414

remote power system　远距离供电系统　15.007

remote subscriber module　远端用户模块　04.039

remote terminal　远端机　02.140

repeaterless fiber optic link　无中继光纤链路　09.084

repeater section　中继段　08.037

repeater station　中继站　08.038

resale carrier　业务转售商　17.050

reseller　业务转售商　17.050

reserved call　预约呼叫　13.060

reserved circuit service　预约电路业务　13.030

resilient packet ring　弹性分组环　02.083

resource planning　资源规划　17.021

resource reservation protocol　资源预留协议　05.038

restoration　恢复　06.038

retail service provider　零售业务提供商　17.049

retrieval service　检索型业务　13.018

return loss　回波损耗　01.149

return to zero　归零　01.437

reverse link power control　反向链路功率控制　12.194

reverse traffic channel　反向业务信道　12.195

RF　射频　01.286

RFA　拉曼光纤放大器　09.151

RFID　射频识别　13.171

ribbon cable　带状电缆　08.069，带状光缆　09.162

ring interconnection　环互联　09.051

ring interworking　环互通　09.052

ring network　环状网　01.031

ring switching　环倒换　09.050

risk management　风险管理　17.080

RLC　游程长度编码　01.452，无线链路控制协议　05.078

roaming　漫游　12.150

rotary dial telephone set　旋转号盘电话机　14.004

route　路由　04.054

router　路由器　04.036

routine testing　例行测试　06.014

routing　选路　01.382

routing policy　选路策略　04.058

routing protocol　选路协议　05.016

RPP　被叫方付费　17.040

RPR　弹性分组环　02.083

RR　无线电资源　12.188

RS　再生段　08.033

RSVP　资源预留协议　05.038

RT　远端机　02.140

RTP　实时传送协议　05.039

run-length coding　游程长度编码　01.452

rural telephone network　农村电话网　02.032

RZ　归零　01.437

S

SAM　业务接入复用器　02.139

SAML　安全断言置标语言　07.051

sample　样值　01.193

sampling　抽样，*取样　01.194

sampling rate　抽样率，*取样速率　01.196

sampling time　抽样时间，*取样时间　01.195

SAN　存储[器]域网　02.068

satellite access node　卫星接入节点　11.043

satellite channel　卫星信道　11.048

satellite communications network　卫星通信网　11.001

satellite control center　卫星控制中心　11.033

satellite digital audio radio service　卫星数字音频广播业务　13.194

satellite digital service　卫星数字业务　13.193

satellite mobile channel　卫星移动信道　11.049

satellite navigation service　卫星导航定位业务　13.195

satellite orbit supervising　卫星轨道管理　17.071

satellite-switched multiple access　卫星交换多址　11.050

satellite switching　星上交换　11.053

satellite WAN　卫星广域网　11.022

SBS　受激布里渊散射　09.020

scatter communication　散射通信　10.004

scattering　散射　01.587

SCEP　业务生成环境点　02.156

scheduled maintenance　定期维护　06.011

SCM　副载波复用　08.040

SCP　业务控制点　02.152

SCR 持续信元速率 04.068

scramble 扰码 01.481

scrambling 加扰 01.249

SCTP 流控制传输协议 05.067

SDARS 卫星数字音频广播业务 13.194

SDH 同步数字系列，＊同步数字体系 09.082

SDLC 同步数据链路控制 05.042

SDMA 空分多址 01.418

SDP 业务数据点 02.153

SDR 软件定义的无线电 12.174

SDSL 对称数字用户线 08.056

seamless handover 无缝切换 12.104

search engine 搜索引擎 04.118

secondary digital group ［数字］二次群 08.016

secret key encryption 密钥加密 07.020

secure electronic transaction 安全电子交易 07.055

secure sockets layer 安全套接层［协议］ 07.049

security assertion markup language 安全断言置标语言 07.051

security audit 安全审计 07.046

security management 安全管理 06.056

seizure 占用 04.110

selectivity 选择性 01.356

self-healing network 自愈网 09.115

self-healing ring 自愈环 09.053

self-supporting cable 自承式缆 08.087

semiconductor laser 半导体激光器 09.149

semiconductor optical amplifier 半导体光放大器 09.148

semi-permanent connection 半永久连接 04.061

send 发送 01.071

sequential circuit 时序电路 01.552

serialization 并串变换 01.242

serial-to-parallel conversion 串并变换 01.243

serial transmission 串行传输 01.091

server/client 服务器－客户机 13.128

800 service 被叫集中付费业务 13.052

service access multiplexer 业务接入复用器 02.139

service area 服务区 12.049

service attribute 业务属性 01.358

service availability 服务可用性 13.007

service control point 业务控制点 02.152

service-creation environment point 业务生成环境点 02.156

service data point 业务数据点 02.153

service feature 业务特征 02.148

service interworking 业务互通 13.011

service level agreement 服务水平协议 13.006

service logic 业务逻辑 02.150

service management 业务管理 03.040

service management access point 业务管理接入点 02.155

service management point 业务管理点 02.154

service management system 服务管理系统 06.065

service network 业务网 02.005

service node 业务节点 02.133

service node interface 业务节点接口 02.135

service port 业务端口 02.136

service profile 业务轮廓 13.009

service provider 业务提供商 17.046

service-switching point 业务交换点 02.151

service transparency 业务透明性 01.344

serving GPRS support node GPRS 服务支持节点 12.020

SES 严重差错秒 08.030

session initialization protocol 会晤初始化协议 05.065

session layer 会话层，＊会晤层 05.010

SET 安全电子交易 07.055

settlement payments 结算费 17.032

settling 结算 17.030

set-top box 机顶盒 14.036

severely errored seconds 严重差错秒 08.030

SF 业务特征 02.148

SGSN GPRS 服务支持节点 12.020

Shannon law 香农定律 01.165

SHDSL 单线对高比特率数字用户线 08.060

SHF 超高频 01.284

short message entity 短消息实体 12.112

short message peer to peer 短消息对等协议 05.080

short message service 短消息业务 13.183

short message service gateway MSC 短消息网关 12.110

short message service interworking 短消息业务互通 12.111

shortwave 短波 01.300

shortwave communication 短波通信，＊高频通信 10.001

shot noise 散粒噪声，＊散弹噪声 01.116

sideband 边带 01.157

side lobe 旁瓣 01.592

sidetone 侧音 01.146

signal 信号 01.052

signal bandwidth 信号带宽 01.065

signal conversion 信号变换 01.269

signal generator 信号发生器 16.018

signaling 信令 03.002

signaling gateway 信令网关 04.050

signaling information 信令信息 03.016

signaling link 信令链路 03.015

signaling network 信令网 03.003

signaling point 信令点 03.011

signaling point coding 信令点编码 03.013

signaling route 信令路由 03.014

signaling system 信令系统 03.004

signaling system No.7 七号信令系统 03.005

signaling transfer point 信令转接点 03.012

signal regeneration 信号再生 01.270

signal-to-crosstalk ratio 信串比 01.144

signal to interference ratio 信号干扰比 01.133

signal to noise ratio 信噪比 01.119

signal-to-noise ratio 信噪比 01.119

SIM ［GSM]用户标志模块 12.206

SIM card 用户识别模块，＊SIM 卡 12.127

simple mail transfer protocol 简单邮件传送协议 05.034

simple network management protocol 简单网络管理协议 05.033

simple wavelength-allocating protocol 简单波长分配协议 05.068

simplex 单工 01.100

single-ended synchronization 单端同步 03.023

single hop 单跳 11.044

single mode fiber 单模光纤 09.129

single-pair high-bit-rate digital subscriber loop 单线对高比特率数字用户线 08.060

single sideband 单边带 01.158

sink 信宿 01.036

SIP 会晤初始化协议 05.065

SL 业务逻辑 02.150

SLA 服务水平协议 13.006

SMAP 业务管理接入点 02.155

smart antenna 智能天线 12.179

SME 短消息实体 12.112

SMP 业务管理点 02.154

SMPP 短消息对等协议 05.080

SMR 专用移动无线电业务 13.180

SMS 短消息业务 13.183

SMSC 短消息中心 12.113

SMSCB 短消息小区广播 13.184

SMS cell broadcast 短消息小区广播 13.184

SMS center 短消息中心 12.113

SMS-GMSC 短消息网关 12.110

SMTP 简单邮件传送协议 05.034

SN 业务节点 02.133

S/N 信噪比 01.119

SNI 业务节点接口 02.135

SNMP 简单网络管理协议 05.033

SNR 信噪比 01.119

SOA 半导体光放大器 09.148

soft handoff 软切换 12.102

soft-starting characteristic 软起动性能 15.024

softswitching 软交换 04.013

solar cell power system 太阳能电池供电系统 15.010

SONET 同步光网络 09.081

sound retrieval service 声音检索型业务 13.019

source 信源 01.035

source coding 信源编码 01.448

SP 业务提供商 17.046

space 空号 01.440

space communication 空间通信 10.007

space diversity 空间分集 12.162

space-division multiple access 空分多址 01.418

space-division switching 空分交换 04.007

space station 空间站 11.040

span 区段 09.055

span switching 区段倒换 09.056

SPC 存储程序控制 04.025

SPC digital switch 程控数字交换机 04.033

specialized mobile radio service 专用移动无线电业

务 13.180

specialized mobile radio system 专用移动无线电系统 12.069

spectral line 光谱线 09.007

spectral width 谱宽 01.292

spectral window 光谱窗口 09.008

spectrum analyzer 频谱分析仪，＊频谱仪 16.020

spectrum envelope 频谱包络 08.045

speech 语音 01.411

speed dialling 快速拨号 13.063

splice 接头 08.075，光纤接头 09.122

splitter 分路器 08.076

spot beam 点波束 11.047

spreading factor 扩频因子 12.170

spread spectrum code-sequence 扩频码序列 12.169

spread spectrum communication 扩频通信 10.002

spread spectrum modulation 扩频调制 12.168

square-law detection 平方律检波 01.528

SS7 七号信令系统 03.005

SSB 单边带 01.158

SSL 安全套接层［协议］ 07.049

SSM 扩频调制 12.168

SSP 业务交换点 02.151

standby redundancy 备用冗余 01.412

standby time 待机时间 12.128

standing charge 固定费 17.036

star network 星状网 01.028

static image communication 静止图像通信，＊静态图像通信 01.014

statistical multiplexing 统计复用 01.429

STB 机顶盒 14.036

step-index fiber 阶跃折射率光纤，＊阶跃型光纤 09.132

still image communication 静止图像通信，＊静态图像通信 01.014

stimulated Brillouin scattering 受激布里渊散射 09.020

STM 同步转移模式，＊同步传送模式 01.233

STM-N 同步传送模块－N 09.083

STM network 同步转移模式网 02.114

stochastic signal 随机信号 01.056

storage area network 存储［器］域网 02.068

storage battery 蓄电池 15.005

storage service 存储业务 13.103

stored-program control 存储程序控制 04.025

stratospheric telecommunications system 高空平台电信系统，＊平流层通信系统 11.023

stream 流 01.399

stream control transmission protocol 流控制传输协议 05.067

streaming media 流媒体 13.112

strip line 带状线 01.586

structured cabling 结构化布缆 08.077

subband 子带 01.156

subcarrier 副载波 01.068

subcarrier multiplexing 副载波复用 08.040

sub-group 子基群 08.019

submarine cable 海缆 08.073

subscriber distribution network 用户配线网 02.138

subscriber identify module ［GSM］用户标志模块 12.206

subscriber's drop line 用户引入线 04.082

subscriber's line 用户线［路］ 04.081

superframe 超帧 01.225

super high frequency 超高频 01.284

supplementary service 补充业务 13.023

support network 支撑网 03.001

survivability 生存性 07.015

survivable network 可生存网 09.054

sustained cell rate 持续信元速率 04.068

SVC 交换虚电路 02.050

SW 短波 01.300

SWAP 简单波长分配协议 05.068

switch 交换机 04.029

switched connection 交换连接 04.062

switched virtual circuit 交换虚电路 02.050

switching 交换 04.001

switching center 交换中心 04.042

switching matrix 交换矩阵 04.045

switching network 交换网［络］ 04.040

switching office 交换局 04.041

switching stage 交换级 04.047

symbol rate 符号率 01.176

symmetrical channel 对称信道 01.043

symmetrical digital subscriber line 对称数字用户线

08.056

symmetrical signal 对称信号 01.058

symmetric connection 对称连接 04.063

sync channel 同步信道 12.200

synchronization information 同步信息 03.033

synchronization link 同步链路 03.035

synchronization network 同步网 03.017

synchronization node 同步节点 03.034

synchronized network 同步网 03.017

synchronous 同步[的] 01.187

synchronous communication satellite 同步通信卫星 11.012

synchronous data link control 同步数据链路控制

05.042

synchronous digital hierarchy 同步数字系列，＊同步数字体系 09.082

synchronous interface 同步接口 09.118

synchronous network 同步网 03.017

synchronous optical network 同步光网络 09.081

synchronous transfer mode 同步转移模式，＊同步传送模式 01.233

synchronous transfer mode network 同步转移模式网 02.114

synchronous transport module-N 同步传送模块－N 09.083

T

TA 定时提前[量] 12.121

TACS 全接入通信系统 12.015

tamed frequency modulation 平滑调频，＊软调 12.167

tandem 汇接 04.106

tandem circuit 汇接电路 01.548

tandem office 汇接局 02.039

tandem switch 汇接交换机 04.034

tariff rebalancing 资费调整 17.028

T carrier T载波 08.003

TCH/F 全速率业务信道 12.108

TCM 网格编码调制 01.500

TCP 传输控制协议 05.022

TD-CDMA 时分码分多址 01.420

TDD 时分双工，＊乒乓方式 01.104

TDM 时分复用 01.425

TDMA 时分多址 01.417

TD-SCDMA TD-SCDMA系统 12.032

TE 终端设备 14.002

teleaction service 遥信业务 13.169

telecenter 电信服务中心 17.063

telecommunication 电信 01.002

telecommunication information network architecture 电信信息网络体系结构 03.045

telecommunication management network 电信管理网 03.037

telecommunication metrology 电信计量 16.001

telecommunication network 电信网 02.001

telecommunication operation classification 电信业务分类 17.007

telecommunications act 电信法 17.005

telecommunication services 电信业务 13.001

telecommunications facility provider 电信设施提供商 17.045

telecommunications law 电信法 17.005

telecommunications regulation 电信管制 17.004

telecommunication supervising statute 电信管理条例 17.006

teleconference 电话会议 13.073

teledensity 电话主线普及率 17.009

telematics 远程信息处理 13.101

telemetry service 遥测业务 13.168

telephone answering and recording set 电话应答记录器 14.025

telephone answering set 电话应答器 14.024

telephone booth 电话间 13.061

telephone communication 电话通信 01.011

telephone earcap 电话听筒 14.016

telephone earphone 电话耳机 14.015

telephone exchange 电话交换局 02.036

telephone firewall 单机电话防火墙 07.060

telephone loudspeaker 电话扬声器 14.017

telephone network 电话网 02.028

telephone network numbering plan 电话网编号计划

02.041

telephone receiver 电话受话器 14.014

telephone set 电话机 14.003

telephone stall 电话亭 13.062

telephone transmitter 电话送话器 14.013

teleport 电信港 13.041

telepresence 遥现 13.170

teleservice 用户终端业务,＊电信服务 13.021

teletex 智能用户电报 13.083

teletext 图文电视 13.091

teletrade 电子贸易 13.154

television transmission network 电视传输网,＊电视
转播网 02.008

telex 用户电报,＊电传 13.082

telnet 远程登录 13.134

TEM mode TEM 模,＊横电磁模 01.275

TE mode TE 模,＊横电模 01.276

terminal equipment 终端设备 14.002

terminating 终接 04.104

terminating network 终接网 02.015

termination 终端 14.001

terrestrial circuit 地面电路 11.054

terrestrial system 地面系统 11.055

terrestrial trunked radio 陆地集群无线电 12.070

tertiary digital group ［数字］三次群 08.017

test 测试 06.013

TETRA 陆地集群无线电 12.070

TFM 平滑调频,＊软调 12.167

thermal noise 热噪声 01.115

thermoelectric generator 温差发电器 15.014

third-generation mobile system 第三代移动通信系统
12.033

third party service provider 第三方服务提供商
17.061

threshold 门限 01.349

throughput 吞吐量 02.053

thyristor rectifier 晶闸管整流设备 15.019

time and frequency standard 时间频率标准 16.003

time base 时基 01.213

time-division CDMA 时分码分多址 01.420

time-division duplex 时分双工,＊乒乓方式
01.104

time-division multiple access 时分多址 01.417

time-division multiplexing 时分复用 01.425

time-division speech interpolation 时分语音插空
01.430

time-division switching 时分交换 04.008

time-division synchronous CDMA TD-SCDMA 系统
12.032

time domain 时域 01.211

time hopping 跳时 01.236

time-out 超时 01.192

time-slot 时隙 01.212

time-slot interchange 时隙交换,＊时隙转换
04.010

time-varying system 时变系统 01.034

timing 定时 01.197

timing advance 定时提前［量］ 12.121

timing extraction 定时抽取 01.198

timing information 定时信息 01.201

timing recovery 定时恢复 01.199

timing signal 定时信号 01.200

TINA 电信信息网络体系结构 03.045

TM mode TM 模,＊横磁模 01.277

TMN 电信管理网 03.037

toll telephone exchange 长途电话交换局 02.038

toll telephone network 长途电话网 02.031

tone 单音 01.305

ToS 服务类型 13.005

total access communication system 全接入通信系统
12.015

total quality management 全面质量管理 17.079

TP 隧道协议 05.029

TPC 发射功率控制 12.091

TQM 全面质量管理 17.079

traffic channel 业务信道 12.202

traffic circuit 业务电路 04.100

traffic control 业务量控制 01.401

traffic descriptor 业务量描述语 04.066

traffic engineering 流量工程 04.120

trail protection 路径保护 09.057

transcoding 编码变换 01.446

transfer characteristic 传递特性,＊转移特性
01.081

transfer function 传递函数,＊转移函数 01.080

transhorizon propagation 超视距传播 10.013

transit 转接 04.105

transit network 转接网 02.014

transmission 传输 01.074

transmission control 传输控制 01.083

transmission control protocol 传输控制协议 05.022

transmission factor 传输因数 01.085

transmission line 传输线路 01.086

transmission loss 传输损耗 01.084

transmission medium 传输媒体，*传输媒介 01.082

transmission network 传输网 02.006

transmission performance 传输性能 01.087

transmit 发送 01.071，传输 01.074

transmit power control 发射功率控制 12.091

transmitter 发送机 01.529

transmultiplexing 复用转换 08.007

transparency 透明性 01.342

transponder 转发器 11.032

transport 传送 01.073

transportable satellite terminal 可搬移卫星终端 11.041

transport entity 传送实体 09.061

transport layer 传送层 05.011

transport network 传送网 02.011

traveling wave 行波 01.070

tree network 树状网 01.029

trellis-coded modulation 网格编码调制 01.500

tributary 支路 01.390

trigger circuit 触发电路 01.549

triple play service 三重业务 13.043

Trojan ［特洛伊］木马 07.033

Trojan horse ［特洛伊］木马 07.033

trunked dispatch system 集群调度系统，*集群系统 12.073

trunked mobile communication system 集群移动通信系统 12.075

trunk network 中继网 02.013

TS 时隙 01.212

TSI 时隙交换，*时隙转换 04.010

tunable laser 可调谐激光器 09.159

tunneling protocol 隧道协议 05.029

twisted pair 双绞线 08.047

two-terminal network 二端网络 01.397

two-way 双向式 01.409

two-way paging 双向式寻呼 12.079

two-wire circuit 二线电路 01.546

type approval 机型批准，*设备认证 17.065

type of service 服务类型 13.005

U

UAN 通用接入号码 13.044

UATI 单播接入终端标志 12.190

ubiquitous network 泛在网，*无处不在网 02.075

UBR 未定比特率 04.073

UDP 用户数据报协议 05.023

UDWDM 超密集波分复用 09.015

UHF 特高频 01.283

UIM ［CDMA］用户标志模块 12.207

ultra dense wavelength-division multiplexer 超密集波分复用 09.015

ultrahigh frequency 特高频 01.283

ultrashort wave 超短波 01.301

ultrawideband 超宽带 12.126

UMTS 通用移动通信业务 12.083

unavailability 不可用性 01.310

unavailable time 不可用时间 01.311

unbundling 非绑定 17.025

uncertainty of measurement 测量不确定性 16.009

under modulation 欠调制 01.521

undesired signal 无用信号 01.064

UNI 用户－网络接口 02.105

unicast 单播 13.141

unicast access terminal identifier 单播接入终端标志 12.190

unidirectional 单方向 01.406

unidirectional ring 单向环 09.048

unified message services 统一消息业务 13.102

uniform encoding 均匀编码 01.455

uniform quantization 均匀量化 01.206

uniform resource locator 统一资源定位系统 13.130

uninterruptible power system 不间断供电系统

15.006

unipolar signal　单极性信号　01.062

universal access　普遍接入　17.015

universal access number　通用接入号码　13.044

universal coding　通用编码　01.462

universal mobile telecommunications service　通用移动通信业务　12.083

universal personal number　通用个人号码　12.084

universal personal telecommunications　通用个人通信　12.082

universal personal telecommunications number　通用个人电信号码　13.045

universal service　普遍服务　17.012

universal service fund　普遍服务基金　17.014

universal service obligation　普遍服务义务　17.013

Universal Telecommunication Radio Access Network　通用电信无线接入网　12.012

universal time　世界时　03.031

universal time coordinated　世界协调时　03.032

unspecified bit rate　未定比特率　04.073

unwanted signal　无用信号　01.064

up conversion　上变频　01.240

uplink　上行链路　01.386

UPN　通用个人号码　12.084

up state　可用状态　01.309

UPT　通用个人通信　12.082

UPT access code　UPT 接入码　12.086

UPT access number　UPT 接入号码　12.085

up time　可用时间，＊能工作时间　01.308

urban telephone network　市内电话网　02.030

URL　统一资源定位系统　13.130

usage charge　使用费　17.035

user datagram protocol　用户数据报协议　05.023

user identify module　［CDMA］用户标志模块　12.207

user-network interface　用户－网络接口　02.105

user node　用户节点　02.134

user port　用户端口　02.137

user profile　用户轮廓　13.008

USO　普遍服务义务　17.013

USW　超短波　01.301

UT　世界时　03.031

UTC　世界协调时　03.032

UTRAN　通用电信无线接入网　12.012

UWB　超宽带　12.126

V

VAD　话音激活检测　12.161

value-added sevrice　增值业务，＊增值网业务，＊增强型业务　13.086

variable bit rate　可变比特率　04.071

variable bit rate service　可变比特率业务　13.099

VAS　增值业务，＊增值网业务，＊增强型业务　13.086

VBR　可变比特率　04.071，可变比特率业务　13.099

VBS　话音广播业务　13.076

VC　虚信道　02.117，虚容器　09.089

VCAT　虚拼接，＊虚连锁　09.090

VC switch　虚信道交换单元　04.019

VDSL　甚高比特率数字用户线，＊甚高速数字用户线　08.058

vertical polarization　垂直极化　10.019

very high-bit-rate digital subscriber line　甚高比特率数字用户线，＊甚高速数字用户线　08.058

very high frequency　甚高频　01.282

very small aperture terminal　甚小天线地球站，＊甚小口径地球站　11.039

vestigial sideband　残留边带　01.160

VGCS　话音群呼业务　13.077

VHE　虚拟家庭环境　13.176

VHF　甚高频　01.282

video　视频　01.287

video communication　视像通信，＊视频通信　01.018

video conference　电视会议　13.074

videography　可视图文　13.090

video messaging　视频消息　13.111

video-on-demand　视频点播，＊按需收视　13.110

video phone　可视电话　13.113

videotext　可视图文　13.090

viewphone set 可视电话机 14.026

virtual call *虚呼叫 02.050

virtual channel 虚信道 02.117

virtual circuit 虚电路 02.048

virtual concatenation 虚拼接，*虚连锁 09.090

virtual container 虚容器 09.089

virtual home enviroment 虚拟家庭环境 13.176

virtual path 虚通道 02.118

virtual private network 虚拟专用网 02.021

virtual private network service 虚拟专用网业务 13.024

virtual reality 虚拟现实 13.175

virus 病毒 07.028

virus infection [机算机]病毒感染 07.030

virus isolation 病毒隔离 07.031

visited MSC 被访移动交换中心 12.065

visitor location register 漫游位置寄存器 12.068

visual telephone 可视电话 13.113

VLR 漫游位置寄存器 12.068

VMSC 被访移动交换中心 12.065

vocoder 声码器 01.578

VOD 视频点播，*按需收视 13.110

voice 话音 01.410

voice activity detection 话音激活检测 12.161

voice broadcast service 话音广播业务 13.076

voice channel 话路 01.391

voice coder 声码器 01.578

voice group call service 话音群呼业务 13.077

voice mailbox 话音信箱 13.058

voice over broadband 宽带电话，*网络电话 13.118

voice over internet protocol IP电话 13.117

VoIP IP电话 13.117

vote over telephony 电话投票，*电子投票 13.079

VP 虚通道 02.118

VPN 虚拟专用网 02.021

VP switch 虚通道交换单元 04.020

VSAT 甚小天线地球站，*甚小口径地球站 11.039

VSB 残留边带 01.160

W

WAE 无线应用环境 05.077

WAIS 广域信息服务 13.135

waiting list 待装名单 17.076

WAN 广域网 02.067

wanted signal 有用信号 01.063

WAP 无线应用协议 05.076

WAP gateway WAP网关 12.118

wave-division multiplexing 波分复用 01.427

waveform 波形 01.066

waveform distortion factor 波形失真率 15.026

waveguide 波导 01.585

waveguide component and device 波导元器件 10.024

waveguide dispersion 波导色散，*结构色散 09.040

wavelength 波长 01.297

wavelength conversion 波长转换 09.025

wavelength-division multiple access 波分多址 01.421

wavelength modulation 波长调制 01.501

wavelength switching 波长交换 04.011

wave number 波数 09.027

WCDMA 宽带码分多址 12.173

WDM 波分复用 01.427

WDMA 波分多址 01.421

weakly guiding fiber 弱导光纤 09.142

weather-chart facsimile apparatus 气象图传真机 14.029

webcast 网播 13.144

web defacement 网页涂改 07.037

website 网站 13.137

weighted noise 加权噪声 01.113

WGN 高斯白噪声 01.109

white Gaussian noise 高斯白噪声 01.109

white noise 白噪声，*平坦随机噪声 01.105

whole-circuit 全电路[式] 13.070

wholesale service provider 批发业务提供商 17.048

wide area information service 广域信息服务

13.135

wide area network 广域网 02.067

wideband 阔带 01.154

wideband CDMA 宽带码分多址 12.173

Wi-Fi 无线保真 10.055

WiMax 全球微波接入互操作性 10.056

WIN 无线智能网 12.007

wind-generator set 风力发电机 15.011

wire communication 有线通信 01.008

wireless access 无线接入 10.040

wireless access network 无线接入网 02.132

wireless access unit 无线接入单元 10.051

wireless application environment 无线应用环境 05.077

wireless application protocol 无线应用协议 05.076

wireless communication 无线通信 01.009

wireless data link 无线数据链路 10.052

wireless fidelity 无线保真 10.055

wireless intelligent network 无线智能网 12.007

wireless LAN 无线局域网 12.009

wireless link threat 无线链路威胁 07.041

wireless local loop 无线本地环路 10.032

wireless MAN 无线城域网 12.008

wireless markup language 无线置标语言，*无线标

记语言 05.071

wireless PABX 无线专用自动小交换机 10.050

wireless PAN 无线个[人]域网 12.010

wireless routing protocol 无线选路协议 05.075

wireless session protocol 无线会晤协议 05.074

wireless transmission protocol 无线传输协议 05.073

wireless virtual LAN 无线虚拟局域网 10.053

wireless virtual private network 无线虚拟专用网 13.188

wireline system 有线系统 08.001

WLAN 无线局域网 12.009

WM 波长调制 01.501

WMAN 无线城域网 12.008

WML 无线置标语言，*无线标记语言 05.071

World Interoperability for Microwave Access 全球微波接入互操作性 10.056

World Radiocommunications Conference 世界无线电通信大会 17.089

world wide web 万维网 02.074

worm 蠕虫 07.032

WRC 世界无线电通信大会 17.089

WVPN 无线虚拟专用网 13.188

WWW 万维网 02.074

X

xDSL x数字用户线 08.054

X-interface X接口 06.069

XML 可扩展置标语言 05.070

X.25 packet-switched data network X.25分组交换数据网 02.047

X.25 service X.25分组业务 13.094

Z

zero-dispersion slope 零色散斜率 09.044

zero-dispersion wavelength 零色散波长 09.043

汉英索引

A

安全电子交易 secure electronic transaction, SET 07.055

安全断言置标语言 security assertion markup language, SAML 07.051

安全管理 security management 06.056

安全审计 security audit 07.046

安全套接层[协议] secure sockets layer, SSL 07.049

IP 安全协议 IPSec 05.066

按股权比例摊分的用户 proportionate subscribers 17.087

按键电话机 keypad telephone set 14.005

按需分配带宽 bandwidth on demand 01.336

*按需收视 video-on-demand, VOD 13.110

暗光纤 dark fiber 09.138

凹陷包层光纤 depressed cladding fiber, depressed clad fiber 09.139

B

八比特组 octet 01.170

八进制[的] octal 01.171

白噪声 white noise 01.105

半导体光放大器 semiconductor optical amplifier, SOA 09.148

半导体激光器 semiconductor laser 09.149

半电路[式] half-circuit 13.069

半功率点 half-power point 01.295

半双工 half duplex 01.102

半速 half rate, HR 12.107

半速率业务信道 half-rate traffic channel 12.109

半永久连接 semi-permanent connection 04.061

绑定 bundling 17.024

*包 packet 01.229

包层 cladding 09.029

包层模 cladding mode 09.030

*包过滤 packet filtering 07.048

包络检波 envelope detection 01.527

包络解调 envelope demodulation 01.526

包络时延 envelope delay 01.152

1+1 保护 1+1 protection 07.057

1:n 保护(n>1) 1:n protection 07.056

保护倒换 protection switching, PS 06.052

保护检测响应 protection detection response, PDR 07.052

保护[频]带 guard band 01.161

保护信道 protection channel 06.051

报文交换 message switching 04.006

备用冗余 standby redundancy 01.412

背板 backplate 01.584

背景噪声 background noise 01.106

倍频器 frequency multiplier 01.533

被访移动交换中心 visited MSC, VMSC 12.065

*被管对象 managed object, MO 03.043

被管实体 managed entity 06.060

被叫方 called party 01.378

被叫方付费 receiving party pays, RPP 17.040

被叫方付费呼叫 collect call 13.053

被叫集中付费业务 800 service 13.052

本地电话公司 local exchange carrier, LEC 17.055

本地电话交换局 local telephone exchange 02.037

本地电话网 local telephone network 02.029

本地电话业务 local telephone service 13.048

本地多点分配业务 local multipoint distribution service, LMDS 10.046

本地公用陆地移动网　home public land mobile network　12.003

本地环路　local loop　04.083

本地交换局　local exchange, LE, local central office, LCO　04.044

本地时钟　local clock　03.027

本地微波分配系统　local microwave distribution system　10.039

本征连接损耗　intrinsic joint loss　09.031

* 比特　binary digit, bit　01.168

比特差错　bit error　01.177

比特差错率　bit error ratio　01.178

比特滑动　bit slip　01.180

比特间隔　bit interval　01.181

比特交织　bit interleaving　01.182

比特劫取　bit robbing　01.183

比特流　bit stream　01.173

比特率　bit rate　01.174

比特填充　bit stuffing　01.184

* 比特填塞　bit stuffing　01.184

比特同步　bit synchronization　01.185

比特图案　bit pattern　01.186

闭合用户群　closed user group, CUG　13.038

闭塞　blocking　04.109

边带　sideband　01.157

边界路由器　border router　02.089

边界网关协议　border gateway protocol, BGP　05.040

边缘路由器　edge router　02.088

编号　numbering　01.380

编解码器　codec　01.576

编码　coding, encoding　01.441

编码变换　transcoding, coding transform　01.446

编码律　encoding law　01.443

编码器　coder, encoder　01.574

编码违例　coded violation, CV　09.095

编码增益　coding gain　01.447

便携式终端　portable terminal　14.044

变频　frequency conversion　01.239

标签分发协议　label distribution protocol, LDP　05.062

表示层　presentation layer　05.009

并串变换　parallel-to-serial conversion, serialization　01.242

并联冗余系统　parallel redundant system　15.027

并行传输　parallel transmission　01.090

病毒　virus　07.028

病毒隔离　virus isolation　07.031

拨号　dialing　04.086

拨号连接　dial-up connection　04.087

拨号盘　dial　14.019

拨号上网　dial-up access　13.146

拨号因特网接入　dial-up Internet access　04.088

波长　wavelength　01.297

波长交换　wavelength switching　04.011

波长调制　wavelength modulation, WM　01.501

波长转换　wavelength conversion　09.025

波导　waveguide　01.585

波导色散　waveguide dispersion　09.040

波导元器件　waveguide component and device　10.024

波道　channel　01.039

波段　band　01.296

波分多址　wavelength-division multiple access, WDMA　01.421

波分复用　wave-division multiplexing, WDM　01.427

波数　wave number　09.027

波特　baud　01.172

波形　waveform　01.066

波形失真率　waveform distortion factor　15.026

剥模器　mode stripper　09.144

* 补偿光纤　dispersion compensating fiber, DCF　09.133

补充业务　supplementary service　13.023

捕获　acquisition　01.599

不对称管制　asymmetrical regulation　17.003

不对称数字用户线　asymmetric digital subscriber line, ADSL　08.055

不对称信道　asymmetrical channel　01.044

不归零　non-return to zero, NRZ　01.438

不规则畸变　fortuitous distortion　01.142

不间断供电系统　uninterruptible power system　15.006

不可抵赖性　non-repudiation　07.012

不可否认性　non-repudiation　07.013

不可用时间　unavailable time　01.311

不可用性　unavailability　01.310

不可用状态　down state　01.312

不能工作状态　disabled state　01.313

不同步[的]　non-synchronous　01.188

不影响功能性维护　function-permitting maintenance
　06.042

部分响应编码　partial response coding　01.467

C

材料色散　material dispersion　09.041

彩色传真机　color facsimile apparatus　14.028

参考导频　reference pilot　01.304

参考点　reference point　02.106

参考模型　reference model　01.098

参考配置　reference configuration　02.107

参考系统　reference system　01.099

参考噪声　reference noise　01.112

参量放大器　parametric amplifier　01.536

残留边带　vestigial sideband, VSB　01.160

侧音　sidetone　01.146

测量　measurement　06.022

测量不确定性　uncertainty of measurement　16.009

测量误差　measurement error　16.008

测试　test　06.013

插入损耗　insertion loss　01.147

查询　query　13.120

差错比特　error bit　01.190

差错控制编码　error control coding, ECC　01.453

差分编码　differential encoding　01.454

差分脉码调制　differential pulse-code modulation,
　DPCM　01.497

差分调制　differential modulation　01.496

差异化服务　differentiated services　13.029

柴油发电机组　diesel generator set　15.013

掺铒光纤放大器　erbium-doped fiber amplifier,
　EDFA　09.152

长波　long wave, LW　01.298，09.032

长途电话公司　inter-exchange carrier, IEC, IXC
　17.056

长途电话交换局　toll telephone exchange　02.038

长途电话网　toll telephone network　02.031

长途电话业务　long distance telephone service
　13.049

长途线路　long distance line　01.388

场地出租　collocation　13.126

*超3G　beyond 3G, B3G　12.039

超短波　ultrashort wave, USW　01.301

超额突发量　excess burst size, BE　02.060

超高频　super high frequency, SHF　01.284

超宽带　ultrawideband, UWB　12.126

超密集波分复用　ultra dense wavelength-division
　multiplexer, UDWDM　09.015

超时　time-out　01.192

超视距传播　transhorizon propagation　10.013

超文本传送协议　hypertext transport protocol, HTTP
　05.027

超帧　superframe　01.225

成对不等性码　paired-disparity code　01.468

成帧　framing　01.226

成帧图案　framing pattern　01.227

承诺突发量　committed burst size, BC　02.059

承诺信息速率　committed information rate, CIR
　02.058

承载信道　bearer channel　01.042

承载业务　bearer service　13.022

城市传输网　metropolitan transmission network
　02.007

城市宽带网　metropolitan broadband network
　02.010

城域网　metropolitan area network, MAN　02.066

程控数字交换机　SPC digital switch　04.033

持久故障　persistent fault　06.028

持续信元速率　sustained cell rate, SCR　04.068

*冲击脉冲　impulse　01.314

冲激　impulse　01.314

冲激响应　impulse response　01.315

重叠网　overlay network　01.032

抽象句法记法　abstract syntax notation, ASN
　05.050

抽样　sampling　01.194

抽样率　sampling rate　01.196

抽样时间　sampling time　01.195
出[局]　outgoing　04.101
初充电　initial charge　15.020
触发电路　trigger circuit　01.549
传播　propagation　01.075
传播常数　propagation constant　01.076
传播媒介　propagation medium　01.077
传播时延　propagation delay　01.078
传播速度　propagation velocity　01.079
*传播系数　propagation constant　01.076
传递函数　transfer function　01.080
传递特性　transfer characteristic　01.081
传号　mark　01.439
传输　transmit, transmission　01.074
传输控制　transmission control　01.083
传输控制协议　transmission control protocol, TCP　05.022
*传输媒介　transmission medium　01.082
传输媒体　transmission medium　01.082
传输损耗　transmission loss　01.084
传输网　transmission network　02.006
传输线路　transmission line　01.086
传输性能　transmission performance　01.087

传输因数　transmission factor　01.085
传送　transport　01.073
传送层　transport layer　05.011
传送实体　transport entity　09.061
传送网　transport network　02.011
传统运营商　Incumbent　17.044
IP传真　fax over IP, FoIP　13.116
传真存储转发　facsimile storage and forwarding　01.017
传真机　facsimile apparatus　14.027
传真通信　fax communication, facsimile communication　01.016
传真业务　fax service, facsimile service　13.081
船用电话　marine telephone　12.076
串并变换　serial-to-parallel conversion, deserialization　01.243
*串话　crosstalk　01.143
串扰　crosstalk　01.143
串行传输　serial transmission　01.091
垂直极化　vertical polarization　10.019
存储程序控制　stored-program control, SPC　04.025
存储业务　storage service　13.103
存储[器]域网　storage area network, SAN　02.068

D

大楼综合定时供给　building-integrated timing supply, BITS　03.028
大气噪声　atmospheric noise　01.107
*2.75代技术　enhanced data rates for global evolution of GSM and IS-136, EDGE　12.026
代理攻击　proxy attack　07.038
代码　code　01.434
带间传输　interband transmission　01.092
带宽　bandwidth, BW　01.335
带宽距离积　bandwidth-distance product　01.316
带内传输　intraband transmission　01.093
带内[的]　in band　01.162
带通滤波器　bandpass filter　01.540
带外[的]　out of band　01.163
带业务监测　in-service monitoring, ISM　06.048
带状电缆　ribbon cable　08.069
带状光缆　ribbon cable　09.162

带状线　strip line　01.586
带阻滤波器　bandstop filter　01.541
待机时间　standby time　12.128
待装名单　waiting list　17.076
单边带　single sideband, SSB　01.158
单播　unicast　13.141
单播接入终端标志　unicast access terminal identifier, UATI　12.190
单端同步　single-ended synchronization　03.023
单方向　unidirectional　01.406
单工　simplex　01.100
单机电话防火墙　telephone firewall　07.060
单极性信号　unipolar signal　01.062
单键拨号　one-touch dialing　12.129
单模光纤　monomode fiber, single mode fiber　09.129
单跳　single hop　11.044

单稳态电路　monostable circuit　01.550

单线对高比特率数字用户线　single-pair high-bit-rate digital subscriber loop, SHDSL　08.060

单向环　unidirectional ring　09.048

单向式　one-way　01.408

单音　tone　01.305

单元电(光)缆段　elementary cable section　08.009

导频信道　pilot channel　12.191

导频信号　pilot signal　01.303

倒换　changeover　04.112

倒回　changeback　04.113

倒谱　cepstrum　01.246

倒相　phase inversion　01.247

倒相调制　phase-inversion modulation　01.505

等效比特率　equivalent bit rate　01.175

低轨道地球卫星　low earth orbit satellite, LEO　11.008

低通滤波器　low-pass filter　01.543

低噪声放大器　low-noise amplifier　01.537

地面电路　terrestrial circuit　11.054

地面交换中心　ground switching center　11.034

地面系统　terrestrial system　11.055

地球站　earth station　11.035

地址　address　04.092

地址解析协议　address resolution protocol, ARP　05.031

地址欺骗攻击　false address attack　07.039

第三代移动通信系统　third-generation mobile system, 3G　12.033

第三方服务提供商　third party service provider　17.061

点波束　spot beam　11.047

点到点连接　point-to-point connection　01.365

点到点隧道协议　point-to-point tunneling protocol, PPTP　05.030

点到点协议　point-to-point protocol, PPP　05.028

点到点业务　point-to-point service, PTP　13.027

点到多点连接　point-to-multipoint connection　01.364

点到多点群呼业务　point-to-multipoint group call, PTM-G　13.033

点击拨号　click to dial-up　13.147

点击次数　hit count　13.145

电波传播　radio-wave propagation　10.010

电池　cell　15.004

* 电传　telex　13.082

电磁干扰　electromagnetic interference, EMI　01.129

电磁兼容性　electromagnetic compatibility, EMC　01.130

电荷耦合器件　charge-coupled device, CCD　09.153

IP 电话　voice over internet protocol, VoIP, IP telephony　13.117

电话耳机　telephone earphone　14.015

电话会议　teleconference　13.073

电话机　telephone set　14.003

[电话机的]蜂鸣器　buzzer [in a telephone set]　14.022

电话间　telephone booth　13.061

电话交换局　telephone exchange　02.036

电话卡业务　calling card service　13.050

电话普及率　penetration　17.008

电话受话器　telephone receiver　14.014

电话送话器　telephone transmitter　14.013

电话听筒　telephone earcap　14.016

电话亭　telephone stall　13.062

电话通信　telephone communication　01.011

电话投票　vote over telephony　13.079

电话网　telephone network　02.028

电话网编号计划　telephone network numbering plan　02.041

电话网防火墙　PSTN firewall　07.059

电话扬声器　telephone loudspeaker　14.017

电话应答记录器　telephone answering and recording set　14.025

电话应答器　telephone answering set　14.024

电话主线普及率　teledensity　17.009

电缆　cable　08.072

电缆调制解调器　cable modem, CM　08.067

电力线通信　power-line communication, PLC　08.050

电路　circuit　01.545

* 电路出租业务　leased circuit service　13.026

电路仿真业务　circuit emulation service, CES　13.092

电路交换　circuit switching　04.004

电路交换数据网　circuit-switched data network, CSDN　02.045

电路交换网　circuit-switched network　02.023

电平　level　01.320

电气电子工程师学会　Institute of Electrical and Electronics Engineers, IEEE　17.090

电视传输网　television transmission network　02.008

电视会议　video conference　13.074

*电视转播网　television transmission network　02.008

电信　telecommunication　01.002

电信法　telecommunications law, telecommunications act　17.005

*电信服务　teleservice　13.021

电信服务中心　telecenter　17.063

电信港　teleport　13.041

电信管理条例　telecommunication supervising statute　17.006

电信管理网　telecommunication management network, TMN　03.037

电信管制　telecommunications regulation　17.004

电信计量　telecommunication metrology　16.001

电信设施提供商　telecommunications facility provider　17.045

电信网　telecommunication network　02.001

电信信息网络体系结构　telecommunication information network architecture, TINA　03.045

电信业务　telecommunication services　13.001

电信业务分类　telecommunication operation classification　17.007

电子付款机　point of sale, POS　14.035

电子公告板　electronic bulletin board　13.131

*电子号簿　directory enquiry service, DQ　13.080

电子号码　ENUM　13.153

电子贸易　teletrade　13.154

*电子签名　digital signature　07.007

电子商务　e-Commerce　13.156

电子商业　e-Business　13.155

电子数据交换　electronic data interchange, EDI　13.108

*电子投票　vote over telephony　13.079

电子序列号码　electronic serial number, ESN　12.130

电子邮件　E-mail　13.152

电子支付　electronic payment　07.054

调度专用系统　private dispatch system　12.072

定比码　constant ratio code　01.469

定标频率　beacon frequency　12.120

定量风险分析　quantitative risk analysis　17.081

定期维护　scheduled maintenance　06.011

定时　timing　01.197

定时抽取　timing extraction　01.198

定时恢复　timing recovery　01.199

定时提前[量]　timing advance, TA　12.121

定时信号　timing signal　01.200

定时信息　timing information　01.201

定位实体　position determining entity, PDE　12.192

定位业务　localization service, LCS　13.187

定向重试　directed retry　12.124

定向小区　directional cell　12.122

定向增益　directive gain　12.123

定性风险分析　qualitative risk analysis　17.082

*动态同步传送模式　dynamic synchronous transfer mode, DTM　01.234

动态同步转移模式　dynamic synchronous transfer mode, DTM　01.234

动态信道分配　dynamic channel allocation, DCA　12.087

动态选路　dynamic routing　01.383

动态选路协议　dynamic routing protocol, DRP　05.061

动态主机配置协议　dynamic host configuration protocol, DHCP　05.041

抖动　jitter　01.202

抖动积累　jitter accumulation　01.203

抖动限值　jitter limit　01.204

端到端性能　end-to-end performance　01.404

端对端通信　end-to-end communication　01.405

端局　end office　02.040

端口　port　01.393

短波　shortwave, SW　01.300

短波通信　shortwave communication　10.001

短消息对等协议　short message peer to peer, SMPP　05.080

短消息实体　short message entity, SME　12.112

短消息网关　short message service gateway MSC, SMS-GMSC　12.110

短消息小区广播　SMS cell broadcast, SMSCB　13.184

短消息业务　short message service, SMS　13.183

短消息业务互通　short message service interworking　12.111

短消息中心　SMS center, SMSC　12.113

*对称电路　balanced circuit　01.553

对称连接　symmetric connection　04.063

对称数字用户线　symmetrical digital subscriber line, SDSL　08.056

对称信道　symmetrical channel　01.043

对称信号　symmetrical signal　01.058

对等操作　peering　01.235

对等计算　peer-to-peer computing　13.167

对等网络　peer-to-peer network　01.024

对地静止卫星　geostationary satellite　11.010

对绞电缆　paired cable　08.070

多波束卫星　multi-beam satellite　11.015

多播　multicast　13.143

多点到点连接　multipoint-to-point connection　01.363

多点到多点连接　multipoint-to-multipoint connection　01.362

多点接入　multipoint access　04.060

多点控制单元　multipoint control unit, MCU　02.091

多方电信　multi-party telecommunication, MPTY　13.072

多进多出　multiple-in multiple-out, MIMO　12.180

多径　multipath　12.088

多径衰落　multipath fading　12.089

多路多点分配业务　multichannel multipoint distribu-

tion service, MMDS　10.047

多路载波传输　multichannel carrier transmission　08.002

多媒体通信　multimedia communication　01.019

多媒体消息业务　multimedia messaging service, MMS　13.097

多媒体业务　multimedia service　13.017

多媒体域　multimedia domain, MMD　12.193

多媒体终端　multimedia terminal　14.033

IP多媒体子系统　IP multimedia subsystem, IMS　12.035

多模传输　multimode transmission　09.033

多模光纤　multimode fiber　09.130

多模畸变　multimode distortion　09.034

多模激光器　multimode laser　09.154

多模手机　multimode terminal　14.041

多频按键式号盘　multifrequency keypad　14.020

多频段[的]　multi-band　12.184

多频网　multiple frequency network, MFN　12.013

多频终端　multi-band terminal　14.042

多普勒效应　Doppler effect　11.002

多速率单线对数字用户线　multirate single pair digital subscriber loop, MSDSL　08.061

多跳　multi-hop　11.045

多卫星链路　multi-satellite link　11.056

多卫星网　multi-satellite network　11.020

多协议标签交换　multi-protocol label switching, MPLS　04.017

多谐振荡器　multivibrator　01.555

多业务传送平台　multi-service transport platform, MSTP　09.114

多用户信道　multiuser channel　01.045

多址干扰　multi-site interference, MSI　01.128

多址接入　multiple access　01.415

E

厄兰　Erlang　04.121

二端网络　two-terminal network　01.397

PIN二极管　positive-intrinsic-negative diode, PIN diode　09.155

二进制[的]　binary　01.167

二进制编码的十进制　binary coded decimal, BCD　01.471

二进制码　binary code　01.470

二进制数字　binary digit, bit　01.168

二进制信道　binary channel　01.169

二线电路　two-wire circuit　01.546

F

发射　emission　01.323

发射功率控制　transmit power control, TPC　12.091

发射光纤　launching fiber　09.128

发送　transmit, send　01.071

发送机　transmitter　01.529

反馈　feedback　01.326

反射波　reflected wave　01.329

反射系数　reflection coefficient　01.330

*反向复用　inverse multiplexing　01.432

反向链路功率控制　reverse link power control　12.194

反向信道　backward channel　01.047

反向业务信道　reverse traffic channel　12.195

泛在网　ubiquitous network　02.075

防爆电话机　explosion-proof telephone set　14.009

防病毒　antivirus　07.029

防错码　error-protection code　01.477

防火墙　firewall　07.058

仿真局域网　emulated LAN, ELAN　02.121

放大器　amplifier　01.535

放松管制　deregulation　17.002

非绑定　unbundling　17.025

*非对称数字用户线　asymmetric digital subscriber line, ADSL　08.055

非均匀编码　non-uniform encoding　01.456

非均匀量化　non-uniform quantization, non-uniform quantizing　01.207

非零色散光纤　non-zero dispersion fiber　09.136

非视距　non-line-of-sight, NLOS　10.012

非同步网　non-synchronized network, non-synchronous network　03.020

非现场维护　off-site maintenance　06.010

非线性　nonlinearity　01.332

非线性失真　nonlinear distortion　01.137

非线性失真测量　nonlinear distortion measurement　16.010

非占空呼叫建立　off-air call setup, OACSU　12.187

非直联信令[方式]　non-associated signaling　03.009

费用预算　cost budgeting　17.083

分贝　decibel, dB　01.321

分布[式]控制　distributed control　04.024

分布队列双重总线　distributed queue dual bus, DQDB　02.082

分布式拒绝服务　distributed denial of service　07.043

分插复用　add-drop multiplex, ADM　08.004

分出并插入　drop and insert　08.005

分机　extension　14.011

分级网[络]　hierarchical network　01.023

分级选路网　hierarchical routing network　02.025

分集　diversity　01.590

分路器　splitter　08.076

分配网　distribution network　02.018

分配型业务　distributed service　13.014

分频器　frequency divider　01.534

分用　demultiplexing　01.423

分用器　demultiplexer, deMUX　01.572

分组　packet　01.229

分组拆卸　packet disassembly　01.230

分组过滤　packet filtering　07.048

分组交换　packet switching　04.005

分组交换数据传输业务　packet-switched data transmission service　13.093

分组交换数据网　packet-switched data network, PSDN　02.046

X.25 分组交换数据网　X.25 packet-switched data network　02.047

分组交换网　packet-switched network　02.024

*分组交换业务　packet-switched data transmission service　13.093

分组数据协议　packet data protocol, PDP　05.024

分组型终端　packet-mode terminal　14.032

X.25 分组业务　X.25 service　13.094

分组装拆器　packet assembler/disassembler, PAD　04.026

分组装配　packet assembly　01.231

风力发电机　wind-generator set　15.011

风险管理　risk management　17.080

封装　encapsulation　09.028

峰值信元速率　peak cell rate, PCR　04.067

蜂窝地理服务区　cellular geographic service area, CGSA　12.050

蜂窝电话　cellular telephone　12.046

蜂窝结构　cellular structure　12.045

蜂窝数字分组数据系统　cellular digital packet data system, CDPD　12.040

蜂窝移动电话网　cellular mobile telephone network　12.001

蜂窝移动电话系统　cellular mobile telephone system　12.014

服务等级　grade of service, GoS　13.003

服务管理系统　service management system　06.065

服务可用性　service availability　13.007

服务类别　class of service, CoS　13.002

服务类型　type of service, ToS　13.005

服务器－客户机　server/client　13.128

服务区　service area　12.049

服务水平协议　service level agreement, SLA　13.006

GPRS 服务支持节点　serving GPRS support node, SGSN　12.020

服务质量　quality of service, QoS　13.004

浮充电压　floating charge voltage　15.022

符号间干扰　intersymbol interference, ISI　01.127

符号率　symbol rate　01.176

幅移键控　amplitude-shift keying, ASK　01.515

幅移调制　amplitude-shift modulation　01.494

辐射　radiation　01.324

负反馈　negative feedback　01.328

负荷　load　01.337

＊负载　load　01.337

复频谱　complex spectrum　01.290

复用　multiplexing　01.422

复用段　multiplex section, MS　09.063

复用段保护　multiplex section protection, MSP　09.064

复用分用器　muldex　01.573

复用器　multiplexer, MUX　01.570

复用体系　digital multiplex hierarchy　08.006

复用转换　transmultiplexing　08.007

复帧　multiframe　01.224

副载波　subcarrier　01.068

副载波复用　subcarrier multiplexing, SCM　08.040

覆盖　coverage　12.047

覆盖区　coverage area　12.048

G

干扰　interference　01.121

干扰信号　interfering signal　01.122

干涉图样　interference pattern　01.123

甘特图　Gantt chart　17.084

高比特率数字用户线　high-bit-rate digital subscriber line, HDSL　08.057

高轨道地球卫星　high elliptical orbit satellite, HEO　11.014

高轨道地球卫星通信　high elliptical orbit communication　11.013

高级数据链路控制　high-level data link control, HDLC　05.052

高级移动电话系统　advanced mobile phone system, AMPS　12.016

高级智能网　advanced intelligent network, AIN　02.147

高空平台电信系统　high-altitude platform station, HAPS, stratospheric telecommunications system　11.023

高频　high frequency, HF　01.281

＊高频通信　shortwave communication　10.001

高数据速率　high data rate, HDR　12.196

高斯白噪声　white Gaussian noise, WGN　01.109

高斯频移键控　Gaussian frequency-shift keying, GFSK　01.519

高斯噪声　Gaussian noise　01.108

高斯最小频移键控　Gaussian minimum frequency-shift keying, GMSK　01.520

高速电路交换数据业务　high-speed circuit-switched data, HSCSD　12.115

高速分组交换数据　high-speed packet-switched data, HSPSD　12.116

高速分组数据　high rate packet data, HRPD　12.197

高速缓冲存储器　cache　01.559

*高速缓存器　cache　01.559

*高速率数字用户线　high-bit-rate digital subscriber line, HDSL　08.057

高速下行链路分组接入　high-speed downlink packet access, HSDPA　12.037

高通滤波器　high-pass filter　01.542

告警　alarm　06.039

告警监视　alarm surveillance　06.041

告警状态　alarm status　06.040

*个人标识号　personal identification number, PIN　12.131

个人地球站　personal earth station　11.038

个人号码　personal number　04.091

个人接入通信系统　personal access communication system, PACS　12.041

个人空间通信业务　personal space communication service　13.178

个人身份号　personal identification number, PIN　07.017

个人识别号码　personal identification number, PIN　12.131

个人识别模块　personal identifier module, PIM　12.132

个人手持电话系统　personal handy phone system, PHS　12.043

个人数字蜂窝电信系统　personal digital cellular telecommunication system　12.017

个人数字助理　personal digital assistant, PDA　14.045

个人通信　personal communication　12.080

个人通信号码　personal telecommunication number, PTN　12.081

个人通信业务　personal communications service, PCS　13.179

个人通信业务号码　personal communication service number, PCS number　13.046

个人域网　personal area network, PAN　02.063

工程联络线　engineering orderwire, EOW　08.008

*公告板系统　electronic bulletin board　13.131

公共电话营业所　public call office, PCO　17.062

公共对象请求代理体系结构　common object request broker architecture, CORBA　03.046

公共管理信息协议　common management information protocol, CMIP　05.037

*公共空中接口　air interface　12.142

公共陆地移动网　public land mobile network, PLMN　12.002

*公务线　order wire, OW　06.049

公用电话　payphone　13.054

公用电话交换网　public switched telephone network, PSTN　02.033

公用管理信息服务　common management information service, CMIS　13.039

公用数据传输业务　public data transmission service　13.087

公用数据网　public data network　02.043

公用数字蜂窝　public digital cellular, PDC　12.044

公用网　public network　02.019

公钥基础设施　public key infrastructure, PKI　07.022

公钥加密　public key encryption　07.021

公众电信运营商　public telecommunications operator, PTO　17.043

功率标准　power standard　16.002

功率放大器　power amplifier　01.538

功率控制　power control　12.090

功率谱　power spectrum　01.293

功率谱密度　power spectral density　01.294

功能测试　functional test　06.015

功能实体　functional entity, FE　02.158

共路信令　common channel signaling, CCS　03.007

共模干扰　common-mode interference　08.088

共模抑制比　common-mode rejection ratio, CMRR　08.089

购买力平价　purchasing power parity　17.086

*孤立波　optical soliton　09.005

*孤立子　optical soliton　09.005

*骨干网　backbone network　02.017

骨架型光缆　grooved cable　09.165

*固定电话网防火墙　PSTN firewall　07.059

固定费　fixed charge, standing charge　17.036

固定费率 flat rate 17.037

固定台 fixed station 12.134

固定卫星业务 fixed satellite service 13.189

固定无线接入 fixed wireless access, FWA 10.041

固定无线接入网 fixed wireless access network 10.042

固定无线终端 fixed radio terminal 10.045

固定业务 fixed service 13.020

固定移动集成 fixed mobile integration, FMI 12.155

固定移动融合 fixed mobile convergence, FMC 12.156

故障 fault 06.025

故障点 fault point 06.032

故障定位 fault localization, localization of faults 06.027

故障管理 fault management 06.055

故障纠正 fault correction 06.026

故障率 fault rate, failure rate 06.033

*故障屏蔽 fault masking 06.036

故障容限 fault tolerance 06.034

故障树分析 fault-tree analysis, FTA 06.035

故障遮掩 fault masking 06.036

故障诊断 fault diagnosis 06.037

挂断 hanging up 04.115

关口移动交换中心 gateway MSC, GMSC 12.066

关系数据库 relational database 13.174

管道 conduit 08.071

管理层 management layer 06.062

管理对象 managed object, MO 03.043

管理对象类 managed object class, MOC 06.063

管理实体 management entity 06.059

管理树 management tree 03.042

管理信息 management information, MI 06.066

管理应用功能 management application function, MAF 03.044

管理域 management domain 06.061

管制 regulation 17.001

光波 light wave 09.002

光波长标准 optical wavelength standard 16.007

光波导 optical waveguide 09.009

光传输段 optical transmission section, OTS 09.068

光传送模块 optical transport module, OTM 09.070

光传送体系 optical transport hierarchy, OTH 09.060

光传送网络 optical transport network, OTN 09.058

光电检测器 optoelectronic detector 09.156

光电交换 electro-optical switching 09.065

光电[子]发送机 optoelectronic transmitter 09.071

光电[子]接收机 optoelectronic receiver 09.066

光段 optical section, OS 09.067

光发送机 optical transmitter 09.072

光放大器 optical amplifier, OA 09.074

光分插复用器 optical add-drop multiplexer, OADM 09.075

光分配网 optical distribution network, ODN 09.100

光分组交换 optical packet switching, OPS 04.014

光复用单元 optical multiplex unit, OMU 09.079

光复用段 optical multiplex section, OMS 09.069

光功率计 optical power meter 16.021

光孤子 optical soliton 09.005

光交叉连接 optical cross-connect, OXC 09.078

光交换 photonic switching 04.012

光接入网 optical access network, OAN 09.099

光接收机 optical receiver 09.073

*光口横向兼容 mid-fiber meet 09.080

光缆 optical [fiber] cable 09.161

光路中间衔接 mid-fiber meet 09.080

光码分多址 optical code-division multiple access, OCDMA 09.097

光频 light frequency 09.004

光谱 optical spectrum 09.006

光谱窗口 spectral window 09.008

光谱线 spectral line 09.007

光强 light intensity 09.003

光时分复用 optical time-division multiplexing, OTDM 09.013

光时域反射仪 optical time-domain reflectometer, OTDR 16.022

光同步传送网 optical synchronous transport network 02.012

光突发交换 optical burst switching, OBS 04.015

光网间互连 optical internetworking 09.096

光网络单元 optical network unit, ONU 09.101

光纤带宽 fiber bandwidth 09.119

光纤到办公室 fiber to office, FTTO 09.102

光纤到大楼 fiber to the building, FTTB 09.103

光纤到户 fiber to the home, FTTH 09.104

*光纤到家 fiber to the home, FTTH 09.104

光纤到局域网 fiber to the LAN, FTTLAN 09.107

光纤到路边 fiber to the curb, FTTC 09.105

光纤到驻地 fiber to the premises, FTTP 09.106

光纤放大器 fiber-optic amplifier 09.150

光纤分布式数据接口 fiber-distributed data interface, FDDI 02.084

光纤分路器 optical fiber splitter 09.120

光纤环路 fiber in the loop, FITL 09.108

光纤缓冲层 fiber buffer 09.121

光纤接入网 fiber-access network 02.130

光纤接头 optical fiber splice, optical splice, splice 09.122

光纤接续 optical fiber splicing 09.124

光纤截止波长 fiber cut-off wavelength 09.123

光纤开关 fiber-optic switch 09.157

光纤连接器 fiber-optic connector, FOC 09.125

光纤衰减器 fiber-optic attenuator 09.158

光纤通信 fiber-optic communications 09.001

光纤尾纤 optical fiber pigtail 09.127

光纤无线混合系统 hybrid fiber wireless system 10.036

光纤信道 fiber channel, FC 09.047

光线路终端 optical line terminal, OLT 09.062

光预算 optical budget 09.021

光载波 optical carrier, OC 09.022

光再生中继器 optical regenerative repeater 09.077

光中继器 optical repeater 09.076

广播 broadcast 13.140

广播控制信道 broadcast control channel, BCCH 12.094

广播卫星 broadcast satellite 11.007

广播卫星业务 broadcast satellite service 13.190

广播信道 broadcast channel, BCH 12.093

广域网 wide area network, WAN 02.067

广域信息服务 wide area information service, WAIS 13.135

归零 return to zero, RZ 01.437

归属位置寄存器 home location register, HLR 12.067

归属移动交换中心 home MSC 12.064

国际电信联盟 International Telecommunications Union, ITU 17.088

国际电信卫星[网] international telecommunication satellite 11.016

国际号码 international number 04.090

国际简单转售 international simple resale 13.056

国际前缀 international prefix 04.089

国际卫星组织 International Satellite Organization, ISO 17.093

国际移动设备标志 international mobile equipment identity, IMEI 12.152

国际移动用户标志 international mobile subscriber identity, IMSI 12.153

国际移动组标志 international mobile group identity, IMGI 12.154

国际直拨 international direct dialing, IDD 13.055

国内通信卫星[网] domestic communication satellite 11.017

过冲 overshoot 01.346

过负荷失真 overload distortion 01.139

过调制 over modulation 01.522

过载点 overload point 01.347

H

海缆 submarine cable 08.073

海上移动电话业务 maritime mobile phone 13.191

海上移动卫星系统 maritime mobile satellite system 11.018

海事卫星业务 maritime satellite service 13.192

汉明码 Hamming code 01.473

毫瓦分贝 dBm 01.322

*PCS 号码 personal communication service number, PCS number 13.046

号码簿信息服务 directory information service 13.067

号码查询业务 directory enquiry service, DQ 13.080

号码携带 number portability, NP 13.068

*合格评定　quality authentication, quality certifica-
tion　17.078

核心路由器　core router　02.087

核心网　core network　02.016

赫夫曼编码　Huffman coding　01.457

黑客　hacker　07.025

黑客攻击　hacker attack　07.026

黑名单　black list [of IMEI]　12.157

恒定比特率　constant bit rate, CBR　04.070

恒定比特率业务　constant bit rate service, CBR
13.098

*横磁模　TM mode　01.277

*横电磁模　TEM mode　01.275

*横电模　TE mode　01.276

红外线通信　infrared communication　10.005

宏弯[曲]　macrobending　09.010

宏小区　macrocell　12.054

后3G　beyond 3G, B3G　12.039

*后向信道　backward channel　01.047

候选小区　candidate cell　12.058

呼叫　call　01.375

呼叫单音　calling tone　04.085

呼叫跟踪　call tracing　04.084

呼叫建立　call set-up　01.376

呼叫筛选　call screening　13.071

呼叫中心　call center　13.078

呼损　lost call　06.043

互操作性　interoperability　01.374

互连　interconnection　01.371

互连业务　interconnection service　13.028

互联　interconnection　01.372

互联费　interconnection charge　17.034

互联互通　interconnection and interworking　17.020

互联网　internet　02.069

互调　intermodulation, IM　01.523

互调产物　intermodulation product　01.141

互调失真　intermodulation distortion　01.140

互调噪声　intermodulation noise, IMN　01.111

互通　interworking　01.373

互通协议　Interworking Protocol, IP　05.051

互同步网　mutually synchronized network　03.021

*滑码　bit slip　01.180

*滑帧　frame slip　01.220

话路　voice channel　01.391

话音　voice　01.410

话音广播业务　voice broadcast service, VBS
13.076

话音激活检测　voice activity detection, VAD
12.161

话音群呼业务　voice group call service, VGCS
13.077

话音信箱　voice mailbox　13.058

环倒换　ring switching　09.050

环互联　ring interconnection　09.051

环互通　ring interworking　09.052

环行器　circulator　01.581

环状网　ring network　01.031

缓冲存储器　buffer memory　01.557

*缓存器　buffer memory　01.557

换流设备　converter　15.015

换频调制　frequency-exchange modulation　01.502

灰名单　gray list [of IMEI]　12.158

恢复　restoration, recovery　06.038

回波　echo　01.148

回波抵消器　echo canceller　01.560

回波损耗　return loss　01.149

回波抑制器　echo suppressor　01.561

回程　backhaul　01.366

*回传　backhaul　01.366

回退　back-off　11.046

汇接　tandem　04.106

汇接电路　tandem circuit　01.548

汇接交换机　tandem switch　04.034

汇接局　tandem office　02.039

汇聚协议　convergence protocol　05.046

会话层　session layer　05.010

会话型业务　conversational service　13.013

*会晤层　session layer　05.010

会晤初始化协议　session initialization protocol, SIP
05.065

混合光纤同轴电缆　hybrid fiber/coax, HFC
08.068

混合光纤同轴电缆接入网　hybrid fiber/coax access
network, HFC access network　02.131

混合耦合器　hybrid coupler　01.562

混合同步网　hybrid synchronization network　03.019

混合网络 hybrid network 01.564

混合线圈 hybrid transformer, hybrid coil 01.563

混频器 mixer, converter 01.565

J

*POS 机 point of sale, POS 14.035

奇偶检验 parity check 01.265

机顶盒 set-top box, STB 14.036

机型批准 type approval 17.065

基本速率接口 basic rate interface, BRI 02.108

基础电源 fundamental power supply 15.001

基础业务 basic service 13.012

基带 baseband 01.095

基带处理 baseband processing 01.097

基带传输 baseband transmission 01.094

基带信号 baseband signal 01.096

基群速率接口 primary rate interface, PRI 02.109

基站 base station, BS 12.095

基站管理 BTS management, BTSM 12.097

基站控制器 base station controller, BSC 12.096

基站收发信机 base station transceiver, BST 12.098

基站子系统 base station subsystem, BSS 12.099

基准时钟 reference clock 03.025

*基准噪声 reference noise 01.112

*畸变 distortion 01.135

激光通信 laser communication 10.006

激活 activation 12.159

吉比特无源光网络 gigabit passive optical network, GPON 09.113

吉比特以太网 gigabit Ethernet, GE 02.077

吉普曲线 Jipp curve 01.005

级联 cascading 01.369

即按即通 push to talk, PTT 13.181

即时消息 instant message, IM 13.100

极化 polarization 01.248

极化模色散 polarization mode dispersion, PMD 09.037

极性码 polar code 01.459

集成光路 integrated optical circuit, IOC 09.023

集群调度系统 trunked dispatch system 12.073

集群调度移动通信 mobile trunked dispatch communication 12.074

*集群系统 trunked dispatch system 12.073

集群移动通信系统 trunked mobile communication system 12.075

集团电话机 key telephone set 14.010

集线器 hub 04.049

集中控制 centralized control 04.023

集中器 concentrator 04.048

集中小交换业务 central office exchange service, Centrex 13.051

计费管理 accounting management 06.054

计费网关 charging gateway, CG 12.149

[计算机]病毒感染 virus infection 07.030

计算机电话集成 computer-telephony integration, CTI 02.102

计算机通信网 computer communication network 02.061

*计算机网 computer communication network 02.061

IP 技术 IP technology 01.228

继续呼叫 follow-on call 13.065

加感 loading 08.074

加权噪声 weighted noise 01.113

加扰 scrambling 01.249

加性白高斯噪声 additive white Gaussian noise 01.110

家庭电话普及率 household telephone penetration 17.010

家庭联网 home networking 02.128

家庭网 home network 02.127

架装电源 rack-mounted power unit 15.008

假设参考电路 hypothetical reference circuit 08.010

假设参考连接 hypothetical reference connection 08.011

*监管 regulation 17.001

检波器 detector 01.566

检测 detection 01.251

检错 error detection 01.252

检错码　error-detection code　01.476

检索型业务　retrieval service　13.018

检相器　phase detector　01.569

简单波长分配协议　simple wavelength-allocating protocol, SWAP　05.068

简单网络管理协议　simple network management protocol, SNMP　05.033

简单邮件传送协议　simple mail transfer protocol, SMTP　05.034

间歇故障　intermittent fault　06.029

*渐变型光纤　graded index fiber　09.131

渐变折射率光纤　graded index fiber　09.131

鉴幅器　amplitude discriminator　01.567

鉴频器　frequency discriminator　01.568

鉴权、授权和结算　authentication, authorization and accounting, AAA　17.041

鉴权中心　authentication center, AUC　12.062

鉴相　phase discrimination　01.492

*鉴相器　phase detector　01.569

僵尸网络　botnet　07.036

交叉补贴　cross subsidy　17.029

交叉连接　cross-connect　01.368

交叉调制　cross modulation　01.524

交互式话音应答　interactive voice response, IVR　13.075

交互式视像数据业务　interactive video data service, IVDS　13.109

交互型业务　interactive service　13.015

交换　switching　04.001

交换机　switch　04.029

交换级　switching stage　04.047

交换局　exchange, switching office　04.041

交换矩阵　switching matrix　04.045

交换连接　switched connection　04.062

交换网[络]　switching network　04.040

交换虚电路　switched virtual circuit, SVC　02.050

交换中心　switching center　04.042

交流配电设备　AC distribution equipment　15.002

交织　interleaving　01.259

交织码　interleaved code　01.475

搅模器　mode scrambler　09.146

*阶跃型光纤　step-index fiber　09.132

阶跃折射率光纤　step-index fiber　09.132

接地系统　grounding system　15.009

接口　interface　01.394

Q 接口　Q-interface　06.068

X 接口　X-interface　06.069

接口速率　interface rate　01.396

接力切换　relay handoff　12.101

接入　access　01.367

接入费　access charge　17.033

UPT 接入号码　UPT access number　12.085

接入码　access code　04.119

UPT 接入码　UPT access code　12.086

接入时延　access delay　04.095

接入速率　access rate, AR　02.057

接入网　access network, AN　02.129

接入线　access line　08.064

接入协议　access protocol　05.017

接入争用　access contention　04.096

接收　receive　01.072

接收光锥区　light acceptance cone　09.012

接收机　receiver　01.530

接收[机]灵敏度　receiver sensitivity　01.339

接头　splice　08.075

节点　node　01.392

结构化布缆　structured cabling　08.077

*结构色散　waveguide dispersion　09.040

结算　settling　17.030

结算费　settlement payments　17.032

结算率　accounting rate　17.031

解码　decoding　01.442

解码器　decoder　01.575

解扰　descrambling　01.250

解扰码器　descrambler　01.577

解调　demodulation　01.485

解调器　demodulator　01.532

尽力而为服务　best effort　13.119

*近端串扰　near-end crosstalk, NEST　08.041

近端串音　near-end crosstalk, NEST　08.041

近端回声　near-end echo　08.012

晶闸管整流设备　thyristor rectifier　15.019

净荷　payload　01.338

竞争接入提供商　competitive access provider, CAP　17.054

*静态图像通信　still image communication, static

image communication 01.014

静止图像通信 still image communication, static image communication 01.014

镜像站点 mirror site 02.101

纠错 error correcting 01.253

纠错码 error-correcting code 01.478

局端机 central office terminal, COT 02.141

局域网 local area network, LAN 02.065

局域网仿真 LAN emulation, LANE 02.120

局域网交换机 LAN switch 04.035

拒绝服务 denial of service, DoS 07.042

聚合带宽 aggregate bandwidth 01.260

聚合器 aggregator 04.027

军事通信卫星系统 military communication satellite system 11.019

均衡 equalization 01.261

均衡充电 equalizing charge 15.021

均衡器 equalizer 01.579

均匀编码 uniform encoding 01.455

均匀量化 uniform quantization 01.206

K

*SIM 卡 SIM card 12.127

*开槽光缆 grooved cable 09.165

开放系统互连 open systems interconnection, OSI 05.006

开放系统互连参考模型 open systems interconnection reference model, OSI-RM 05.007

开放最短路径优先 open shortest path first, OSPF 05.060

开销 overhead 01.209

抗干扰性 immunity 01.131

抗毁性 invulnerability 07.014

可搬移卫星终端 transportable satellite terminal 11.041

可变比特率 variable bit rate, VBR 04.071

可变比特率业务 variable bit rate service, VBR 13.099

可重新配置的光分插复用器 reconfigurable OADM 09.098

可达性 accessibility 07.011

*可懂串话 intelligible crosstalk 08.013

可懂串扰 intelligible crosstalk 08.013

*可访问性 accessibility 07.011

可购性 affordability 17.074

可获性 availability 17.075

可接入性 accessibility 17.073

可靠性 reliability 01.306

可扩展置标语言 extensible markup language, XML 05.070

可审核性 accountability 07.009

可生存网 survivable network 09.054

可视电话 video phone, visual telephone 13.113

可视电话机 viewphone set 14.026

可视图文 videotext, videography 13.090

可调谐激光器 tunable laser 09.159

可维护性 maintainability 06.012

可用比特率 available bit rate, ABR 04.072

可用时间 up time 01.308

可用性 availability 01.307

可用状态 up state 01.309

克隆欺诈 clone fraud 12.151

客户服务中心 customer care center 13.035

客户联系管理 customer relationship management 06.064

空分多址 space-division multiple access, SDMA 01.418

空分交换 space-division switching 04.007

空号 space 01.440

空间分集 space diversity 12.162

空间通信 space communication 10.007

空间站 space station 11.040

空中激活 over the air, OTA 12.198

空中接口 air interface 12.142

空中通话时长 airtime 12.143

空闲 free, idle 04.107

控制信道 control channel, CCH 12.092

块差错概率 block error probability 01.179

块交织 block interleaving 12.145

块码 block code 01.479

快速拨号 speed dialling 13.063

宽带 broadband 01.155

宽带电话 voice over broadband 13.118

*宽带电力线通信 power-line communication, PLC 08.050

宽带接入 broadband access 08.065

宽带码分多址 wideband CDMA, WCDMA 12.173

宽带网 broadband network 02.009

宽带无线本地环路 broadband wireless local loop 10.049

宽带无线接入 broadband wireless access, BWA 10.043

宽带无线接入网 broadband radio access network 10.044

宽带综合业务数字网 broadband ISDN, B-ISDN 02.112

馈线 feeder 10.022

馈线线路 feeder line 08.043

*馈源 antenna feed 10.021

捆绑 binding 09.024

捆绑式服务 bundled services 13.031

扩充 expansion 01.256

扩频 frequency spread 01.238

扩频码序列 spread spectrum code-sequence 12.169

扩频调制 spread spectrum modulation, SSM 12.168

扩频通信 spread spectrum communication 10.002

扩频因子 spreading factor 12.170

扩展的数字用户线 extended digital subscriber line, EDSL 08.063

阔带 wideband 01.154

L

拉曼光纤放大器 Raman fiber amplifier, RFA 09.151

拉曼散射 Raman scattering 09.017

拉曼效应 Raman effect 09.018

蓝牙[技术] bluetooth 12.117

离散多载波 discrete multitone, DMT 08.044

里德-所罗门门码 Reed-Solomon code 09.019

例行测试 routine testing, periodic testing 06.014

连接 connection 01.359

连通[性]透明性 connectivity transparency 01.343

连续性检查 continuity check 06.023

联络线 order wire, OW 06.049

链路 link 01.385

链路接入规程-SDH link access procedure-SDH, LAPS 05.058

链路协议 link protocol 05.018

量化 quantization 01.205

量化失真 quantization distortion, quantizing distortion 01.138

量化误差 quantization error 01.208

量化噪声 quantization noise 01.114

邻信道 adjacent channel 01.049

邻信道干扰 adjacent channel interference 01.125

零色散波长 zero-dispersion wavelength 09.043

零色散斜率 zero-dispersion slope 09.044

零售业务提供商 retail service provider 17.049

浏览器 browser 13.129

流 stream 01.399

流控制传输协议 stream control transmission protocol, SCTP 05.067

流量工程 traffic engineering 04.120

流量控制 flow control 01.400

流媒体 streaming media 13.112

*流星突发通信 meteor trail communication 11.024

流星余迹通信 meteor trail communication 11.024

漏洞 hole 07.027

陆地集群无线电 terrestrial trunked radio, TETRA 12.070

陆地线 landline 08.078

陆地移动卫星业务 land mobile satellite service, LMSS 11.057

陆地移动无线电设备 land mobile radio device 11.042

录音电话机 recording telephone set 14.012

滤波 filtering 01.266

滤光器 optical filter 09.143

*路径 path 01.038

路径保护 trail protection 09.057

路由 route 04.054

路由器　router　04.036

*GPRS 路由器　gateway GPRS support node, GGSN
　12.021

A 律　A-law　01.444

μ 律　μ-law　01.445

率失真理论　rate distortion theory　01.134

逻辑节点　logical node　04.080

逻辑数据链路　logical data link　04.079

逻辑信道　logical channel　01.041

M

BCH 码　BCH code　01.465

码分多址　code-division multiple access, CDMA
　01.419

码分复用　code-division multiplexing, CDM　01.426

码号管理　code-number management　17.026

*码间干扰　intersymbol interference, ISI　01.127

码块　block　01.436

码片　chip　12.146

码片速率　chip rate　12.147

码速调整　justification　01.262

码字　code word　01.435

脉冲按键号盘　decadic keypad　14.021

脉冲编码调制　pulse-code modulation, PCM
　01.495

脉冲参数标准　pulse-parameters standard　16.006

脉冲调制　pulse modulation, PM　01.509

脉冲位置调制　pulse-position modulation, PPM
　01.512

脉冲相位调制　pulse-phase modulation, PPM
　01.513

脉冲再生　pulse regeneration　01.263

脉冲整型　pulse shaping　01.264

脉幅调制　pulse-amplitude modulation, PAM
　01.510

脉宽调制　pulse-duration modulation, PDM, pulse-
　width modulation, PWM　01.511

*脉码调制　pulse-code modulation, PCM　01.495

脉码调制通路特性测量　PCM channel characteristic
　measurement　16.015

*脉位调制　pulse-position modulation, PPM
　01.512

曼彻斯特码　Manchester code 、01.474

漫游　roaming　12.150

漫游位置寄存器　visitor location register, VLR
　12.068

忙时　busy hour　04.098

忙时费率　peak rate　17.038

忙时试呼　busy hour call attempts, BHCA　04.099

媒体接入控制层　media access control layer, MAC
　Layer　05.045

媒体网关　media gateway　04.051

媒体网关控制器　media gateway controller　04.052

媒体网关控制协议　media gateway control protocol,
　MGCP　05.064

每收视一次付费　pay-per-view　13.115

每用户平均收入　average revenue per user, ARPU
　17.042

[美国]联邦通信委员会　Federal Communications
　Commission, FCC　17.094

门户　portal　13.123

门限　threshold　01.349

密集波分复用　dense wavelength-division multiple-
　xing, DWDM　09.014

密码学　cryptology　07.018

密钥加密　secret key encryption　07.020

免提式电话机　hand-free telephone set　14.008

面向连接　connection-oriented　01.361

面向连接的网络层协议　connection-oriented
　network-layer protocol, CONP　05.053

面向连接网　connection-oriented network, CO net-
　work　02.078

面向连接网络业务　connection-mode network
　service, CONS　13.105

明线　open wire　08.079

模　mode　01.274

TE 模　TE mode　01.276

TEM 模　TEM mode　01.275

TM 模　TM mode　01.277

模间色散　intermodal dispersion　09.039

模内畸变　intramodal distortion　09.035

模内色散 intramodal dispersion 09.038
模拟交换 analog switching 04.002
模拟通信 analog communication 01.006
模拟信号 analog signal 01.053

模耦合 mode coupling 09.045
模数转换 analog-to-digital conversion 01.244
目录访问协议 directory access protocol 05.047

N

奈奎斯特定理 Nyquist theorem 01.166
内联网 Intranet 02.072
内容分发 content distribution 13.151
内容过滤 content filtering 13.150
内容配送 content delivery 13.149
内容配送网 content distribution network, CDN
    13.148
内务信息 housekeeping information 01.210

＊能工作时间 up time 01.308
能力测试 capability test 06.017
能力集 capability set, CS 02.149
能量扩散 energy dispersal 11.003
逆变器 inverter 15.017
逆复用 inverse multiplexing 01.432
农村电话网 rural telephone network 02.032

O

欧洲电信标准组织 European Telecommunications
    Standards Institute, ETSI 17.091

耦合 coupling 01.350
耦合器 coupler 01.580

P

判决电路 decision circuit 01.551
旁瓣 side lobe 01.592
配置管理 configuration management 06.058
批发业务提供商 wholesale service provider
    17.048
频段 frequency band 01.279
频分多址 frequency-division multiple access, FDMA
    01.416
频分复用 frequency-division multiplexing, FDM
    01.424
频分交换 frequency-division switching 04.009
频分双工 frequency-division duplex, FDD 01.103
频率 frequency 01.280
＊频率变换 frequency conversion 01.239
频率重定义 frequency redefinition 12.166
频率分集 frequency diversity 12.163
频率分配 frequency allotment 17.069
＊频率复用 frequency reuse 12.165
频率划分 frequency allocation 17.068
频率时间计数器 frequency-time counter 16.019
频率锁定 frequency lock 12.164

频率响应 frequency response 01.288
频率再用 frequency reuse 12.165
频率指配 frequency assignment 17.070
频偏 frequency deviation 01.334
频谱 frequency spectrum 01.289
频谱包络 spectrum envelope 08.045
频谱分析仪 spectrum analyzer 16.020
＊频谱仪 spectrum analyzer 16.020
频移键控 frequency-shift keying, FSK 01.514
频域 frequency domain 01.291
＊乒乓方式 time-division duplex, TDD 01.104
平等接入 equal access 17.019
平方律检波 square-law detection 01.528
平衡电路 balanced circuit 01.553
平衡码 balanced code 01.480
平滑调频 tamed frequency modulation, TFM
    12.167
平均故障间隔时间 mean time between failures,
    MTBF 06.044
平均失效时间 mean time to failure, MTTF 06.045
＊平均无故障工作时间 mean time between failures,

MTBF 06.044

平均修复时间 mean time to repair, MTTR 06.046

*平流层通信系统 high-altitude platform station, HAPS, stratospheric telecommunications system 11.023

BREW 平台 binary runtime environment for wireless, BREW 12.189

*平坦随机噪声 white noise 01.105

普遍服务 universal service 17.012

普遍服务基金 universal service fund 17.014

普遍服务义务 universal service obligation, USO 17.013

普遍接入 universal access 17.015

普通传统电话业务 plain old telephone service, POTS 13.047

谱宽 spectral width 01.292

Q

七号信令系统 signaling system No.7, SS7 03.005

企业对雇员 business-to-employee, B2E 13.160

企业对企业 business-to-business, B2B 13.157

企业对消费者 business-to-consumer, B2C 13.159

企业对政府 business-to-government, B2G 13.158

企业网 enterprise network 02.022

企业要害应用 business-critical application 13.172

企业资源规划 enterprise resource planning, ERP 13.173

气象图传真机 weather-chart facsimile apparatus 14.029

*千兆比以太网 gigabit Ethernet, GE 02.077

*前端 head-end 02.124

前馈 feedforward 01.325

前向散射 forward scatter 09.046

*前向信道 forward channel 01.046

前向业务信道 forward traffic channel 12.199

钳位 clamping 01.348

欠调制 under modulation 01.521

嵌套测试 embedded test 06.020

桥接 bridging 01.370

*桥路器 brouter 04.037

切换 handoff, handover 12.100

区段 span 09.055

区段倒换 span switching 09.056

区分服务 DiffServ 05.043

*取样 sampling 01.194

*取样时间 sampling time 01.195

*取样速率 sampling rate 01.196

去激活 deactivation 12.160

全波光纤 all-wave fiber 09.137

全电路[式] whole-circuit 13.070

全光网 all-optical network, AON 09.059

全活动视频 full-motion video 01.015

全接入通信系统 total access communication system, TACS 12.015

全面质量管理 total quality management, TQM 17.079

全频道天线 all-channel antenna 12.178

全球导航卫星系统 global navigation satellite system 11.025

全球定位系统 global positioning system, GPS 11.027

全球多卫星网 global multi-satellite network 11.021

全球通信卫星系统 global communication satellite system 11.026

全球微波接入互操作性 World Interoperability for Microwave Access, WiMax 10.056

全球卫星移动个人通信 global mobile personal communications by satellite, GMPCS 11.059

全球星系统 GlobalStar 11.060

全球移动通信系统 global system for mobile communications, GSM 12.018

全石英光纤 all-silica fiber 09.140

全速率业务信道 full rate TCH, TCH/F 12.108

全塑光纤 all-plastic fiber 09.141

全天候服务 all-weather service 13.040

全向覆盖 omnidirectional coverage 12.175

全向天线 omni-antenna 12.176

全业务网 full-service network, FSN 02.144

全移动性 full mobility 12.139

缺陷 defect 06.030

群编码 group coding 01.458

群路比特率 aggregate bit rate 08.014

群时延 group delay 01.151

R

燃气涡轮发电机 gas turbogenerator 15.012

扰码 scramble 01.481

热备用 hot standby 01.413

热点微蜂窝 hot spot microcell 12.057

热噪声 thermal noise 01.115

人体域网 body area network, BAN 02.062

认可 accreditation 07.006

认证机构 certification authority 07.005

任播 anycast 13.142

容错 fault tolerance 01.341

容器 container 09.088

熔接接头 fusion splice 09.147

冗余码 redundant code 01.482

蠕虫 worm 07.032

入户电缆 drop cable 08.066

入[局] incoming 04.102

入侵 intrusion 07.044

入侵监测 intrusion detection 07.045

软件定义的无线电 SDR 12.174

软交换 softswitching 04.013

软起动性能 soft-starting characteristic 15.024

软切换 soft handoff 12.102

*软调 tamed frequency modulation, TFM 12.167

瑞利散射 Rayleigh scattering 01.588

弱导光纤 weakly guiding fiber 09.142

S

*三重播放业务 triple play service 13.043

三重业务 triple play service 13.043

*散弹噪声 shot noise 01.116

散粒噪声 shot noise 01.116

散射 scattering 01.587

散射通信 scatter communication 10.004

*色度畸变 intramodal distortion 09.035

色散 dispersion 09.036

色散补偿光纤 dispersion compensating fiber, DCF 09.133

色散补偿器 dispersion compensator 09.042

色散平坦光纤 dispersion-flattened fiber, DFF 09.134

色散移位光纤 dispersion-shifted fiber, DSF 09.135

闪烁噪声 flicker noise 01.117

扇区 fan sector 12.052

扇形天线 fan-sectorized antenna 12.177

上变频 up conversion 01.240

SONET/SDH 上的多路接入协议 multiple access protocol over SONET/SDH, MAPOS 05.057

ATM 上的 IP 协议 IP over ATM, IPoA 05.055

SDH/SONET 上的 IP 协议 IP over SDH/SONET

05.056

上行链路 uplink 01.386

*设备认证 type approval 17.065

设备入网检测 equipment admittance testing 17.064

射频 radio frequency, RF 01.286

射频识别 radio frequency identification, RFID 13.171

射束 beam 01.589

身份验证 identity verification 07.003

甚高比特率数字用户线 very high-bit-rate digital subscriber line, VDSL 08.058

甚高频 very high frequency, VHF 01.282

*甚高速数字用户线 very high-bit-rate digital subscriber line, VDSL 08.058

*甚小口径地球站 very small aperture terminal, VSAT 11.039

甚小天线地球站 very small aperture terminal, VSAT 11.039

生存性 survivability 07.015

声码器 voice coder, vocoder 01.578

声音检索型业务 sound retrieval service 13.019

失效 failure 06.031

失真　distortion　01.135

时变系统　time-varying system　01.034

时分多址　time-division multiple access, TDMA
01.417

时分复用　time-division multiplexing, TDM　01.425

时分交换　time-division switching　04.008

时分码分多址　time-division CDMA, TD-CDMA
01.420

时分双工　time-division duplex, TDD　01.104

时分语音插空　time-division speech interpolation
01.430

时基　time base　01.213

时间频率标准　time and frequency standard　16.003

时隙　time-slot, TS　01.212

时隙交换　time-slot interchange, TSI　04.010

*时隙转换　time-slot interchange, TSI　04.010

时序电路　sequential circuit　01.552

时延　delay　01.150

时域　time domain　01.211

时钟　clock, CK　03.024

时钟恢复　clock recovery　01.214

时钟控制信号　clock control signal　03.029

时钟频率　clock frequency　03.030

时钟提取　clock extraction　01.215

实时传送协议　real-time transport protocol, RTP
05.039

实时控制　real-time control　01.402

实时流送协议　real-time streaming protocol　05.069

使用费　usage charge　17.035

始发　originating　04.103

世界时　universal time, UT　03.031

世界无线电通信大会　World Radiocommunications
Conference, WRC　17.089

世界协调时　universal time coordinated, UTC
03.032

市场准入　market entry, market admittance　17.016

市内电话网　urban telephone network　02.030

事务管理　business management　03.041

视距传播　line of sight propagation, LOS propagation
10.011

视频　video　01.287

视频点播　video-on-demand, VOD　13.110

*视频通信　video communication　01.018

视频消息　video messaging　13.111

视像通信　video communication　01.018

试呼　call attempt　04.097

ATM 适配层　ATM adaptation layer, AAL　02.116

Q 适配器　Q-adapter, QA　06.067

释放　release　04.111

手柄　handset　14.018

手机　handset　14.039

*首页　homepage　13.138

受激布里渊散射　stimulated Brillouin scattering, SBS
09.020

授权　authorization　07.004

疏导　grooming　09.085

树状网　tree network　01.029

数据报业务　datagram service　13.106

数据传输　data transmission　01.088

数据电路终端设备　data circuit terminal equipment,
DCE　02.052

数据加密标准　data encryption standard, DES
07.019

数据交换接口　data exchange interface, DXI
02.119

数据链路层　data link layer　05.013

数据通信　data communication　01.012

数据挖掘　data mining　13.165

数据网　data network　02.042

数据业务　data service　13.084

数据业务单元　data service unit, DSU　02.055

数据站　data station　02.051

数据中心　data center　13.127

数据终端设备　data terminal equipment, DTE
14.031

数模转换　digital-to-analog conversion　01.245

数值孔径　numerical aperture, NA　09.145

*数字标志　digital certificate　07.008

数字差错　digital error　01.189

数字传输测量　digital transmission measurement
16.012

数字电路倍增　digital circuit multiplication, DCM
01.554

数字段　digital section, DS　08.046

[数字]二次群　secondary digital group　08.016

数字复用体系　digital multiplex hierarchy　01.433

183

数字化 digitization 01.164

数字环路载波 digital loop carrier, DLC 08.051

[数字]基群 primary digital group 08.015

数字集群无线电 digital trunked radio 12.071

数字交叉连接系统 digital cross-connected system, DCS 04.028

数字交换 digital switching 04.003

数字交换机 digital exchange, digital switch 04.032

数字交换局 digital exchange 04.043

数字接口特性测量 digital interface characteristic measurement 16.013

数字滤波器 digital filter 01.544

数字配线架 digital distribution frame, DDF 01.582

数字签名 digital signature 07.007

[数字]三次群 tertiary digital group 08.017

数字视频广播 digital video broadcast, DVB 11.028

数字视频交互 digital video interactive, DVI 04.021

数字数据网 digital data network, DDN 02.054

数字数据[网]业务 digital data network service, DDN 13.085

[数字]四次群 quaternary digital group 08.018

数字调制 digital modulation 01.493

数字通信 digital communication 01.007

数字微波接力通信系统 digital microwave relay system 10.028

* 数字微波中继系统 digital microwave relay system 10.028

数字卫星 digital satellite 11.006

数字无线链路 digital radio link 10.033

数字无线通道 digital radio path 10.034

数字无线系统 digital radio system 10.035

数字线对增益 digital pair gain, DPG 01.258

数字线路段 digital line section 08.020

数字线路系统 digital line system 08.021

数字信号 digital signal 01.054

[数字信号的]再生 regeneration [of a digital signal] 08.032

数字用户线 digital subscriber line, DSL 08.053

x 数字用户线 xDSL 08.054

数字语音内插 digital-speech interpolation, DSI 01.431

数字证书 digital certificate 07.008

数字终端 digital terminal 14.030

衰减 attenuation 01.351

衰减串话比 attenuation-to-crosstalk ratio, ACR 01.145

衰减器 attenuator 01.583

衰减系数 attenuation coefficient 01.352

双边带 double sideband, DSB 01.159

双二进码 duobinary code 01.472

双方向 bidirectional 01.407

双工 duplex 01.101

双极性编码 bipolar coding 01.460

双极性信号 bipolar signal 01.061

双绞线 twisted pair 08.047

双节点互连 dual-node interconnection 09.086

双模[的] dual-mode 12.183

双频段 dual band 12.185

双频无缝切换 dual-band seamless handover 12.186

双频终端 dual-band terminal 14.040

双枢纽 dual hubbed 09.087

双相编码 biphase coding 01.461

双向环 bidirectional ring 09.049

双向式 two-way 01.409

双向式寻呼 two-way paging 12.079

双音多频 dual-tone multi-frequency, DTMF 04.093

水平极化 horizontal polarization 10.020

四端网络 four-terminal network 01.398

四线电路 four-wire circuit 01.547

四相移相键控 quaternary PSK, QPSK 01.517

四芯组 quad 08.082

松管光缆 loose tube cable 09.163

松结构光缆 loose cable structure 09.164

搜索引擎 search engine 04.118

速率适配 rate adaptation, RA 12.148

速率自适应数字用户线 rate-adaptive digital subscriber line, RADSL 08.059

* 随后呼叫 follow-on call 13.065

随机分配多址 random assignment multiple access 11.064

随机通信卫星系统 random communication satellite system 11.062

随机信号　stochastic signal　01.056
随机噪声　random noise　01.118
随路信令　channel-associated signaling, CAS　03.006
随用随付　pay-as-you-go, pay as usage　13.042

隧道协议　tunneling protocol, TP　05.029
GPRS 隧道协议　GPRS tunnel protocol, GTP　05.079
锁相　phase locking　01.353

T

太阳能电池供电系统　solar cell power system　15.010
弹性分组环　resilient packet ring, RPR　02.083
弹性缓冲器　elastic buffer　01.558
特别联网　ad hoc networking　02.064
特高频　ultrahigh frequency, UHF　01.283
［特洛伊］木马　Trojan horse, Trojan　07.033
提取　pull　13.121
替代记账业务　alternate billing service, ABS　13.034
天馈线　antenna feeder　01.594
天线　antenna　01.593
天线方向图　antenna pattern　01.595
天线方向性　antenna directionality　10.015
天线合路器　antenna combiner, ACOM　01.596
天线极化　antenna polarization　10.016
天线馈电线　antenna feed line　10.023
天线馈源　antenna feed　10.021
天线系统　antenna system　10.014
调幅　amplitude modulation, AM　01.490
调解功能　mediation function　01.403
调频　frequency modulation, FM　01.489
调相　phase modulation, PM　01.491
调谐室　doghouse　12.125
调制　modulation　01.484
调制器　modulator　01.531
调制速率　modulation rate　01.487
调制因数　modulation factor　01.486
调制指数　modulation index　01.488
跳频　frequency hopping, FH　01.237
跳频码分多址　frequency hopping CDMA, FH-CDMA　12.171
跳时　time hopping　01.236
跳线　jumper wire　08.080
通道　path　01.038

通道监视　path monitoring, PM　06.050
*通路　channel　01.037
通信　communication　01.001
通信卫星　communication satellite　11.005
通信系统　communication system　01.033
*通讯　communication　01.001
通用编码　universal coding　01.462
通用成帧协议　generic framing procedure, GFP　05.059
通用电信无线接入网　Universal Telecommunication Radio Access Network, UTRAN　12.012
通用多协议标签交换　general multi-protocol label switching, GMPLS　04.018
通用分组无线业务　general packet radio service, GPRS　12.019
通用个人电信号码　universal personal telecommunications number　13.045
通用个人号码　universal personal number, UPN　12.084
通用个人通信　universal personal telecommunications, UPT　12.082
通用接入号码　universal access number, UAN　13.044
通用路由封装　generic route encapsulation, GRE　05.025
通用移动通信业务　universal mobile telecommunications service, UMTS　12.083
同步传送模块 - N　synchronous transport module-N, STM-N　09.083
*同步传送模式　synchronous transfer mode, STM　01.233
同步［的］　synchronous　01.187
同步地球轨道卫星　geosynchronous earth orbit satellite　11.011
同步光网络　synchronous optical network, SONET

09.081

同步接口 synchronous interface 09.118

同步节点 synchronization node 03.034

同步链路 synchronization link 03.035

同步数据链路控制 synchronous data link control, SDLC 05.042

*同步数字体系 synchronous digital hierarchy, SDH 09.082

同步数字系列 synchronous digital hierarchy, SDH 09.082

同步通信卫星 synchronous communication satellite 11.012

同步网 synchronization network, synchronized network, synchronous network 03.017

同步信道 sync channel 12.200

同步信息 synchronization information 03.033

同步转移模式 synchronous transfer mode, STM 01.233

同步转移模式网 synchronous transfer mode network, STM network 02.114

同信道 co-channel 01.048

同信道干扰 co-channel interference 01.124

同轴电缆 coax, coaxial cable 08.081

统计复用 statistical multiplexing 01.429

统一消息业务 unified message services 13.102

统一资源定位系统 uniform resource locator, URL 13.130

头端 head-end 02.124

投币式电话机 coin-box set 14.006

透明性 transparency 01.342

突发差错 burst error 01.191

突发传输 burst transmission 01.089

突发信号 burst 01.059

PERT 图 program evaluation and review techniques chart, PERT chart 17.085

图文电视 teletext 13.091

图像编码 image coding 01.451

*图像数据压缩 image coding 01.451

图像通信 image communication 01.013

推送 push 13.122

吞吐量 throughput 02.053

托管 hosting 13.125

W

外包 outsourcing 13.124

外联网 extranet 02.073

完整性 integrity 07.010

万维网 world wide web, WWW 02.074

IP 网 IP network 02.070

网吧 Internet café 13.136

网播 webcast 13.144

网格 grid 02.095

网格编码调制 trellis-coded modulation, TCM 01.500

网关 gateway, GW 02.086

WAP 网关 WAP gateway 12.118

GPRS 网关支持节点 gateway GPRS support node, GGSN 12.021

网管中心 network management center 06.053

网间互通 internetworking 02.081

网[络] network 01.022

网络安全 network security 07.001

网络层 network layer 05.012

网络地址转换 network address translation, NAT 05.032

*网络电话 voice over broadband 13.118

*网络钓鱼 phishing 07.034

网络仿冒 phishing 07.034

网络服务接入点 network service access point, NSAP 02.080

网络攻击 network attack 07.024

网络共享 network sharing 17.023

网络管理 network management 03.036

*网络接口适配器 network adapter, NA 02.145

网络接入点 network access point, NAP 02.100

网络欺骗 network cheating 07.047

*网络欺诈 phishing 07.034

网络融合 network convergence 17.022

网络时间协议 network time protocol, NTP 05.048

网络适配器 network adapter, NA 02.145

网络瘫痪 network paralysis 07.035

网络拓扑 network topology 01.027

网络新闻传送协议 network news transfer protocol, NNTP 05.036

网络信息中心 network information center, NIC 02.093

网络业务提供商 network service provider, NSP 17.047

网络运行中心 network operation center, NOC 02.092

网络终端 network terminal, NT 14.034

网桥 bridge 02.085

网桥路由器 brouter 04.037

网守 gatekeeper, GK 02.090

网页涂改 web defacement 07.037

网元管理 network element management 03.038

网站 website 13.137

网状网 mesh network 01.030

微波 microwave, MW 01.302

微波接力通信系统 microwave relay system 10.027

微波视频分配 microwave video distribution 10.029

微波通信 microwave communication 10.003

微波通信系统 microwave communication system 10.026

微波站 microwave relay station 10.030

*微波中继通信 microwave relay system 10.027

微弯[曲] microbending 09.011

微微小区 picocell 12.056

微小区 microcell 12.055

维护 maintenance 06.003

维护策略 maintenance strategy 06.006

维护等级 maintenance echelon 06.008

维护方针 maintenance policy 06.005

维护树 maintenance tree 06.009

维护准则 maintenance philosophy 06.004

伪随机信号 pseudo-random signal 01.057

*尾纤 optical fiber pigtail 09.127

尾线 pigtail 08.083

卫星导航定位业务 satellite navigation service 13.195

卫星广域网 satellite WAN 11.022

卫星轨道管理 satellite orbit supervising 17.071

卫星交换多址 satellite-switched multiple access 11.050

卫星接入节点 satellite access node 11.043

卫星控制中心 satellite control center 11.033

卫星数字业务 satellite digital service 13.193

卫星数字音频广播业务 satellite digital audio radio service, SDARS 13.194

卫星通信地球站 earth station of satellite communications 11.036

卫星通信网 satellite communications network 11.001

卫星信道 satellite channel 11.048

卫星移动信道 satellite mobile channel 11.049

未定比特率 unspecified bit rate, UBR 04.073

未来公众陆地移动电信系统 future public land mobile telecommunications system, FPLMTS 12.038

*位模式 bit pattern 01.186

位置登记 location registration 12.181

位置更新 location update 12.182

温差发电器 thermoelectric generator 15.014

文件传送接入与管理 file transfer access and management, FTAM 05.044

文件传送协议 file transfer protocol, FTP 05.026

*无处不在网 ubiquitous network 02.075

无缝切换 seamless handover 12.104

无级选路网 nonhierarchical routing network 02.026

无连接 connectionless 01.360

无连接网 connectionless network, CL network 02.079

无连接网络协议 connectionless network protocol, CLNP 05.054

无连接网络业务 connectionless-mode network service, CLNS 13.104

无绳电话 cordless telephone, CT 12.133

*无绳电话机 cordless terminal 14.043

无绳终端 cordless terminal 14.043

无线保真 wireless fidelity, Wi-Fi 10.055

无线本地环路 wireless local loop 10.032

*无线标记语言 wireless markup language, WML 05.071

无线城域网 wireless MAN, WMAN 12.008

无线传输协议 wireless transmission protocol 05.073

无线电导航 radio navigation 10.031

无线电定位系统 radio positioning system 10.025

无线电管理　regulation and administration of radio services　17.066

无线电接入网　radio access network, RAN　12.011

无线电频率管理　radio frequency supervising　17.067

无线电台　radio station　10.008

无线电通信　radio communication　01.010

无线电资源　radio resources, RR　12.188

无线电资源控制　radio resource control　10.054

无线个[人]域网　wireless PAN, WPAN　12.010

无线会晤协议　wireless session protocol　05.074

无线接入　wireless access　10.040

ATM 无线接入　ATM wireless access　10.048

无线接入单元　wireless access unit　10.051

无线接入网　wireless access network　02.132

无线局域网　wireless LAN, WLAN　12.009

无线链路控制协议　radio link control, RLC　05.078

无线链路威胁　wireless link threat　07.041

无线数据链路　wireless data link　10.052

无线数字段　digital radio section　10.037

无线通信　wireless communication　01.009

无线 OSI 协议　radio OSI protocol　05.072

无线虚拟局域网　wireless virtual LAN　10.053

无线虚拟专用网　wireless virtual private network, WVPN　13.188

无线选路协议　wireless routing protocol　05.075

无线寻呼系统　radio paging system　12.078

无线应用环境　wireless application environment, WAE　05.077

无线应用协议　wireless application protocol, WAP　05.076

无线智能网　wireless intelligent network, WIN　12.007

无线置标语言　wireless markup language, WML　05.071

无线中继站　radio repeater station　10.038

无线专用自动小交换机　wireless PABX　10.050

GPRS 无线资源业务接入点　GPRS radio resource service access point, GRRSAP　12.022

无用信号　undesired signal, unwanted signal　01.064

无源光网络　passive optical network, PON　09.110

ATM 无源光网络　ATM passive optical network, APON　09.111

无源天线　passive antenna　01.597

无源网络　passive network　01.026

无载波幅相调制　carrierless amplitude-and-phase modulation, CAPM　01.499

无中继光纤链路　repeaterless fiber optic link　09.084

物理层　physical layer　05.014

物理接口　physical interface　01.395

物理信道　physical channel　01.040

*误比特率　bit error ratio　01.178

误块　errored block, EB　08.022

*误码　bit error　01.177, error bit　01.190

*误码率　bit error ratio　01.178

X

稀疏波分复用　coarse wavelength division multiplexer, CWDM　09.016

cdma2000 系统　cdma2000　12.028

cdma2000 1x 系统　cdma2000 1x　12.029

cdma2000 1x EV-DO 系统　cdma2000 1x EV-DO　12.030

cdma2000 1x EV-DV 系统　cdma2000 1x EV-DV　12.031

cdmaOne 系统　cdmaOne　12.027

EDGE 系统　enhanced data rates for global evolution of GSM and IS-136, EDGE　12.026

IMT-2000 系统　IMT-2000　12.034

TD-SCDMA 系统　time-division synchronous CDMA, TD-SCDMA　12.032

下变频　down conversion　01.241

下路并继续　drop-and-continue　08.023

下行链路　downlink　01.387

下一代网络　next-generation network, NGN　02.027

下一代因特网　next-generation Internet, NGI　02.094

先来先服务　first come first service, FCFS　13.036

纤芯　core　08.086

闲置　idle, free　04.108

线对增容　pair gain　08.048

线极化　linear polarization　10.017

*线缆调制解调器　cable modem, CM　08.067

线路编码　line encoding　08.024

线路倒换　line switching　08.025

线路段　line section　01.389

线路码　line code　08.027

线路数字[速]率　line digit rate　08.028

线路调节　line conditioning　08.026

线路终端　line termination, LT　08.049

线束　harness　08.084

线性　linearity　01.331

*线性检波　envelope demodulation　01.526

*线性解调　envelope demodulation　01.526

线性失真　linear distortion　01.136

线性预测编码　linear prediction coding, LPC　01.464

限带滤波　band-limiting filtering　01.267

限幅　limiting　01.268

限流特性　current-limiting characteristic　15.023

*限失真信源编码理论　rate distortion theory　01.134

限值测试　limit test　06.016

相干　coherence　01.354

相干解调　coherent demodulation　01.525

相干调制　coherent modulation　01.503

相关编码　correlative coding　01.450

相邻拼接　contiguous concatenation　09.091

香农定律　Shannon law　01.165

相位　phase　01.278

相位测量　phase measurement　16.011

*相移测量　phase measurement　16.011

相移键控　phase-shift keying, PSK　01.516

消光比　extinction ratio, EX　09.026

消息处理型业务　message handling service　13.107

*消息交换　message switching　04.006

消息型业务　messaging service　13.016

小区　cell　12.051

小区分裂　cell splitting　12.059

小区广播中心　cell broadcast center, CBC　12.060

小区间切换　intercell handover　12.105

小区内切换　intracell handover　12.106

协议　protocol　05.001

*H.248 协议　media gateway control protocol, MGCP　05.064

H.323 协议　H.323 protocol　05.063

IPv4 协议　IP version 4　05.020

IPv6 协议　IP version 6　05.021

Q3 协议　Q3 Protocol　03.047

协议参考模型　protocol reference model　05.002

协议控制信息　protocol control information　05.003

协议数据单元　protocol data unit, PDU　05.049

协议转换　protocol conversion　05.004

协议转换器　protocol converter　05.005

谐波　harmonic　01.069

泄漏电缆　leaky cable　08.085

新闻组　newsgroup　13.133

信串比　signal-to-crosstalk ratio　01.144

信道　channel　01.037

B 信道　B-channel　02.110

D 信道　D-channel　02.111

信道编码　channel coding　01.449

信道间干扰　interchannel interference　01.126

信道间隔　channel spacing　01.050

信道容量　channel capacity　01.051

信号　signal　01.052

信号变换　signal conversion　01.269

信号带宽　signal bandwidth　01.065

信号发生器　signal generator　16.018

信号干扰比　signal to interference ratio　01.133

信号再生　signal regeneration　01.270

信令　signaling　03.002

信令点　signaling point　03.011

信令点编码　signaling point coding　03.013

信令链路　signaling link　03.015

信令路由　signaling route　03.014

信令网　signaling network　03.003

信令网关　signaling gateway　04.050

信令系统　signaling system　03.004

信令信息　signaling information　03.016

信令转接点　signaling transfer point　03.012

信宿　sink　01.036

信息　information　01.003

信息高速公路　information superhighway　02.004

信息基础设施　information infrastructure　02.003
信息技术　information technology, IT　01.004
信息内容审计　information content audit　07.050
信息网　information network　02.002
信元　cell　04.064
ATM 信元　ATM cell　02.115
信元差错比　cell error ratio, CER　04.075
信元丢失比　cell loss ratio, CLR　04.076
信元交换　cell switching　04.065
信元时延变化　cell delay variation, CDV　04.074
信元头　cell header　04.078
信元误插率　cell misinsertion rate, CMR　04.077
信源　source　01.035
信源编码　source coding　01.448
信噪比　signal-to-noise ratio, signal to noise ratio, SNR, S/N　01.119
星际链路　inter-satellite link　11.051
星际通信　inter-satellite communication　11.052
星上交换　satellite switching　11.053
星状网　star network　01.028
星座　constellation　11.058
行波　traveling wave　01.070
行为测试　behavior test　06.018
性能管理　performance management　06.057
性能监视　performance monitoring　06.024
虚电路　virtual circuit　02.048
＊虚呼叫　virtual call　02.050
＊虚连锁　virtual concatenation, VCAT　09.090
虚拟家庭环境　virtual home environment, VHE　13.176
虚拟现实　virtual reality　13.175
＊虚拟用户交换机　central office exchange service,

Centrex　13.051
虚拟专用网　virtual private network, VPN　02.021
虚拟专用网业务　virtual private network service　13.024
虚拼接　virtual concatenation, VCAT　09.090
虚容器　virtual container, VC　09.089
虚通道　virtual path, VP　02.118
虚通道交换单元　VP switch　04.020
虚信道　virtual channel, VC　02.117
虚信道交换单元　VC switch　04.019
＊噪声　background noise　01.106
许可证　license　17.017
许可证发放　licensing　17.018
蓄电池　storage battery　15.005
旋转号盘电话机　rotary dial telephone set　14.004
选路　routing　01.382
选路策略　routing policy　04.058
选路协议　routing protocol　05.016
选频放大器　frequency-selective amplifier　01.539
选通　gating　01.355
选择性　selectivity　01.356
雪崩光电二极管　avalanche photodiode, APD　09.160
寻呼　paging　12.077
寻呼机　pager, beeper　14.038
寻呼信道　paging channel　12.201
寻呼业务　paging service　13.177
寻址　addressing　01.381
循环码　cyclic code　01.483
循环冗余检验　cyclic redundancy check, CRC　08.029

Y

压扩　companding　01.255
压缩　compression　01.254
压缩比　compression ratio　01.257
延迟线　delay line　08.090
严重差错秒　severely errored seconds, SES　08.030
眼图　eye diagram, eye pattern　01.340
眼图测量　eye diagram measurement　16.014
扬声电话机　loudspeaking telephone set　14.007

样值　sample　01.193
遥测业务　telemetry service　13.168
遥现　telepresence　13.170
遥信业务　teleaction service　13.169
业务点　point of service, POS　13.010
业务电路　traffic circuit　04.100
业务端口　service port　02.136
业务管理　service management　03.040

业务管理点　service management point, SMP
　02.154

业务管理接入点　service management access point,
　SMAP　02.155

业务互通　service interworking　13.011

业务交换点　service-switching point, SSP　02.151

业务接入复用器　service access multiplexer, SAM
　02.139

业务节点　service node, SN　02.133

业务节点接口　service node interface, SNI　02.135

业务控制点　service control point, SCP　02.152

业务捆绑　bundling　13.037

业务量控制　traffic control　01.401

业务量描述语　traffic descriptor　04.066

业务轮廓　service profile　13.009

业务逻辑　service logic, SL　02.150

业务生成环境点　service-creation environment
　point, SCEP　02.156

业务属性　service attribute　01.358

业务数据点　service data point, SDP　02.153

业务特征　service feature, SF　02.148

业务提供商　service provider, SP　17.046

业务透明性　service transparency　01.344

业务网　service network　02.005

业务信道　traffic channel　12.202

业务转售商　resale carrier, reseller　17.050

页旗　banner　13.139

*一键通　push to talk, PTT　13.181

一站购齐　one-stop shopping　13.032

一致性测试　conformance test　06.019

铱系统　Iridium　11.061

移动 IP　mobile IP　12.119

移动标志号码　mobile identification number, MIN
　12.203

移动地球站　mobile earth station　11.037

*移动电话机　handset　14.039

移动电话网　mobile telephone network　02.035

移动定位中心　mobile location center　12.061

移动号码携带　mobile number portability, MNP
　13.186

移动交换中心　mobile switching center, MSC
　12.063

移动目录号码　mobile directory number, MDN
　12.204

移动商务　mobile commerce　13.185

移动数据通信　mobile data communication　12.114

移动台　mobile station, MS　12.135

移动网络代码　mobile network code, MNC　12.205

移动网增强逻辑的定制应用　customized application
　for mobile network enhanced logic, CAMEL
　12.136

移动卫星业务　mobile satellite service　13.196

移动性　mobility　12.138

移动性管理　mobile management, MM　12.140

GPRS 移动性管理　GPRS mobility management
　12.024

GPRS 移动性管理与会晤管理　GPRS mobility man-
　agement and session management　12.023

移动虚拟网络运营商　mobile virtual network opera-
　tor, MVNO　17.052

移动虚拟专用网　mobile virtual private network,
　MVPN　12.004

移动业务　mobile service　13.182

移动因特网　mobile Internet　12.005

移动用户　mobile subscriber　12.137

移动智能网　mobile intelligent network, MIN
　12.006

移动终端　mobile terminal, MT　14.037

以太网　Ethernet　02.076

以太网无源光网络　Ethernet passive optical network,
　EPON　09.112

以太网业务　Ethernet service　13.088

*异步传送模式　asynchronous transfer mode, ATM
　01.232

异步复用器　asynchronous multiplexer　01.571

异步接口　asynchronous interface　09.092

异步数据交换机　asynchronous data switch　04.016

异步转移模式　asynchronous transfer mode, ATM
　01.232

异步转移模式网　asynchronous transfer mode
　network, ATM network　02.113

异步转移模式业务　ATM service　13.089

异类复用　heterogeneous multiplex　01.428

溢呼路由　overflow route　04.056

因特网　Internet　02.071

因特网服务提供者　Internet service provider, ISP

17.057

因特网工程任务组 Internet Engineering Task Force, IETF 17.092

因特网接入点 point of presence, POP 02.099

因特网控制消息协议 Internet control message protocol, ICMP 05.035

因特网内容提供者 Internet content provider, ICP 17.058

因特网协议 Internet Protocol, IP 05.019

[因特网中继]聊天 Internet relay chat, IRC 13.132

音频 audio frequency, AF 01.285

音响噪声 audible noise 15.025

*引出线 pigtail 08.083

应急通信 emergency communication 07.002

应用 application 13.161

应用层 application layer 05.008

应用程序 application program 13.162

应用程序接口 application program interface, API 13.166

应用代理 application proxy 07.053

应用服务提供者 application service provider, ASP 17.059

应用透明性 application transparency 01.345

应用向导服务 application courier service 13.163

应用协议 application protocol 05.015

应用中间件 application middleware 13.164

硬切换 hard handoff 12.103

拥塞 congestion 04.117

拥塞控制 congestion control 01.384

永久虚电路 permanent virtual circuit, PVC 02.049

[CDMA]用户标志模块 user identify module, UIM 12.207

[GSM]用户标志模块 subscriber identify module, SIM 12.206

用户电报 telex 13.082

用户端口 user port 02.137

用户交换机防火墙 PBX firewall 07.061

用户节点 user node 02.134

用户流失 churn 17.077

用户轮廓 user profile 13.008

用户配线网 subscriber distribution network

02.138

用户识别模块 SIM card 12.127

用户数据报协议 user datagram protocol, UDP 05.023

用户网络管理 customer network management, CNM 03.039

用户–网络接口 user-network interface, UNI 02.105

用户线[路] subscriber's line 04.081

*用户小交换机 private branch exchange, PBX 04.031

用户引入线 subscriber's drop line 04.082

用户终端业务 teleservice 13.021

用户驻地设备 customer premises equipment, CPE 02.126

用户驻地网 customer premises network, CPN 02.125

邮件炸弹 E-mail bomb 07.040

游程长度编码 run-length coding, RLC 01.452

游牧性 nomadicity 12.141

有线电视 cable television, CATV 13.114

有线电视电话 cable telephone 13.057

有线电视网 cable television network, CATV network 02.123

有线通信 wire communication 01.008

有线系统 wireline system 08.001

有效电话普及率 effective penetration 17.011

有效辐射功率 effective radiated power 01.600

有效性 effectiveness 07.016

有用信号 desired signal, wanted signal 01.063

有源光网络 active optical network, AON 09.109

有源天线 active antenna 01.598

有源网络 active network 01.025

迂回选路 alternative routing 04.059

语音 speech 01.411

预测编码 predictive coding 01.463

预防性维护 preventive maintenance 06.007

预付费电话卡 prepaid phone card 13.059

预加重 pre-emphasis 01.271

预校正 precorrection 01.273

预均衡 pre-equalization 01.272

预约电路业务 reserved circuit service 13.030

预约呼叫 booked call, reserved call 13.060

预制棒 preform 09.126

域 domain 02.096

域名管理 domain-name supervising 17.072

域名系统 domain-name system, DNS 02.097

n 元码 n-ary code 01.466

原点小区 cell of origin, COO 12.053

圆极化 circular polarization 10.018

远程登录 telnet 13.134

远程供电 remote power-feeding 01.414

远程接入 remote access 02.142

远程维护 remote maintenance 06.047

远程信息处理 telematics 13.101

* 远端串扰 far-end crosstalk, FEST 08.042

远端串音 far-end crosstalk, FEST 08.042

远端告警 remote alarm 08.031

远端机 remote terminal, RT 02.140

远端用户模块 remote subscriber module 04.039

远距离供电系统 remote power system 15.007

允许信元速率 allowed cell rate, ACR 04.069

运行、管理与维护中心 operation, administration and maintenance center, OAMC 06.001

运行支撑系统 operational support system, OSS 06.002

Z

载波 carrier 01.067

T 载波 T carrier 08.003

载波干扰比 carrier-to-interference ratio, C/I 01.132

载波恢复 carrier recovery 01.333

* 载频恢复 carrier recovery 01.333

再生段 regenerator section, RS 08.033

再生器 regenerator 08.034

在线服务提供者 on-line service provider, OSP 17.060

噪声标准 noise standard 16.005

噪声测量 noise measurement 16.016

噪声带宽 noise bandwidth 01.120

噪声计 noise meter, psophometer 16.017

噪声计加权 psophometric weighting 08.035

噪声加权 noise weighting 08.036

增量调制 delta modulation, DM 01.504

增强型 3G 移动系统 enhanced third-generation mobile system, E3G 12.036

增强型数字无绳电信系统 digitally enhanced cordless telecommunications system, DECT 12.042

增强型消息业务 enhanced message service, EMS 13.095

* 增强型业务 value-added service, VAS, enhanced service 13.086

增强业务提供商 enhanced service provider, ESP 17.051

增益 gain 01.318

增益带宽积 gain-bandwidth product 01.317

* 增值网业务 value-added service, VAS, enhanced service 13.086

增值业务 value-added service, VAS, enhanced service 13.086

摘机 offhooking 04.114

窄波束天线 narrow beam antenna 11.004

窄带 narrowband 01.153

窄带 CDMA 标准 A IS-95A 12.208

窄带 CDMA 标准 B IS-95B 12.209

占线 occupation 04.094

占用 seizure 04.110

* 掌上电脑 personal digital assistant, PDA 14.045

找我/跟我 find me/follow me 13.064

帧 frame 01.216

帧定位 frame alignment 01.218

帧丢失 loss-of-frame 01.223

帧格式 frame format 01.219

帧滑动 frame slip 01.220

帧结构 frame structure 01.217

帧失步 out-of-frame, OOF 01.222

帧同步 frame synchronization 01.221

帧中继 frame relay 04.022

帧中继网 frame relay network 02.056

帧中继业务 frame relay service, FRS 13.096

诊断测试 diagnostic test 06.021

振荡器 oscillator 01.556

争用 contention 01.357

整流器　rectifier　15.016

*正-本-负二极管　positive-intrinsic-negative diode, PIN diode　09.155

正反馈　positive feedback　01.327

正交频分复用　orthogonal frequency-division multi-plexing, OFDM　01.508

正交调幅　quadrature amplitude modulation, QAM　01.507

正交调制　quadrature modulation　01.506

正交信号　orthogonal signal　01.060

正向信道　forward channel　01.046

正在发射中　on the air　12.144

证书[代理]机构　certificate agency, CA　07.023

支撑网　support network　03.001

GPRS 支持节点　GPRS support node, GSN　12.025

支路　tributary　01.390

直播数字卫星　direct digital satellite　11.030

直播卫星　direct broadcast satellite, DBS　11.029

直播卫星系统　direct broadcast satellite system　11.031

直达路由　direct route　04.055

直接入户　direct to home, DTH　11.063

直接序列码分多址　direct sequence CDMA, DS-CDMA　12.172

直联信令[方式]　associated signaling　03.008

直流变换器　DC converter　15.018

直流配电设备　DC distribution equipment　15.003

*ARPU 值　average revenue per user, ARPU　17.042

n 值信号　n-ary signal　01.055

指针　pointer　09.093

指针发生器　pointer generator, PG　09.094

质量认证　quality authentication, quality certification　17.078

*智能光网　automatic switched optical network, ASON　09.117

智能天线　smart antenna　12.179

智能外设　intelligent peripheral, IP　02.157

智能网　intelligent network, IN　02.146

智能用户电报　teletex　13.083

中比特率数字用户线　medium bit rate digital subscriber line, MDSL　08.062

中波　medium wave, MW　01.299

中轨道地球卫星　middle earth orbit, MEO　11.009

中继段　repeater section　08.037

中继网　trunk network　02.013

中继站　repeater station　08.038

*中介功能　mediation function　01.403

中央处理机　central processor　04.046

终端　termination　14.001

终端设备　terminal equipment, TE　14.002

终接　terminating　04.104

终接网　terminating network　02.015

逐段路由　hop-by-hop route　04.057

主瓣　main lobe　01.591

主从同步　master-slave　03.022

主导运营商　dominant operator　17.053

主干路由器　backbone router　04.038

主干网　backbone network　02.017

主叫方　calling party　01.377

主叫方付费　calling party pays, CPP　17.039

主叫号码显示　calling line identification, caller display　13.066

*主叫显示　calling line identification, caller display　13.066

主时钟　master clock　03.026

主线　main line　04.116

主页　homepage　13.138

专线业务　private line service　13.025

专用的网间接口　private network-to-network inter-face, PNNI　02.122

专用电话网　private telephone network　02.034

专用数据网　private data network　02.044

专用网　private network　02.020

专用小交换机　private branch exchange, PBX　04.031

专用移动无线电系统　specialized mobile radio system　12.069

专用移动无线电业务　specialized mobile radio service, SMR, private mobile radio service, PMR　13.180

转发器　transponder　11.032

转接　transit　04.105

转接网　transit network　02.014

*转移函数　transfer function　01.080

*转移特性　transfer characteristic　01.081

准同步数字系列 plesiochronous digital hierarchy, PDH 08.039

准同步网 plesiochronous network 03.018

准直联信令[方式] quasi-associated signaling 03.010

资费调整 tariff rebalancing 17.028

资费政策 price policy 17.027

资源规划 resource planning 17.021

资源预留协议 resource reservation protocol, RSVP 05.038

子带 subband 01.156

子基群 sub-group 08.019

自承式缆 self-supporting cable 08.087

自动呼叫器 call maker 14.023

自动交换传送网 automatic switched transport network, ASTN 09.116

自动交换光网络 automatic switched optical network, ASON 09.117

自动交换设备 automatic switching equipment 04.030

自动增益控制 automatic gain control, AGC 01.319

自适应差分脉码调制 adaptive differential pulse-code modulation, ADPCM 01.498

自适应[的] adaptive 01.020

自适应通信 adaptive communication 01.021

自由空间光通信 free-space optical, FSO 10.009

自愈环 self-healing ring 09.053

自愈网 self-healing network 09.115

自治系统 autonomous system, AS 02.098

＊自组织联网 ad hoc networking 02.064

综合接入设备 integrated access device, IAD 02.143

综合数字环路载波 integrated digital loop carrier, IDLC 08.052

综合数字网 integrated digital network, IDN 02.104

综合业务数字网 integrated services digital network, ISDN 02.103

总配线架 main distribution frame 04.053

租用电路业务 leased circuit service 13.026

阻抗标准 impedance standard 16.004

＊最佳不等长度编码 Huffman coding 01.457

最小相位频移键控 minimum frequency-shift keying, MSK 01.518

最终用户 end user 01.379